「フクシマ」論

原子力ムラはなぜ生まれたのか

開沼博

青土社

「フクシマ」論　目次

第III部　考察

補章　福島からフクシマへ

凡例

- 文献の典拠は、基本的には（著者名字　発行年：ページ）という形式をとる。外国人名については「ダワー」「マルクス」のように日本語の読みを著者名とする。また、文献については巻末に参考文献一覧を付記した。
- 引用の際の筆者による省略は…とした。
- 引用する文献は原則的に現代仮名遣い・新字体に改めた。
- 引用に対する、筆者による補足説明や注釈は大カッコ［　］で示した。

「フクシマ」論　原子力ムラはなぜ生まれたのか

「フクシマ」を語る前に

家の近くに原発がある人は、そんな危ないモノがあることにうんざりしながらひっそりと暮らしているのではないか。現地に行ったら反対運動をやっている人とかがいたるところにいてみんな鬱屈した想いを持っているんじゃないか。

そんなナイーブな想像は、実際福島の現地に入って話を聞けば聞くほど悉く覆されていった。

「危ないとか言うけど、そんなの外歩いていて交通事故にあうほうが危ないべよ。気にしてもしかたねー。」

「細かいこと言い出したら何だって問題はある。よその人間は何も危なくないのに大げさに煽り立てて。」

「中越沖地震で新潟の原発とまったときは、みんな仕事探す人がこっちさ（福島に）来て、こっちの人も仕事なくなってみんな困ったんだから。早く動かしてもらわないと困るって。」

「そりゃー原発で働けるのが一番だ。地元の高校で一番優秀な子から東電とか上のほうの会社に就職できるんだから。」
そこにあるのは、外から見ている限り決してつかみきれない原発を半世紀近くにわたって抱擁し続けてきた「幸福感」だった。

私たちは今フクシマに苛立っている。そしてフクシマを真剣に考え議論し、この事態を「いい方向」に持っていっているかのような錯覚に陥っている。東電・〈原子力ムラ〉の不合理や不条理の暴露に励む者、ひたすら放射線や自然エネルギーに関する知識・情報を収集しては周りに披露しようとする者、そこかしこに救国のヒーローをでっち上げて感傷にひたろうとする者。あるいは、福島の地元住民を一方で「自分たちで使うわけではない電力を作ってきたのにこんなことになってしまってかわいそう」と「良心派」ぶり、他方で「結局補助金とかジャブジャブもらってたんだから自業自得でしょ」と「リアリスト」ぶる人びと。

しかし、少なくとも（今一般に認識されだした中央の原子力行政としての〈原子力ムラ〉ではなく、本書が中心的に論じる原発が立地する地域というもう一つの意味での）原子力ムラに関しては何も「いい方向」へは変わっていない。

「来月からやっと戻って働けるんですよ。仕事に戻れる。よかったー。」「いやー平のスナックも人多いし、湯本の旅館も作業の人で満杯。」「東京では原発とめる、脱原発だーなんて言っている人がいるみたいだけど、大して興味もなかったのにこんなことになったからって何をいまさら。」

中央の人間は結局この落としどころがどこにあるのか、この放射線という不可視なものがどれだけ自分に害をおよぼすのかが知りたいだけ。色々聞こえのいい小難しいこと言っていても、その裏には自分の身に火の粉が降りかかってきた恐怖感をどうにかしてふり払いたい、払うにも気持ちのやり場がわからないからとりあえずありものの知識や知識人に信頼を仮託し、独り善がりにつぶやくことしかできない。どうにかあらたな「神」を見つけて失われた安全・安心への信心を取り戻したいという欲望のみがそこにある。

これがもっと早く収束していたら、福島よりも東京から遠いところで起こっていたらここまで騒ぎにはなっていなかった。どうせ時間が立ち、火の粉が気にならなくなればニワカは一気に引いていく。

テレビ・新聞・雑誌が垂れ流す情報に寄りかかり、あるいは「ネットはどんな細かい意見まで拾い上げる万能なメディアだ」などという虚妄に身を浸す者には絶対に触れられないフクシマの圧倒的なリアリティから私たちは目を背けるべきではない。

私は福島県いわき市で生まれ育ち、二〇〇六年から「福島原発」の研究をすすめてきた。（しかし「福島原発」なんていう言葉は3・11以後に初めて耳にした。地元では「第一原発」「第二原発」とか「1F」「2F」とか、東京電力福島第一原発と第二原発を区別しながら呼ぶのが普通だった。）3・11以前の福島は思いのほか「幸福」に満ち、3・11以後も彼らはその日常を守ろうとしている。

福島の「幸福」と「不変」を伝えようとするたびに、「流れは大きく変わっていくんだよ」「もう3・11以前とは違うんだよ」と「変化」を信じたい人々から諭された。「お前は原発を擁護する気か」「〈原子力ムラ〉の人間か」と罵倒された。たしかに早くフクシマを日常的な意識の範疇から葬り、二度と戻ってこないと確信したい気持ちは理解できる。そう確信できれば、その人は安心できるのだから。しかし虚ろな安心がもたらすのは愚かな反復でしかない。原発への無意識的な信心を新たな信心で置き換えようとしても、決して事態は「いい方向」には向かわない。

福島において、3・11以後も、その根底にあるものは何も変わってはいない。私たちはその現実を理解するための前提を身につけ、フクシマに向き合わなければならない。さもなくば、希望に近づこうとすればするほど希望から遠ざかっていってしまう隘路に、今そうである以上に、ますます嵌りこむことになるだろう。

*

本書は「原子力ムラ」というテーマについて「中央と地方」と「日本の戦後成長」の関係を論じるものだ。

この文章は、3・11以降の福島原発事故の深刻さは変わらず未だ収束の見込みの立たぬなかで書かれている。今後、仮に見通しが立ったとしても、その「収束」が3・11以前の状態を私たちが取り戻すことを指すものではないことはもはや明らかだと言わざるをえない。

3・11以前において、「原子力」という研究テーマはあまりに地味な存在だった。当然かつてからあった「科学技術としての原子力」や「反原発運動」などの研究は根強くなされてきたわけだが、周りにそのような研究をする者がいるわけでもない環境のなかで、今あえて若手の社会学研究者がそれをテーマにすることは周囲からは奇妙なことだと思われていたと言ってよい。

しかし、私が社会学の研究対象として原子力を選んだ理由は明確だった。それは原子力という対象ほど「近代社会」や「近代化」と呼ばれるものとそのメカニズムが映し出されるものはないと考えたからだった。

原子力はただの「エネルギー生産や兵器に用いられる高度な科学技術」ではない。例えば、グローバルなレベルで見れば原子力＝核＝nuclear は長らく軍事的秩序にとって重要な要因であるし、ナショナルなレベルで見れば電力確保にとって重要な位置づけがされてきたし、ローカルなレベルでは地域開発や環境運動にとって大きな課題となってきた。つまり原子力は3・11以前から、自然科学的なものである以上に社会科学的に扱われるべき存在だったのだ。

私は、とりわけ第二次世界大戦後の社会を考える上で、どの階層レベルにおいてもそこを規定する重要な位置を占めてきたこの原子力という「鏡」に映し出される多様な社会の姿を見ることで「戦後の日本社会とはいかなるものだったのか」「そこにあった社会現象の根底にどのようなメカニズムがあってそれはどう変化してきたのか」ということを大づかみにできるのではないかと考えた。例えばそれは五五年体制であり、あるいはここ数年に起こったことで言えば八ッ場ダムや沖縄の基地移設、特捜検察の証拠捏造といったことについての問題に通底するような「何か」だ。

そこで私がとった原子力へのアプローチは「原子力ムラ」という概念を設定しそれを観察していくことだった。簡単に言えば、ここでいう「原子力ムラ」とは地方の側にある原発及び関連施設を抱える地域を指し、一方で中央の側にある閉鎖的・保守的な原子力行政のことも指す。後者の原子力ムラは原子力行政や研究者によって俗語として用いられてきた。本書では前者を「原子力ムラ」、後者を〈原子力ムラ〉と表記することとする。原子力を導入し広めたい側の〈原子力ムラ〉と原子力を受け入れ維持したい側の「原子力ムラ」との共鳴が今日の原子力を成り立たせていることをここで明らかにしていきたい。この二つの「原子力ムラ」は原子力という極めて近代的なものを扱っているように見えて、実は極めて前近代的な存在だ。ちょうど、食べる前のモナカのきれいな皮（近代）が表面に見えていても、実際食べてみるとそれは皮の奥にあった餡子（前近代）の味がするように、皮相的でもろい近代性が極めて強固な前近代性の上に成り立っているあり様。それを解明することで「何か」に近づけるはずであるという想定のもと考察が始められたのだった。

　その前提の上で私が最も迫りたかったのは「中央と地方」という問題だった。本書は、かつて福島県知事を務め原子力について中央と激しく衝突した佐藤栄佐久氏へのインタビューも行った上で書かれているが、氏の言葉で言うところの「中央と地方はイコールパートナー」という理想は残念ながら現実の「中央と地方」関係のなかで実現されているとは言い難い。それはちょうど「中心と周縁」という二項対立的な概念が内包する「上と下」「主と従」というような原子力以外にも普遍的にまとわりつく問題でありそれが何なのか明らかにしたかったのだった。先に結論を述べてしまえば「この二項対立構造があったからこそ日本の戦後成長が達成された」ということが明らかにされる。そして、ただ置いただけでは互いにつながりえない二項を磁石の如く媒介し、つなぐものとして原子力を描く。それを本書のなかでは幾度か「メディア（媒介）としての原子力」と呼ぶことになる。「メディアとしての原子力」という見方は、日本のある時期に起きた社会現象を明らかにする「縦糸」であると同時に、日本の戦後社会の歴史を明らかにする「横糸」だ。それは、日本の戦後のはじまりに、他でもない「原子爆弾」が圧倒的な存在感を持って佇んでいることに象徴されるとおり、その歴史の根底に常にあったものに他ならない。

全体を通して、いちいち明示されずとも背景に控える視座はポストコロニアルスタディーズと呼ばれる研究が示してきた、多くの人がもつ常識や世界観への根本的な疑義だった。詳細は述べないが、その指摘のポイントは二つにまとめることができる。一つは私たちが自明のことと捉えがちな「加害／被害」という二項対立において、実は間にある「／」が不明確になり、加害と被害がないまぜになったような、例えば、被害を受けているはずの側がなぜか知らぬ間に加害の片棒を担いでしまい自らで自らに加害することで社会を成立させているような現象が少なからず存在しているということだ。もう一つは私たちが普段自らの「立ち位置性」＝positionalityを自覚しないがゆえに、知らぬ間に誰かを抑圧してしまっているということだ。それは終章の冒頭でも触れるとおり「誰かのことをどうにか助けてあげたい」という善意すらも抑圧に転換するプロセスとしても現れる。3・11以後の現在においても、少なからぬ原子力ムラの人々は原発が止まることを望んでいない。それは彼らが、権力者の陰謀のもと洗脳されて操られているからでも、カネに目がくらみ、あるいは長年の原発利権によって懐柔されているからでもない。なぜそうあるのか。その疑問を明らかにする上でこの視座が必要になるのだ。

次節からは、3・11以前に書かれた文章を誤字脱字や言い回しの改善等を除きそのままの状態で残している。それは、3・11以前の福島原発について書かれた恐らく最後の学術論文であるという資料的価値を重視したということであると同時に、3・11を経ても意義を失うことがない議論がそこにあるということも意味する。原子力・地方・戦後・成長・エネルギー。このつながりがあるようでなさそうな、一見バラバラなパズルを一つに組み立てた時に「フクシマ」とは何なのかという問いへの答が明らかになるだろう。

＊

最後に、僭越ながら「本書の読み方」を提示したい。とりあえずフクシマへの関心から本書を手に取って頂いた読者は、おそらく「読み始めてみたもののフクシマと直接関係なさそうでそれ以上読むのをやめてしまう人も出そうな」序章・第一章は飛ばして読んで頂いて構わない。

本書を手に取った多くの読者の関心は「フクシマはなぜ生まれたのか」という点にあるだろう。つまり、福島原発がなぜあの地にでき、いかに3・11にむかって進んでいったのか、というフクシマについて知ろうとすれば当然生まれてくるであろう疑問であり、これだけメディア上にフクシマの情報が溢れるなかでもいまだほとんど体系的に語られてこなかったことだ。その疑問に応答するのが第三章「原子力ムラの前史――戦時～一九五〇年代半ば」・第四章「原子力ムラの成立――一九五〇年代半ば～一九九〇年代半ば」だ。

もう一つ生まれてくるべき疑問は「3・11の間際まで、そこはいかなる姿を見せていたのか」という問いだろう。3・11以前の福島原発は歴史のなかで無視され、無かったことにされてきた存在だった。それはとりわけ、原発と社会の葛藤が明確になった九〇年代以降においてもなおさら顕著だったと言える。ここ十年で見れば、地元新聞社や悪化する財政への関心などを除いて、アカデミズムもジャーナリズムにもその地の記録の蓄積はないと断言してもよい。そういった3・11間際の、今となってはもはや誰もとりかえすことができない状況を明らかにしたのが第二章「原子力ムラの現在」だ。手前味噌も甚だしいが、これは3・11間際のフクシマを記録した唯一、最後の研究である。

そして、多くの読者が気づき始めつつあるとおり、「フクシマ」は交通事故のようにただの偶然的かつ一過性の「不幸」ではない。これは日本の「成長」や「地方」が抱える問題と密接につながった軋轢が表出した必然的な帰結に他ならない。第五章「戦後成長はいかに達成されたのか――服従のメカニズムの高度化」では、本書で原子力ムラと呼び続けた福島原発と中央の原子力行政としての〈原子力ムラ〉を対照させながら日本の戦後成長がいかに達成されてきたのかを通時的にふり返り、第六章「戦後成長が必要としたもの――服従における排除と固定化」ではそこに必然的かつ変わらずに存在した原動力=戦後成長のエネルギーを明らかにする。「フクシマ」論が、フクシマとの単線的なつながりを超えて、日本の戦後成長、あるいは近代化という大きな問題と複雑に結びついていくこととなる。

本書は学術書として書かれたものであり、序章・第一章はあくまで社会学的な研究の前提として提示しているものだ。もしそういったものに関心があるのならば序章・第一章から読んで頂くのも良いし、そうではない、「フクシマについての一般書」として読もうとする読者には第二章以降から読みはじめて頂くほうがとっつきやすいかと思う。読み方は読者に任される。

最後に、3・11以後に、これまでの考察を踏まえて書き加えた補章が用意されている。フクシマの後にも明らかにされない現実と私たちに残された課題がそこで明らかになる。

第Ⅰ部

前提

序章　原子力ムラを考える前提——戦後成長のエネルギーとは

1　はじめに

もはや成長期ではない。

日本の実質経済成長率は、九〇年代以降、二〇年間に渡って三%に至らず、幾度かのマイナス成長をはさみ二〇〇八年度にはマイナス三・八%という史上最低水準に達した。この時期を通してITインフラの整備や金融自由化、「経済をよくする」ための各種規制の撤廃がなされ、目ざましい経済成長が期待されていたはずだがそれが達成された形跡はなく、むしろ経済学的な数字が示す以上に「成長する日本」の不具合が確かなものとなってきている。

再分配型から新自由主義型への転換を目指した果ての迷走を経て崩壊した自民党政権の後を引き継いだ民主党政権が二〇一〇年に発表した新成長戦略には『「元気な日本」復活のシナリオ』という副題が踊る。経済成長によって「元気な日本」が蘇るのだとすれば、経済成長なき日本は「病の日本」だというのか。国民の多くに「日本は成長できるはずだ、そうでなければならない」という前提が共有されているのかもしれない。

このような日本の成長願望あるいは成長幻想に対する批判としては、例えば、九〇年代半ばからの社会の変化を「成熟社会」という概念を用いて行われた社会学者・宮台真司（1995）の議論があげられる。それは、頑張れば誰でも幸せになれる、家族や会社や地域や国家も豊かになれるという「成長神話」が過去のものであることを指摘するものだ。だが、「成熟」という「落ち目」が明確化されていない概念が素直に受け入れられたのは、その議論が、まだバブル崩壊の結果としてのマイナス成長も一過性のものであるようにとらえられた九〇年代半ばのものだったからなのかもしれない。

九〇年代後半以降は、アジア通貨危機、ITバブルの崩壊、リーマンショックと慢性的にマイナス成長を刻み、その都度成長率の上限も落ちていく「下げトレンド」[*1]の時代だった。「高度経済成長」「安定成長」「低成長」や「成熟」ではない、いわば「衰退期」にある今日の社会の傾向を示すのに統一してあてられる適切な概念は未だ定まってはいないが、いくつかの学問領域から「縮小社会」という概念が出されている。

例えば、地域における過疎・高齢化やコミュニティの分析などを行う地域社会学は「縮小社会」という概念で二〇〇〇年代後半に日本が経験している変化を捉えようとしている。しかし、この概念もまた、経営学における「プロダクトライフサイクル」（製品が市場に現われ消えるサイクル）や、その出処である生物学的な「ライフサイクル」で仮定されている「導入期・成長期・成熟期・衰退期」のような概念によりつつも、それを社会に適応した際に、何がどう縮小するのか、経済的なものなのか、それ以外のものなのか、縮小の果てになにがあるのかなど曖昧なままにされてしまっていると言える。無論、この混乱は、現状がそれだけ前例なき事態であり、だからこそその事態を検討可能にする共通の土台としての実験的な概念として提示されているわけであるが。

いずれにせよ、明治以来、二度の大戦や冷戦を経つつ日本は目覚しい成長を達成してきたことは事実だ。第二次世界大戦の敗北を「抱擁」した日本の民衆の歴史（ダワー 1999=2001）を持ちだすまでもなく、そこには、仮に一時的な停滞の時期があったとしても、その停滞は特殊な時期にすぎないものであった。高度経済成長のど真ん中である六三年に歌われた『明日があるさ』に象徴的なように「今日はダメでも明日には復活を遂げられる」という感覚が常に存在していたことを指摘できるだろう。そして、しばしば「第二の敗戦」などとも言われるバブル崩壊後の時代を経て、そのような「復活の感覚」が、民衆のなかに根強く維持されつつも、成長のかげりのなかで確実に根拠を失いつつあることも確かだろう。

昨今、そのような事態をますます浮かび上がらせるのが、広い領土に大量の天然資源を抱え政治・軍事的影響力を持ったBRICsを始めとする新興国の急激な成長だ。新興国は人口の増大、国内統治の安定化とあわせて相対的に安価な労働力やIT・金融を梃子にしながら目覚しい経済発展を遂げている。そのような国々を横目に、新自由主義化やグローバリゼーションといった地球規模で起こっている大きな変化のなかで、先進国としての日本は、例えば少子高齢化や公的サービスの不具合、労働環境の悪化など、単純な経済問題としての解決方法では歯が立たないような、様々な課題を抱えており、それは解決されていくどころか日々積み重なり、増えていっているように思える。

そして、そういった変化にまつわる現象が都市以上に如実に現れているのは地方ではないだろうか。「地方の疲弊」などと形容される地方財政の逼迫は、過疎化・高齢化といった現象とあいまって、都市の問題とはまた違った深刻さを持って進行している。

しかし、それは今にはじまったことなのか。大企業において、不景気になれば真っ先にその影響を受けるのは、都市にある本社ではなく、その地方工場や下請けの零細企業であった。経済成長のなかでは好況もあれば不況もある。そして、その成長のリスクを吸収する役割の多くを負ってきたのは地方だったと言うこともできるだろう。戦後、都市への労働者の流出、農業から工業へ、あるいは重厚長大から軽薄短小への産業構造の転換の度に地方が揺れてきた。輝かしい戦後成長の歴史は、その裏に、地方が時間の経過とともにますます翻弄されていく過程を抱えていたのではないか。

2 「翻弄される地方・地域の問題」の複雑さ

本書が試みようとするのは原子力と日本の戦後成長の関係についての考察だ。そしてそこで明らかにされるのは「翻弄される地方・地域の問題」に他ならない。それは、原子力という「リトマス試験紙」を用いてなされる「戦後成長と地方」論とも換言できるだろう。

「翻弄される地方」を象徴するような事例がある。二〇〇九年八月の民主党政権誕生の後、選挙時に掲げられたマニフェストのなかの一つの政治方針が問題になった。それは、群馬県吾妻郡長野原町に建設が進められている「八ッ場ダムの中止」だ。

八ッ場ダムは一九五二年の計画発表以来、「建設中」の今日に至るまで戦後の長野原町と共にあった。戦前から全国的に名高い温泉街だった町に対する五二年の突然のダム計画の発表は住民の強い反発を生む。しかし翌年、吾妻川の水質が強酸性であるという中央の勝手な都合で計画は一時中断する。しかし、六五年にダム計画が再燃。条件つき賛成派が現れる一方、反発する住民が「反対期成同盟」を結成し、住民が分断される。七四年には反対派の町長が誕生するが計画はとまらない。ところが、八七年反対闘争は事実上収束する。

八〇年代、転機が訪れる。団体客が減り、家族連れや少人数のグループが目立ち始めた。旅館内に売店がつくられ、土産物屋には一人も客がこない日も出てきた。（朝日新聞生活部 2007a）

でも、時代から取り残されたような温泉街の現実は厳しかった。多くの旅館は「ダムに沈む」との理由で大規模な改装は見送り、雨漏りの修繕程度でしのいでいた。（朝日新聞生活部 2007c）

「現地調査に関する協定」の締結、つまり、建設計画推進の是認を最終的に決めたのは当時の町長であったが、この町長がかつて反対期成同盟委員長だったことは特筆すべき事実だ。七四年、計画への反対闘争が盛り上がるなか、反対する住民によって反対派として選ばれた町長は、九〇年まで町長をつとめるなかで「転向」していた。反対派から推進派へ。町長はもちろん、町の住民も変わっていった。この一見理解しがたい社会の変化の裏には何があったのか。

忘れかけたダム計画が一三年ぶりに持ち上がったのが六五年。建設阻止を求める住民が結成した「反対期成同盟」で、［旅館「川原湯館」の経営者竹田博栄は］会議部長に抜擢された。三〇代半ば。

年長幹部の調整役を任されるほど、旦那衆の信頼を得ていた。

そんな中、「外部の支援団体とは共闘しない。交渉のテーブルにはつかない」という闘争方針が固まっていく。政党や政治家の思惑に利用された揚げ句、世論が離れていった事例を知った。反対同盟の仲間で県内外のダム予定地を視察した。あるダムでは、膨大な補償金を手にした人が無計画に浪費し、家を建てられなかった悲劇もあった。

住民が一丸となり「断固阻止」で跳ね返さねば――。七〇年代。抵抗運動は激化する。屋根にペンキで「ダム反対！」と描く家が現れた。温泉街にぶら下げた一斗缶は、建設省の役人を見かけたら鳴らして追い出すため。

……

国は譲歩の姿勢を見せず、「議論のテーブルにつかない」がモットーの闘争も、なだらかに下降線をたどる。「ダム反対」で当選した町長に、「条件闘争を」「町全体を考えて」と訴える川原湯以外の地区の住民たち。反対同盟は、国の意向をたずさえた県や県議との協議を拒めなくなった。

闘争は収束へ向かったが、竹田さんはカメラを回し続けた。八七年、立ち入り調査を受け入れる協定の調印式。「水没住民が『造って良かった』と思えるダムを」という県知事の演説に涙がにじんだ。

同盟委員長だった九二年、名称を「対策期成同盟」に変えた。〇一年に正式解散。その直前、ともに闘った仲間の息子が、わざわざ竹田さんに退会届を手渡しに来た。「ショックでなかったと言えばうそになる」。時代は流れていた。（朝日新聞生活部 2005b）

ダム建設反対派という抵抗の運動の、さらに最も中枢にいたまさにその人が建設推進の「主体」へと反転するパラドクス。

実は、同様の現象は珍しいことではない。例えば、八ッ場ダムの建設計画再燃の翌年にあたる六六年に始まった成田国際空港建設計画は長年にわたり激しい闘争を生み出したが、成田市とともに空港建設反対同盟の拠点となった芝山町にも同様の事例がある。反対同盟に所属し四度の逮捕歴、さらに、八九年、やはり反対同盟推薦での町長選出馬経験をもつ相川勝重は、九七年に空港反対の立場を捨てて立候補し町長となる。そして、一〇年以上にわたり町長を務め空港を容認する立場から地域と空港の「共存・共生」を積極的に進めている。

今日の成田空港は、国をはじめ関係各位の参加の下に、シンポジウムや円卓会議を経て、地域と空港の「共存・共生」から「真の共栄」を目指して、国・県・NAA（成田国際空港株式会社）・地域をあげて、空港を地域発展の核に据える取り組みができるようになったのだと私は考えます。

過去の歴史にとらわれることなく、その歴史を忘れることなく、あるべき道筋を多くの方々に示し「合意形成」という民主主義の原点を目指して取り組むことが、今日の私どもに課せられた大きな任務です。

私の反対運動の原点は「地域を守る」ことにありました。反対すること自体が目的ではなく、どのような地域にしていくことが、地域にとって大事なことなのか、その為には現実と理想を冷静に分析し、理念の奴隷になるのではなく、なおかつ理念を失わずに、現実を少しでも良くしていく姿勢が必要だと認識いたします。現実を改善するためには異なる立場、異なる意見と折り合いをつけていく、そんな努力と道筋が必要です。そして私の使命は町の将来に目をやり、幸せに暮らしていける町づくりをすることです。空港のマイナスの影響を可能な限り改善し、空港の持っている活力を、地域に生かしていくことが最善の道だと考えます。(相川 2009)

このような「転向」は原子力立地地域にも見られた。福島県における六八年から始まった福島第二原発建設計画に対して双葉地方原発反対同盟委員長として、また社会党町議・県議として反対派の中心で行動を起こした岩本忠夫は、その後原発を受け入れた双葉町において八五年から〇五年まで二〇年間町長をつとめ、その間、積極的に原発増設決議等、原発立地推進を進めた(東京電力福島第一原子力発電所 2008)。

これらの事例をどう理解できるか。

相川が述べたとおり、「地域を守る」という一本の線上に反対と推進が同様に存在しているのだとすれば、地域開発の現場での「反対派の主体」がきれいに反転する現象を理解するのはそう困難ではないのかもしれない。つまり、「地域を守る」という究極の目的のための手段が、反対よりも推進のほうが適している、と悟ったのであれば、そのような転向も起こるだろう。

しかし、ここで重要なのは、そういった転向の理由よりも、転向の結果だろう。本当に反対よりも推進が地域を守ることにつながったのか。これらの転向者の、自分自身の納得の仕方がいかなるものだったかは別にして、客観的に見た時に、もし、その転向が地域を守る形につながっていなかったとしたらその転向は失敗だったと言わざるを得ない。そのような観点で見たときに、これらの事例は、確かに「地域を守る」ことにつながっている部分はあるかもしれないが、はたしてそこに持続性はあるのだろうか。中央に首根っこをつかまれた状態で、今は中央と仲良くやれているからいいかもしれないが、もし中央の気が変わった時に、中央に身を任せるしかなく、何の抵抗も出来ない状態で「地域を守る」ことはできるのだろうか。「地域を守る」ための転向が、かつてそれらの計画の出発点がそうであったのと同様の「自らの利益のために地域を弄ぶ」中央の身勝手さへの生殺与奪の譲渡を意味するのならば、「地域を守る」という希望は儚い幻想に過ぎない。

そして、「翻弄される地方」を考える際には、八ッ場がそう見えるように、また、本書で見ていく福島の原発立地地域がそうであるように、「地域を守る」というある種の「愛郷心」をめぐるコミュニケーションが「地域を守る」という目標とは全く違った「意図せざる結果」につながっているという事実を見ていく必要があるだろう。

3 『田舎と都会』

地方と、それに対する中央や地方の関係をめぐる考察はこれまで多くある。そこでは「翻弄される地方」がどのように捉えられてきたのか、まず見てみよう。

イギリスの文化研究者であるレイモンド・ウィリアムズは『田舎と都会（The Country and the City）』（1973=1985）のなかで、古代から存在してきた「田舎‐都会」という構図を検討し、田舎の持つ都会に対する後進性・周縁性を明らかにした上で、国境を越えた「田舎‐都会」構図である宗主国‐植民地関係において、宗主国が植民地に対して行う搾取について以下のように述べる。

この搾取を隠蔽するためにある観念が登場してくる。それは昔ながらの「進歩改善」という観念を現代風に焼きなおしたものである。つまりそれは人間社会の発展段階をはかる尺度で、全般的工業化の達成を理論上最高段階とする見方である。すべての「田舎」が「都市」になる、というのがこの理論の発展の論理である。「発展」「低発展」をはかる単純なものさしである。ところが現実はどうかというと大違いで、「低発展」社会の多くははっきり言って、「大都市的」諸国の要求から開発されてきたのである。（ウィリアムズ 1973=1985: 376）

つまり、ここでは「いつか必ず田舎は都会になれるという幻想」と「都会の都合に合わせて田舎が田舎のままに固定化される現実」が明かされている。「翻弄される地方・地域の問題」を、そのような幻想と現実を抱えた田舎の問題と読み替えて捉えることができるかもしれない。

ところで、ウィリアムズが注目したのは、「田舎‐都会」間の関係における文化の問題についてだが、この構図については経済学者カール・マルクスが『資本論』をはじめとする著書のなかで明確にした「農村‐都市」構図が根底にあることは指摘するまでもない。

ここでは膨大な蓄積を生み出してきた「農村‐都市」研究の系譜の全体像に深く立ち入ることはしないが、大きく分けて二つの議論の方向性があるように考えられる。それは、いささか強引な区分ではあるが、(1)農村と都市は決裂する(2)農村と都市は接続するという二つの方向性だ。(1)としてはマルクス=エンゲルスの、(2)としてはウラジーミル・レーニンの「農村‐都市」に対する見解が代表的だといえよう。

マルクス=エンゲルスの「農村‐都市」観は例えば以下の記述に端的に現れる。

ブルジョアジーは、農村を都市の支配に従わせた。彼らは巨大な都市をつくりだした。都市の人口を農村の人口にくらべて格段に増加させ、こうして、人口のかなりの部分を農村生活の愚昧から救いだした。ブルジョアジーは、農村を都市に依存させたように、また未開国や半未開国を文明国に、農民国をブルジョア国に、東洋を西洋に、依存させた。(マルクス=エンゲルス 1958=1960: 480)

農村は都市への依存を強いられ搾取される存在であり、それは「世界市場の開発」の中でも再現されるのだ。そして、以下のような提言をしながら、その避けがたい対立を資本主義に必然的なものとして強調する。*2

都市と地方の対立の廃止は共同社会の最初の諸条件の一つであり、そしてこの条件はこれはこれでまたたくさんの物質的条件に依存し、だれにでも一見、明らかなように、たんなる意志によってはかなえられえないものである。…都市と地方の分離はまた資本と土地所有の分離としてもとらえることができるのであって、資本——すなわちたんに労働と交換のうちにのみ土台をもつような所有——が土地所有とは独立に存在し展開していく発端とも解しうる。（マルクス＝エンゲルス 1959=1963: 46-47）

一方、これを受けて議論を発展させたのがレーニンだ。マルクスが「農村‐都市」問題を解決されがたい対立の構図として理解したのだと（穿った見方を）すれば、レーニンはその先に異質な両者の調和を見たと捉えることができる。それは後に「不均等発展」として種々の理論へと引き継がれていく体系、すなわち農村が都市に対して従属するなかで、都市に対して「不均等」でありつつも農村が「発展」するという見方だ。*3

いずれの見方をするにせよ、ここで指摘しておくべきなのは、両者の議論が農村と都市の間に埋め合わせ不可能な溝を指摘しているということだ。それは、政治・経済のみならず、ウィリアムズが指摘したような文化においても、あるいは一国の内部だけでなく国際的な関係のなかにおいても同様に存在する溝であったと言える。

無論この溝への注目を改めて指摘することには何の新しさもない。

このような溝の上で、日本における社会学では農村社会学と都市社会学という二つの分野に分かれて研究がなされた。とりわけ農村社会学は有賀喜左衛門、鈴木榮太郎らによって一九三〇年代からおこなわれた村落に入っての実証的なモノグラフ的研究によるイエやムラを対象とした日本社会の基礎的な社会結合原理の析出から始まった。それは学問の単純な輸入に頼らず日本独自の村落社会の状況を描き出す試みだったが、戦後の村落が、都市化と過疎化のなかで変貌を遂げるようになると、村落を「純粋な村落」として描くことは困難になり、都市と村落の両者を視野に入れながら、そのあり方を描くことが求められるようになった。そこで生まれたのが地域社会学だ。地域社会学は、「都市との関連の元での村落社会の変動を都市までを視野にいれて解明しようという関心から出発しているだけに、対象とする地域社会の基調をなしたのは、周辺の農村を含んだ地方都市」（蓮見 2007: 17）だった。つまり成長期のなかに置かれた村落に対する研究は、かつての「純粋な農村」とは違い、地方都市との関係を無視できないものとなったのだ。この基本的な前提は現在でも大きく変わってはいないと言っていいだろう。

しかし、そうであるとすると、そもそもの「農村‐都市」というマルクス理論、あるいはその系譜のなかで文化的な視座に力点をおいて編まれた「田舎‐都会」というウィリアムズの枠組みは、少なくとも冒頭で掲げたような日本の「翻弄される地方・地域の問題」を考える上では今や無効なのだろうか。

そうではない。例えば、私たちが「田舎くさくて格好悪い」と言う時、必ずそこには対になる先進性・中心性としての「都市・都会」の参照がなされているのであり、農村の変化に対する学問分野の編成の結果としての両者の融合の動きとはまた別な話として、「農村‐都市」「田舎‐都会」の二項対立間の緊張関係は確実に残っている。ではその緊張関係のなかにありながら「翻弄される地方・地域」を分析するのに適した学問的方法はあるのか。

これは、ないことはないものの、十分な手だてがまだ整備されていない状況にあるといってよい。例えば、社会学者の中澤秀雄（2007）は「日本の地域社会学にとって金字塔であり、誤解をおそれずいえば一九八〇年代まで地域社会学の全てであるといってもよい」「構造分析」といわれる手法、すなわち「政策や生産関係または集団・団体・階級」に注目することに特徴づけられるような分析手法を振り返りつつそれが現代においては無効になっていること、さらにそれが地域社会学の「理論的混迷の一因」になっているとする。

なぜ無効になったのか。それは、今日の、とりわけ八〇年代以降の地域社会（あるいは都市社会・農村社会）の多様化に原因がある。例えば、かつてだったら、日本の農村の実態を知りたい、都市の実態を知りたいといったことがあれば、あるサンプルとなるフィールドを選び、「典型的な農村」とか「巨大な開発計画のもとにある地域」とか「都市への人口流出の中で急速な過疎化が進む地域」を炙り出すことで、それがその時期、日本の他にも同様に起こっている社会現象であるという前提のもと、一般化して、必要ならばそこにある問題の解明につなげることができた。つまり、ある地域の「構造分析」によって「日本における地域社会の全体像」を描くことができていたのだ。

しかし、現在それは通用しなくなった。かつては、「政策や生産関係、または集団・団体・階級」といった点における諸アクターに注目することで社会の把握が可能であった。しかし、八〇年代以降の社会においては、例えば「孤立した個人」や外国人など従来の集団・階級概念ではくくれない生活領域が拡大し、NPOやボランティアといった担い手の役割が社会を構成する要素として無視できないものとなった。また一方では、地方分権の中で地域間競争があおられ、地域はそれぞれ多様な姿を見せるようになっている。つまり、もはやどこかのサンプルを拾ってその内実を「構造分析」したり、あるいはそれに類するかつて有効だった手法を利用しても、広く応用することが困難になってしまったのだ。もはやある地点を恣意的に取り出してきてこれまでどおりに分析結果を出すのでは不十分なのだ。その結果はアドホックなものにしかならない。[*4]

では、ある地域への分析がある地域「だけ」の解明にとどまらず、かつての「構造分析」が目指し、達成してきたような、ある地域への分析がより一般化された問題（例えば、農村の前近代性の解明とか地域への巨大開発計画の影響とかいった一般化された問題）に接続するにはどうすればいいのか。本書の問題関心に則して言えば、現時点で、「日本のなかで翻弄される地方・地域の問題」に対していかなるアプローチがありえるだろうか。

一つには、日本にある全ての地方・地域を観察し、その完全情報から「翻弄される地方・地域の問題」を漏れることなく明らかにするという方法はありえる。全てのアドホックを網羅することによって日本における「翻弄される地方・地域の問題」に答えを出す。これは間違いがない方法だ。しかし、当然それは不可能な方法である。やはり、社会学がしばしばとる、「細部に全体が宿る」という方針、部分的な社会を切り取り分析をして全体的な社会の解明につなげるというアプローチに落とし込まなければならない。となると、その答えの一つは、「政策や生産関係、または集団・団体・階級」といった観点からの分析に欠けていた部分、こぼれ落ちる要素への注目ということに見出されるのではないか。例えば、ウィリアムズが注目したような社会にあらわれる文化的な要素をはじめとする政治・経済に必ずしも還元されるわけではないものへの注目がその一例だろう。[*5]

前述の指摘の通り、現代の地域社会では、どのような政策がなされ、どのような集団がいるのかといった点について相対的に多様性がでてきている。しかし、その裏にどのような「こぼれ落ちる要素」があり、それがどのように地域の動向に作用しているのかということには何らかの共通性がみられるのではないか。であるのだとすれば、「翻弄される地方・地域の問題」を「こぼれ落ちる要素」も含めながら見ていくというのが一つの方針になるのかもしれない。つまり、もちろん、ある社会を把握する上で「政策や生産関係、または集団・団体・階級」は不可欠な要素だが、それを支えている、あるいはそれに支えられている政治や経済からはこぼれ落ちる要素、具体的に言えば、文化、あるいは社会史・生活史として注目されてきたような存在にも目を配りながら「翻弄される地方・地域の問題」を見ていくという方針が立てられる。

4　地方の服従と戦後成長という問い

そろそろ本書を貫く問いを明らかにしていこう。これからなされるのは日本の戦後成長における地方の服従の様相を明らかにすることだ。ここで言う服従とは何か。

第一に、マックス・ウェーバーの以下の三つの概念定義による。

「権力」とは、或る社会的関係の内部で抵抗を排してまで自己の意思を貫徹するすべての可能性を意味し、この可能性が何に基づくかは問うところではない。

「支配」とは、或る内容の命令を下した場合、特定の人々の服従が得られる可能性を指す。

「規律」とは、或る命令を下した場合、習慣的態度によって、特定の多数者の敏速な自動的機械的な服従が得られる可能性を指す。（ウェーバー 1922=1972）

命令に対する服従が得られる状態が支配であり、その状態が特定の範囲で自動的に実現することを規律と呼ぶ。権力はそのなかで作動する。支配のもとで服従はなされ、規律が服従を自動化させる。すなわち、服従は自動的になされうるものだ。

第二に、服従は必ずしも支配の先行を許すものではない。例えば、マルクスは貨幣と商品の関係を支配と服従の関係と対照させ次のように述べる。

およそこのような反省規定というものは奇妙なものである。たとえば、この人が王であるのは、ただ、他の人びとが彼にたいして臣下としてふるまうからでしかない。ところが、彼らは、反対に、彼が王だから自分たちは臣下なのだと思うのである。（マルクス 1962=1965）

「支配があるから服従があるのではなく、服従があるから支配がある」とも言い換えられるであろう。この「支配 - 服従」関係に関する考察が示唆するのは、服従の主体があってはじめて支配という客体が成り立つという、一見常識と矛盾するような支配のあり方だ。すなわち、服従は自発的になされうるものだ。権力との関係のなかで成立した服従は、規律のなかで自動的に、また支配のなかで自発的になされるものとして捉えられる。

そして、この服従の定義はポストコロニアルスタディーズの蓄積が示してきた視点にもつながりうることを確認しておきたい。

例えば、エドワード・サイードによる「世界のほとんどの地域で、植民地は独立を達成したが、植民地征服を背後でささえた帝国主義的姿勢（imperial attitude）の多くはいまなおつづいている」（1993=1998: 53）という指摘における、「植民地以後の帝国主義的姿勢」とは何か。それは、単純に捉えれば「支配／被支配」「搾取／被搾取」「抑圧／被抑圧」「加害／被害」といった二項対立が一見解消したかのように見えるのに、実際はそのような二項対立の関係が温存されていることだと言えるだろう。しかし、より重要なのは、例えば、サイードが『オリエンタリズム』で指摘したように、そのような「温存された二項対立」がさらに複雑な支配や搾取、抑圧、加害を生み出しているということだ。単純な二項対立関係に還元できない故に困難な問題に注目することがポストコロニアルスタディーズの重要な視点と言えるだろう。

そして、その視点は日本のポストコロニアル＝戦後の再検討に接続しうる。例えば、本橋哲也（2005）は「特需」と言う言葉に注目しながら「植民地以後の帝国主義的姿勢」が持続していることを以下のように指摘している。

日本の場合「特需」とは、戦後に限られた事情ではなく、二〇世紀以降の日本国家の成長にいつも付きまとっていた。日本企業の発展にとって、海外侵略による経済的恩恵の享受は、普通かつ必須の条件だったのだ。さらに「特需」は、経済成長が永遠に続くかのような印象を与える心地よい物語であるだけでなく、政治的な保守性を担保する役割をも担ってきた。…
多くの日本人が「特需」の経済的利益を受けてきた陰には、その繁栄から取り残された人々が少なからず存在した。多くの局面で日本の戦後社会は植民地支配に連なる負の部分を抱えながら、真の脱植民地化への努力を先送りにしてきたのである。（本橋 2005: 217）

自ら勝手に特需幻想を持ち、その物語に浸り、政治的な保守性を志向しながら日本国家の成長に貢献する。この「国民」の服従が日本の成長を担保してきた。そして、そこでなされたのは、植民地征服であり「内国植民地」の征服でもあった。

この内国植民地の征服について、本橋はアイヌを例に出しながら説明する。すなわち、内国植民地の征服とは、国民国家が「自国内のまつろわぬ民」を、野蛮・劣等で文明の足りない〈他者〉とした上で近代的な〈自己〉が征服していくことだ（本橋 2005: 191）。

本書が解き明かすべき地方の服従の問題は、まさにこの自国内に後進性・周縁性をもった〈他者〉を見つけ出し近代的な〈自己〉が征服していく極めてコロニアルなプロセスとも捉えることができるだろう。これは、純粋な「自己と他者」の問題とは違い、自己のなかで同時に起こっているが故に、前記の二項対立の問題として捉えにくい。そうであるが故にポストコロニアルスタディーズの視座が参考になるだろう。

戦後の「民主化」と「産業化」の上で、日本は大きな成長を遂げた。[*6] しかし、「翻弄される地方・地域」がその成長をいかに受け止め、また、自ら関与していったのかという観点での通時的な研究[*7]はまだ十分とは言えない。しかし日本の成長期が「歴史」になりつつあるなかで、マクロな意味での政治的・経済的な観点を越えてより広い検討が求められている。

「日本における地方の服従がいかに形成され、それが戦後成長にとってどういう意味を持ったのか」この問いに迫っていく過程で、敗戦による植民地の喪失と国内の荒廃にはじまる日本の「輝かしい戦後成長のプロジェクト」が必然的に持つ陰影を浮き彫りにしていくこととなるだろう。ここでいう服従とは自動的かつ自発的な服従とよべるものであり、それをポストコロニアルな観点から捉えていくというのが本書の方針となる。広島・長崎への原子爆弾の投下によって始まった戦後がいかに原子力を「抱擁」してきたのか（そしてそれが「フクシマ」につながるのか）という歴史がそれを見せてくれるはずだ。

＊

最後に次章以降の構成を提示する。

一章では先行研究を検討しながら対象・方法を定め、分析の枠組みを提示する。問いに迫るために選ばれた原子力ムラとはいかなるもので、その対象が何を明らかにすることになるのか、いかなる方法のもと対象に迫り問いに答え得る理論の導出につなげるのかを提示する。対象に内在的に現象を観察することの必要性を解き明かしていくことになるだろう。

そして二章「原子力ムラの現在」では、原子力ムラの今日の情景を描きつつ、設定した問いの妥当性と重要性をより具体的に示し、それをコミュニケーションとシステムの関係から記述することを目指す。そこに現に存在する原子力ムラの特異な「自動的かつ自発的な服従」のあり様を明確にすることで後の議論の導入とする。

二章が、観察すべき「地表」の見定めであるとすれば、三章から四章ではその「地表」を掘り進めその奥に横たわる「地層」を明らかにすることを目指す。連続と断絶、あるいは連続のなかにあるゆらぎの痕跡をおっていくなかで、今日の状況がいかにつくられ、どのように理解すべきことなのか明確になっていくだろう。三章では「原子力ムラの前史」として、戦時下から戦後に至るムラとその周辺の状況を明らかにする。その当時の日本の少なからぬムラと同様、困窮のなかで豊かさを望み、戦時・戦後の中央の激動にゆるがされたムラの内部と周辺に何があり何が用意されていったのかを分析する。四章「原子力ムラの成立」では、五五年の原子力基本法以降、ムラのなかに二つの原子力発電所ができ、それが根付いていく歴史を捉える。それは一見政治的・経済的要因との対置のみで捉えられそうにも思えるものだが、そこからこぼれ落ちるものへの注目を通して、何がムラを支え、また揺るがしてもきたのかということに迫る。

五章と六章では以上の通時的な検討の上にたって再度理論的な考察への落とし込みを試みる。そこではいわば「変化と不変」とも言える二つの観点からのアプローチを通して問いに接近していく。戦後成長が抱えてきた「服従する存在」の構造的変容のなかに見られる生産と再生産の過程が明らかになった時、近代化が必然的に抱えてきた暗部が戦前と戦後の連続性のなかで継承され確かな存在として現代社会の底に横たわっていることを明らかにする。最後に終章において本書を通してなされた自動的かつ自発的な服従の歴史的形成過程についての問いへの接近が、何を明らかにし何を明らかにできなかったのか筆者なりに総括し締めくくる。

第一章　原子力ムラに接近する方法

1　原子力ムラという対象

1・1　戦後成長とエネルギー

日本の戦後における地方と都市の問題を原子力ムラから考えていく前に、そもそもなぜ原子力ムラから地方を考えていくのかについて、明確にしておきたい。なぜ、他の対象ではなく「原子力」のムラを対象として選ぶのか、という問いを本書の問題設定に沿わせれば（1）なぜ日本の戦後成長を検討するためにエネルギーの問題を選ぶのか、そして（2）なぜエネルギーのなかでも水力でも火力でも、あるいは地熱や風力・太陽光など他の手段ではなく原子力を選ぶのか、という二つの問いに言い換えられる。

グラフ1は水力・火力・原子力・地熱と国内の総発電量、さらにGDPの値を五〇年以降とったもの、グラフ2は水力・火力・原子力の発電量の割合の変化を表したものだ。[*1]

まず（1）なぜ日本の戦後成長を検討するためにエネルギーの問題を選ぶのかという点について。戦後のGDPがぶれながらも拡大していく動きはすでに多くの人の常識として理解されているところだろう。グラフ1はそのGDPの曲線に発電量の曲線を重ねたものだ。これが示すのは、GDPに少し先行

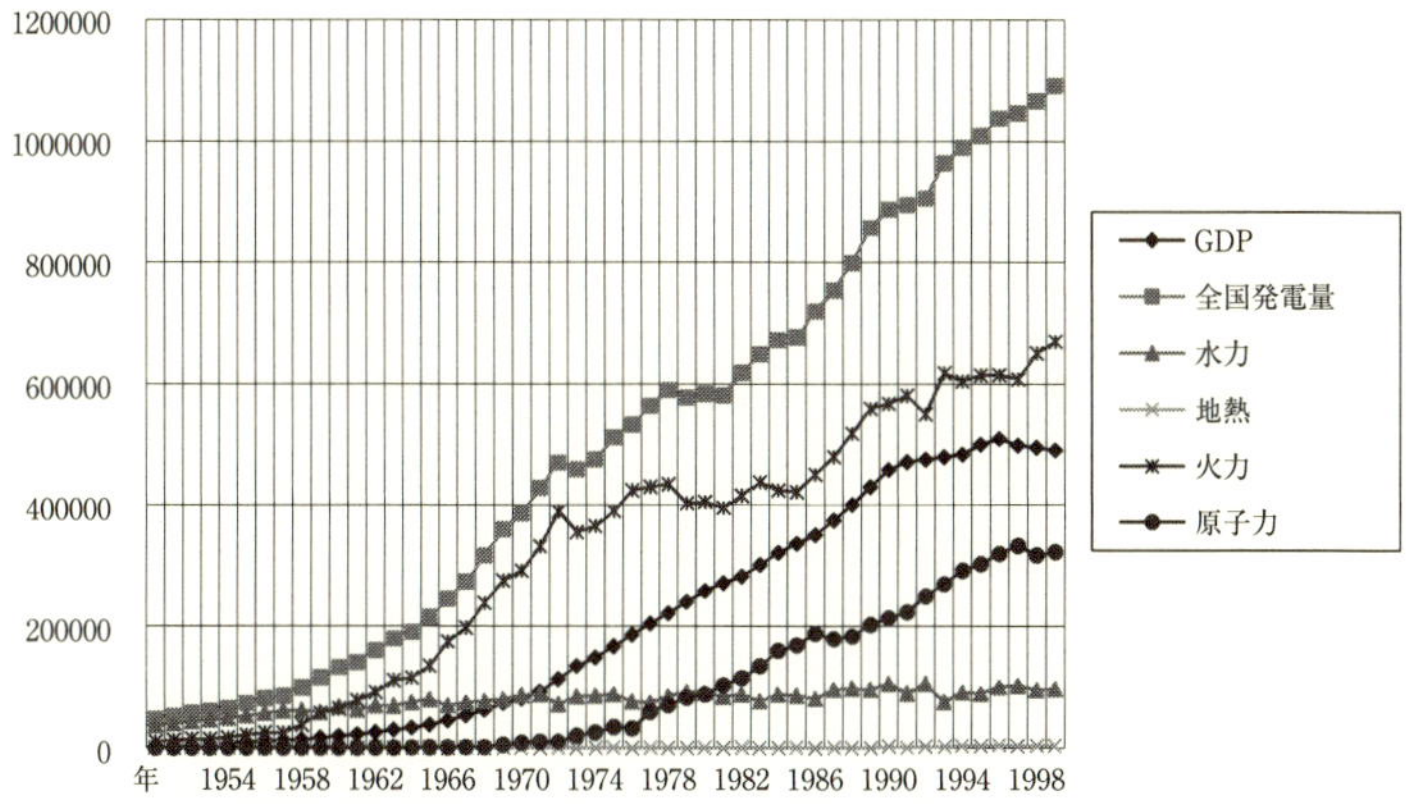

グラフ1　水力・火力・原子力・地熱発電と国内総発電量

する形で、つまりGDPのグラフをそのまま左に平行移動させたような形で、発電量を示す曲線がGDPを示す曲線をあたかも上から吊り上げるようにして拡大してきたという事実だ。もちろん、これは、両者の関係を分かりやすくするために、GDPの単位を適当なところにあわせていることもあり、もしGDPの単位をずらしたら図形も変わり両者の関係が崩れてしまうではないかという批判もあろうが、要点はそこではない。ここで指摘しておくべき重要な点は、エネルギーはとりわけ近代以降の経済の伸長と密接な関わりを持っているということだ。例えば、以下は第一次世界大戦後の日本における電力開発の状況に対する言及だ。

第一次世界大戦に伴う好況の影響をうけ、日本経済は飛躍的に発展、大幅な需要増加を来し、これに対応するため、大規模な設備拡充を行った。そのため、開発のみを専門とする会社や大規模な卸事業を専門とする会社が生まれた。しかし、事業は競争関係にあったため、設備拡充に当たっては相互間に何等の連絡もなく、それぞれが過大な需要想定に基づき計画を立て、開発を行い、極端な場合、同一地域で潮流が逆行する送電線が相並行して建設されることもあり、更に設備に当たっては予備命令により予備設備保有が義務づけられるということもあって、結果的には著しい過剰設備、過剰投資を来すにいたった。大正末期よりはじまる慢性的不況に面し、需要が停滞するや、この投資に伴う資本費の回収はますます困難となり、電力間の競争はさらに激化し、殊に大規模な卸事業は、卸供給契約の不成立により窮地に追いこまれ、そのはけ口を求めてこの競争に加わるに及び、電力会社は戦国時代に突入したかの様相を呈するにいたった。（松永 2001）

第一次世界大戦当時は、現在と違い、電力事業が完全に自由競争のもと官・民双方で行われていたことをまず把握する必要がある。その上で、「過大な需要想定に基づき計画を立て」る競争がなぜ起こったかと言えば、電力事業者が、二つの大きな使命、すなわち（1）電力を発電し送電すること（2）生産可能な電力量の上限を増やすことを役目とし、特に後者について「需要想定」に応じて常に先手を打っていかなければならなかったためだ。とりわけ産業と表裏の関係にある消費電力量の伸びを予測し「どんなに調子よく伸びたとしてもこれだけ発電可能にしておけば問題がない」と言えるだけ発電量の上限を先立って確保していく必要があった。上記の言及では、その「先立った確保」が過当競争の結果先走りすぎて不整合を起こしたことが明らかになっている。三〇年代以降、そのような弊害を解消するために民営の電力会社は国家の一元管理の体系のなかに組み込まれていくことになるが、ここではその

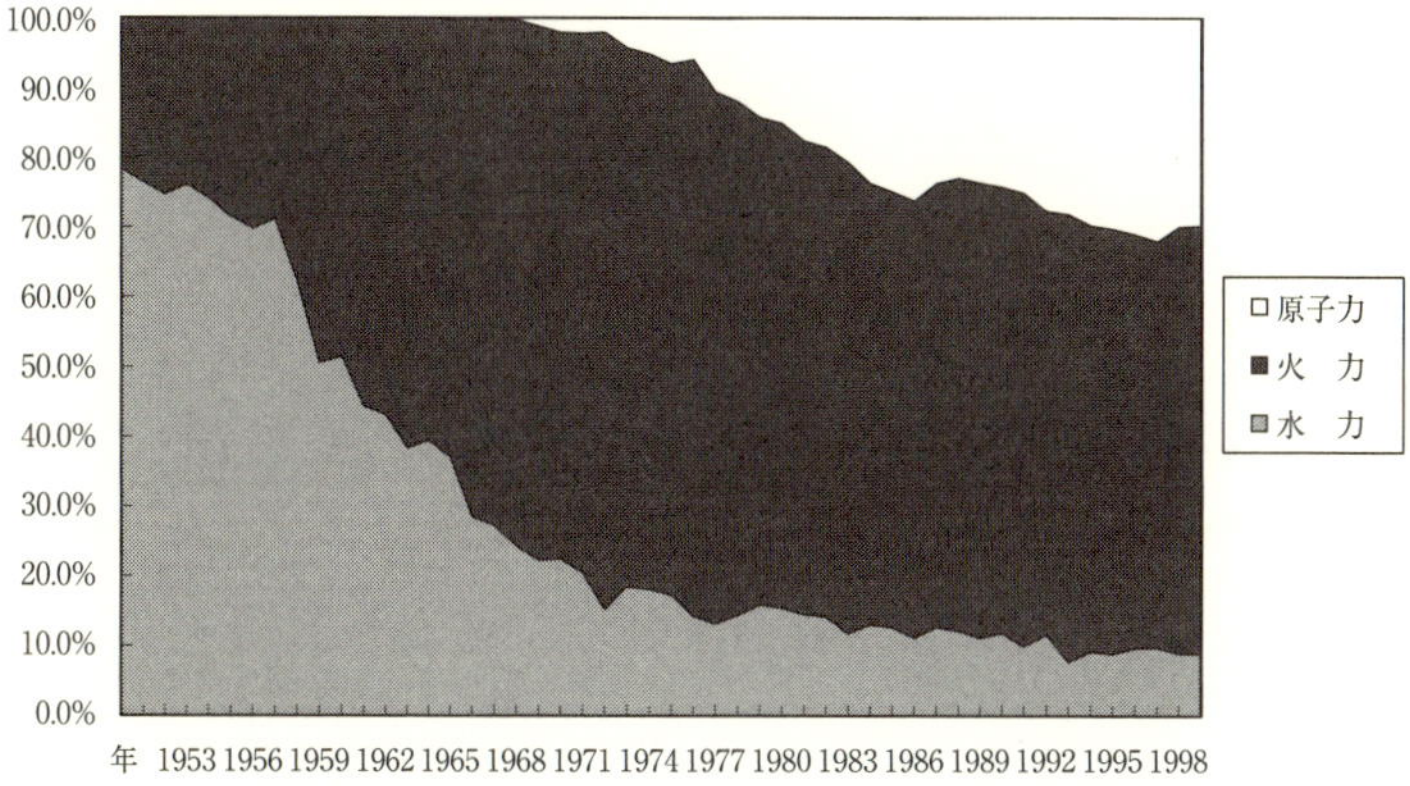

グラフ2　水力・火力・原子力の発電量の割合

詳細には立ち入らない。

ここで明確にしたいのは、エネルギーと産業生産が表裏一体の関係にある、という事実だ。

三章で詳述することになるが、電力確保の合理・不合理のいずれにせよ、最大発電量は常に直近の成長を見据えながら拡大され、またその結果が時間的に少し遅れる形でGDP等の指標に反映される。つまり、「経済成長なきエネルギーの成長[*2]はありえようとも、エネルギーの成長なき経済成長はありえない」と言ってもいいほどに、経済成長にとって不可欠な存在としてエネルギーを捉える必要がある。それ故、日本の経済成長の歴史過程を検討する上で、その経済成長の変遷がいかなる性質を持っているのか、エネルギーを「リトマス試験紙」として利用することは妥当なことだ。「経済の歴史とはエネルギーの歴史だ」と換言することもできるだろう。

次に、(2)なぜエネルギーのなかでも水力でも火力でもその他でもない原子力を選ぶのかという点についてだが、まず水力について言えばグラフ1が示すとおり、相対的に見てではあるが、少なくとも生産量とその伸びという両方の点で戦後のエネルギーのなかで主要な位置を占めてきたとは言えない。もちろん、戦後開発においてダムなどの水源開発は非常に大きな出来事であったが、水力発電という点では戦前からすでに多くの水力発電所の開発がなされていたこともあり、実際の伸びは限られたものだったと言える。つまり、一九五一年から二〇〇〇年までの五〇年間のうちの発電量で言えば最小値が五一年の三七一億三二〇〇万kWh、最大値が九一年の一〇五五億九五〇〇万kWhと二・八倍ほどにはなったもののグラフ2で明らかなようにその地位は火力と原子力に置き換わっていったというのが実態だった。

では火力についてはどうなのか。これもグラフ2を見れば明らかな通り、日本の戦後のエネルギーの中心的な役割を担ってきたことは確かだ。しかし、グラフ1に現れる通り、七〇年代以降火力はそれまでの拡大の勢いはなくなり、一方では原子力の急速な伸びが指摘できる。戦後のエネルギーの変遷という点では火力も十分検討の対象となりえるが、（1）火力が戦前からすでに日本社会に存在していたのに対し、原子力が戦後登場してきて整備され、今では総発電量の三割に達しているという事実において、原子力が相対的に大きな変動を経てきたという点、（2）本書の問いである地域の問題を考える際には、相対的に安定して確保されてきた火力と違い、原子力のほうがより地元に対する受け入れに際して軋轢を伴うという点から、原子力を対象とする方が問いへのアプローチとして適切だと思われる。当然それは水力や火力などの他の歴史と極めて接近し、時には一部を重ねながら進んできたものであるため、それらも視野に入れながら分析を進めていくことになるだろう。

1・2 原子力ムラとは何か

ではそのような、日本の戦後成長と密接な関係にあったエネルギーであり、地方の問題と最も密接に関係しているであろう原子力をどのように捉えるのか。今回、私がここで提示したいのが「原子力ムラ」という原子力の捉え方だ。

例えば、グローバル・ナショナル・ローカルという三つのレベルにおいて原子力を捉えるとしよう。そうすれば、グローバルな位相に対しては「エネルギー確保と原子力＝核＝nuclear 管理」という外交的・軍事的意義が、ナショナルに対しては「電源開発と可発電量確保、原子力＝核＝nuclear 技術の洗練」、ローカルに対しては「原子力発電所やその関連施設による地域開発」といった位置付けが導き出される。どれもそれぞれ検討する意義は深く、これまで多くの先行研究の蓄積を生んできたが、本書ではこのなかのローカルなレベルにおける原子力を捉えるために、「原子力ムラ」という概念を提案する。

本書でいう「原子力ムラ」とは、国のエネルギー政策の下で原子力発電所及びその関連施設を抱えた自治体及び周辺地域のことを指す。しかし、同様のことを意味するためには、例えば「原子力（城下）町」「原子力自治体」「原子力地域」「原発共同体」「原発ムラ」など「原子力」を「原発」にしたり「ムラ」を「自治体」や「地域」「共同体」などと言うことも可能だという見方もできる。なぜそれらを用いず「原子力ムラ」と呼ぶ必要があるのか。

原子力ムラという概念を用いる妥当性は二点ある。第一に、概念の指し示す範囲の適切さの問題だ。「原発」について言えば、日本の原子力政策は原子力「発電」だけを扱っているのではない。当然そこには原子力の管理や保管、技術開発などの体系があってはじめて成立する。事実、本書で対象とする原子力ムラは、発電所施設の他に日常作業で発生する放射性廃棄物の一時的な保管施設や技術者の研修施設などがあって構成される。そういった全体を捉える上で「原発」ではなく「原子力」という概念でまとめるほうが適切だ。また、「ムラ」については、本研究を社会学における村落の研究の蓄積によせる意図がある。ここでいう「ムラ」とは、鈴木榮太郎（1961）などによって指摘された「行政村」つまり「国家によって設定された自治体」の枠では捉えきれない、鈴木が「自然村」とよんだ自生的な村のあり方を踏まえたものであり、従って明確に市町村という単位での町や自治体という語はあてられないし、また単一の共同体に焦点を当てた問題とも必ずしも限ることはできない。それゆえ、ともすれば曖昧に捉えられかねないが、「ムラ」という設定をした。他にも、例えば、日本を「ムラ＋官僚組織を骨格としたオカミ崇拝の政治」（松下 1995）として描く立場がある。これもムラという語で、自生的な村落共同体を指しているという点で同様のものであり、この使い方が妥当であると言えるだろう。

第二に歴史研究をする上での視座の問題だ。端的に言えば「ムラ」として捉えるとその歴史的な変遷が明らかにできる、そしてムラの正常な日常をつぶさに見ることで、それがいかに形成されてきたかということを見ることができるということだ。今や純粋な独立した部分社会として捉えられるムラというもの、つまり「小宇宙の村落の中に閉じ込められるような閉鎖的な体系」としてのムラはありえない。蓮見音彦（1987）によれば、このような変化は戦後の「村落とはかかわりのない所で検討された政治的決定」である農地改革等のなかで顕著になっていったと言う。[*3] つまり、戦後、「国家独占資本主義の下での農村社会構造の成立」のなかで、それまでの「村落内部の支配層の政治的折衝」によって営まれていたムラは、「地域からは手の届かないきわめて大きな範域での経済の動きによって変化させせられ」るように、また「外部的な変動が村の政治勢力に影響を与える」ようになっていったのだ。

序章でも触れたとおり、このような動きのなかで「改革前の農村とは異なって、国家独占資本主義の下での農村社会構造が成立したとするならば、もはや、村落の構造分析は、副次的な意味しか持たないものにすぎな」くなり、それが農村社会学から地域社会学の成立へという大きな動きを生んだわけだが、本書では、「地域」の研究としてではなく、「ムラ」の研究として概念を設定する。それは、ムラという視点を採用することにより、現在では原子力を受け入れて変貌したムラが、かつて純粋なムラだった時点からいかなる変化をしてきたのかと言う視座に立ちその歴史を検討するためだ。

この方針は、例えば鈴木の「現在の都市を構成している人々の生活の中に正常形を見定める」(鈴木 1969: 23)という「正常人口の正常生活」とよばれる研究の方針にも共通するものだ。すなわち、農村・都市・地域といったある空間的領域に注目した研究に(1)その領域において何もない平穏な「正常」に潜む構造を見定める方向と(2)都市化などの変動のなかで生じる混乱などの「異常」の背景を探る方向という対なる二つの方向があるのだとすれば、「正常」の側に研究の力点を置くという方針だ。両者共に研究の方針としては重要であるが、現に秩序をもって淡々となされているムラの日常がいかに構成され、それがいかに歴史的に形成されてきたのかという変貌の過程とそのなかにあった「正常」を見極めることに力点をおくという方針が、これまで地域開発や住民運動、環境運動、市民活動など「異常」に注目してくることの多かった他の研究との差異を生み出すことに役立つと考えている。

1・3 原子力の三つの捉え方

原子力という対象を以上のように位置づける際に、それを単純な「電力生産の手段」や「原子力＝核＝nuclearとしての軍事的・外交的課題」とのみ捉えるのでは十分ではない。原子力が最も直接的に想起させるであろうそれらの要素が重要であることを確認しつつ、本書では以下の三点を重点的に原子力に見出しながら考察を深めていきたい。

まず、第一は、ここまでも述べてきたとおり、「戦後成長の基盤」としての原子力だ。戦後社会にとってのエネルギー、そのなかでも開発において最も重点を置かれてきた原子力は、日本の戦後成長に不可欠な基盤の一つであり、常に時代の連続と断絶を映し出す鏡であった。それは、グローバル・ナショナル・ローカルといった空間的位相、あるいは科学技術・環境・地域といった分野的位相のそれぞれからの光をそれぞれ違った形で反射するものだ。

第二に、「地方の統制装置」としての原子力だ。原子力という「近代の先端」は、地方という、常に開発され、都会にむけて発展すべき存在、すなわち「前近代の残余」と向き合ってきた。本書では、その「近代の先端」と「前近代の残余」が接合しながら、地方の統制を実現していく過程を追う。なお、ここで重要なのは、そこに接合はあっても融合はないという観点だ。それは「近代の先端」が「前近代の残余」を単純に引きつけるのではなく、むしろ突き放し距離をとりながら固定化する作用を持つゆえだ。「近代の先端」がムラを原子力ムラへと変貌させていきながら起こる現象のなかに、戦後成長の原理を見出していくことも、重要な論点となっていくだろう。

第三に、「幻想のメディア」としての原子力だ。ここで用いる「メディア」という用語は私たちと近

捉え方	対応
戦後成長の基盤	経済
地方の統制装置	政治
幻想のメディア	文化

表1　本書での原子力の捉え方

代とをつなぐ「媒介」を意味する。私たちが「近代の先端」という「幻想」を原子力に見出したように、媒介（メディア）には常に幻想がうつしだされている。原子力が「近代の先端」であると書いたことをすぐに覆すように見えかねないが、原子力は本質的に「近代の先端」なわけではない。そこに関わるアクターが原子力を「近代の先端」として構築する、思い描くがゆえに、原子力は「近代の先端」になりえる。例えば、原子力推進の立場からは日本の悲願たるエネルギーセキュリティーの確保や軍事的・外交的自立を、原子力反対の立場からは環境主義の実現や非民主的なあり様の改革を、原子力ムラからはムラの近代化や過疎・高齢化の食い止めを、というような、それぞれにとっての「幻想」を原子力に見出す。それらのアクターは、現在に「前近代の残余」があるゆえに、時に過剰に、「近代の先端」を原子力に見出し戦後社会のなかで追い求めてきた。その作用からは、原子力が、マーシャル・マクルーハンがいうような広義のメディア性を有することを指摘できよう。それは、激動の戦後社会のまさにその始まりに、原子爆弾の投下という余りにも衝撃的な事実が厳然と存在することと無関係ではない。戦後において必然的に社会からの超越性を持ったメディアとしての原子力に、原子力ムラや他の諸アクターがいかに関わっていったのかということを明確にしていく必要がある。

以上のように、原子力という対象に「戦後成長の基盤」「地方の統制装置」「幻想のメディア」という、それぞれ経済的・政治的・文化的な切り口に対応しているとも言えるような三つの視点からの意義を見出しながら議論を進めていくこととする。とりわけ、相対的に理解しやすく関連する研究も少なからず存在する前二者以上に、最後の「幻想を描くメディア」としての原子力という独自の視点が、原子力の問題を考える上で極めて重要だということが次第に明らかになるだろう。

さらにそれは、日本の戦後成長が、「日本全体の均質な成長」という多くの人が信じてきた理想とは裏腹に、中央にとっての成長に過ぎなかったことを明らかにすることにつながる。そして、日本の戦後成長における「中央 - 地方」関係に対してポストコロニアルな再考をつきつけていくだろう。

2　これまで原子力はどう捉えられてきたか

もうひとつ本題に入る前にこれまでの原子力をめぐる見方=「原子力研究」の状況を見ていきたい。

初期の原子力研究としてあげなければならないのは、アラン・トゥレーヌらによる「新しい社会運動」としての反原子力運動に対する研究だ。「新しい社会運動」とは、強引にまとめれば、それまでの階級闘争のような社会運動にはない特徴を有したエコロジーやフェミニズムなどをテーマにした新たな社会運動をさす。『声とまなざし』（トゥレーヌ 1978=1983）によって「新しい社会運動」について理論的に考察をはじめたトゥレーヌは、その応用研究として学生闘争を対象とした後「新しい社会運動の主要な担い手として出現」（トゥレーヌ 1980=1984: 13）してきた反原子力闘争へと対象を移し「社会学的介入」、すなわち運動の担い手と社会学者が各々の立場を堅持しつつ主体的に交わる独自の方法を用いて『反原子力運動の社会学』（トゥレーヌ 1980=1984）を始めとする成果を残した。そこでのトゥレーヌの問題意識は、無論、ナイーブに反原子力運動の新規性を持ち上げることをめざすようなものではなく、「反原子力運動の高波は鎮まってしまった。…エコロジー運動自体もまた、地方選挙ではなばなしい成功をおさめたものの、総選挙では分裂と衰退の危機に瀕し、その後の欧州議会選挙に関しては、それに参加するかどうかの決断すらくだせないありさまだった。」（トゥレーヌ 1980=1984: 15）とも述べるとおり、その新しい社会運動の現実的な困難さを指摘するものだった。

そのような社会運動論とは別に、海外における初期の原子力研究に含めるべきものとしてウルリッヒ・ベックの研究があげられる。科学技術についての考察からはじまり広く応用可能性をもった現代社会が必然的に抱えるリスクを扱う方法として生まれたベック（1986=1998）のリスク社会論は、著書に言及があるとおり、チェルノブイリでの原発事故の強い影響のもとで生まれたものであった。このリスク社会論は、科学技術社会論と呼ばれる比較的新たな領域において科学技術と社会の関係性を考える枠組みを提供したのをはじめ、より一般的な現代社会とリスクを考える理論として重要な役割を果たしている。

一方、国内においても社会運動論や科学技術社会論、さらに、環境、地域、経済・経営といった視点、あるいはジャーナリズムからの先行研究が積み上げられてきた。ここでは、そのなかから主要なものを取り上げながら研究対象の範囲別にそれぞれ（1）マクロアプローチ、（2）メゾアプローチ、（3）ミクロアプローチと分類しながら整理することにする。

マクロアプローチ

まず、(1)マクロアプローチとはグローバル・ナショナルのレベルでの研究を指す。代表的なものとして、エネルギーと経済・経営いう観点からの多様な研究があげられる。そのなかには現状を批判的に検討するものも少なくはなく、例えば、一見火力よりもコストが低く見えるために選択されているとされる原子力による発電が実は高コストであることを指摘した室田武(1981)、近年では原子力発電事業の歴史から現在の電力自由化の流れも踏まえた上での批判と提言がなされる橘川武郎(2008)などが上げられる。日本が明治以降、近代国家として歴史を経るなかで、エネルギーの確保は対外的・内的の両面に渡って国家や国家間の抱える中心的課題の一つとなってきたし、今日においてもグローバリゼーションのなかでその重要性はますます高まっている状況にあると言える。

また経済・経営以外の観点からは、吉岡斉による『原子力の社会史――その日本的展開』(1999)をはじめとする原子力に関する研究がナショナルなレベルにおける日本の原子力の展開を極めて網羅的に示してきた。吉岡は科学技術史・科学技術社会論的な視点から日本の原子力の歴史を分析しながら政策意思決定のプロセスの分析をすすめてきた。例えば、そこでは「二元体制的サブガバメント・モデル」とよばれるモデル、すなわち、

電力・通産連合と科学技術庁グループという二つのサブグループからなる原子力共同体が、原子力政策に関する行政上の意思決定の権限を事実上独占し、電力業界・通産省・科学技術庁の三者の合意が、そのまま「国策」としてオーソライズされることによって強い実効力をもち、その一方で、

原子力共同体のアウトサイダーの影響力は、上は国権の最高機関としての国会から、下は一般市民に至るまで、きわめて弱いものにとどまってきたのである。（吉岡 289-290）

という、戦後の日本の原子力と表裏一体となってきた構造についての指摘がなされた。この指摘は今日の日本の原子力行政の持つ閉鎖性・保守性を学術的な立場から理論化した重要な研究と言える。一方で、九〇年代後半、近い時期には、社会運動・環境の立場から七〇〜八〇年代におけるアメリカの脱原発の要因を分析した社会学者の長谷川公一による『脱原子力社会の選択』（1996）のような研究も生まれてきた。これもまた、エネルギーの問題と不可分な国家と原子力の関係をマクロアプローチにて捉えてきた研究と言える。

メゾアプローチ

一方、マクロアプローチとは違った視座からの研究も生まれてきた。社会運動・環境の立場からの研究という点では、長谷川も属する、日本において八〇年代以降に環境社会学会を立ち上げたグループのメンバーによる『巨大地域開発の構想と帰結――むつ小川原開発と核燃料サイクル施設』（舩橋ほか 1998）などが主要な研究の一つとしてあげられる。これは、国による開発政策が地方に与えた影響を様々な角度から振り返るものであり、ナショナルとローカルの間から原発を見据える研究と言える。また、その研究の背景には、受益圏・受苦圏論（舩橋ほか 1985; 舩橋ほか 1988; 梶田 1988）などの理論的な枠組みがあり、その枠組みの参照のもと蓄積が深められつつある原子力研究があることも指摘しておく必要[*4]

がある。

このような研究をここでは（2）メゾアプローチと呼ぶ。メゾアプローチは原子力を対象とする以上、少なくとも日本においては、その「現場」が常に地方にあったという事実から必然的に発生してくるアプローチと言える。ここからは、やはり日本の多くの地方が戦後成長のなかで一貫して抱えてきた「地域開発」による地域や環境に対する問題の背景を解き明かすことへの志向が研究の背景にあったと言える。しかし、批判されるべき側面を持つ対象としての「地域開発」の時代自体が終わりをつげようとすると、地方は大きな変動のなかに放り出されることになり「地域開発」そのものを軸としない研究も求められてきた。[*5]

ミクロアプローチ

そして近年増えつつあるのが、ここで（3）ミクロアプローチとよぶ研究だ。その代表的なものとしてあげられるのが、「「六ヶ所村」と「巻町」のあいだ――原子力施設をめぐる社会運動と地域社会」（長谷川 1999）や『デモクラシーリフレクション――巻町住民投票の社会学』（伊藤など 2005）、『住民投票運動とローカルレジーム』（中澤 2005）など巻町の住民投票とその周辺を題材として原発を扱ったものだ。詳細は各研究に譲るが、この研究の独自性、あるいはこの対象が社会学的注目を集めた大きな理由は、この対象の内外に多様なアクターを持ったことだと言えるだろう。巻町では、開発の時代を支えた「保守派が原発を推進し、革新派がそれを批判する（が結局推進される）」という冷戦時代に典型的な、ある面ではシンプルな図式とは違い、推進派内部での分裂と統一や反対派の構成の変化など非常にダイナミックな動きが見られた。また、同じ新潟県内に柏崎刈羽原発があることの影響や、ちょうどこの住民投票の時期に日本の原子力政策自体が揺らぎをみせたことなどがその事例としての魅力を高めたと言える。結果として「デモクラシーリフレクション」「根源的民主主義」といった各々のキーコンセプトに象徴的なとおり地域における「民主主義」という大きなテーマをも再考する契機となった。

ところで、なぜ近年、(1) マクロや (2) メゾではなく (3) ミクロアプローチが有効な方法として考えられるようになってきたのか。その理由は、序章でも触れた「地域の多様化」に求められる。開発の時代が終わりつつある一方で過疎・高齢化、地方財政の逼迫が表面化する。かつてのように単純にカネを持ってきて、雇用を作れば何かが解決するという状況は望めないなか、巻町がそうであったように、その地域を構成するアクターが単純な構図では把握できなくなり、「構造分析」や「受益圏・受苦圏論」をはじめとする地域や環境を扱う既存の手法が必ずしもそのままでは利用しにくくなってきた。*6

そこで出てくるのがミクロアプローチだった。

改めていうまでもなく、今日地域は大きな構造変動の波に洗われている。高齢化と過疎化にともなう新しい地域構築の要請と葛藤、情報化による技術革新と産業構造の再編、グローバリゼーションに由来する不透明性と不確実性の増大、それに伴う産業の苦境や自治体経営の悪化、新しい危機にたいする管理能力を喪失しつつある政治。こうして列挙したような諸趨勢は、どのような単一の「地域」を取り上げても程度の差こそあれ、重層して表れてくるという側面を持つ。したがって逆にいうと、統計やマクロな変動だけを見ていては予測を誤るような不透明性も、特定の地域を深く分析することによって見えやすくなるということがある。日本の学問世界において今日ほど、フィールドワークや地域調査が重視されている時代はないが、それは以上のような要請を踏まえたものでもあろう。(中澤 2005: 13)

しかし、この対応策は、一見矛盾しているようにも思えるかもしれない。すなわち、多様化してしまい、一筋縄には把握しずらい対象を、一般に「多様な構成素の大きな傾向を抽出する手法」とされる統計のような量的、鳥瞰的なアプローチではなく、むしろ正反対の限られた地点を手足を使って掘り下げる「フィールドワークや地域調査」という「虫の目」のアプローチで追うということは果たして有効なのか。

その答えは、「多様化している、だからこそ『虫の目』が重要だ」ということにある。つまり、「構造分析」的な研究が見逃してきたような、社会の根本に横たわる見えにくいものを見定めるのに「虫の目」が不可欠なのだ。

「構造分析」は、その出自からして、啓蒙的な身振りをともなってきたし、大きな予算を獲得できる旧帝国大学のみがセンターになれるという偏りもあった、また、高度成長期以前の大学への信頼に支えられて、調査対象者が諸資料の提供に積極的に応じてくれたという歴史的事情も見逃すことができない。その中で、どの学派についても地域社会は「フィールド」としてのみ位置づけられてきた側面がある。それに対して現在われわれにできることは、調査対象者との個人的関係を大切

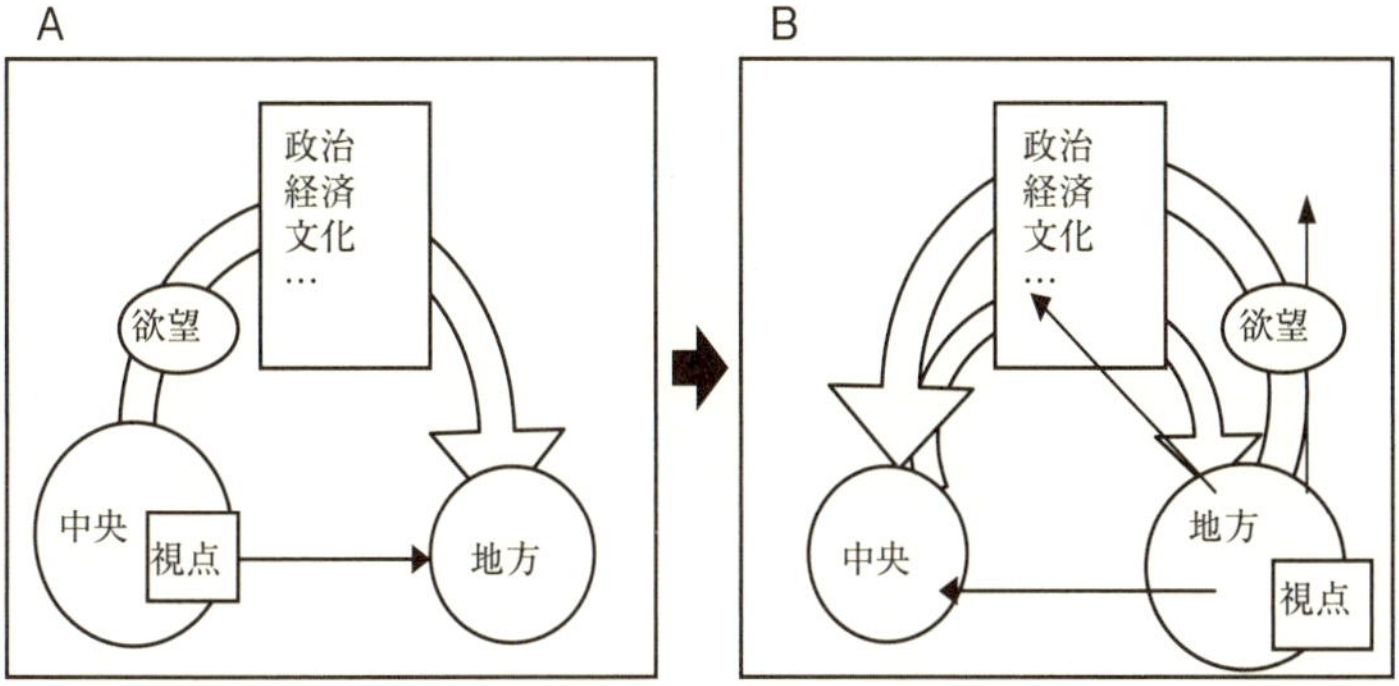

図1　「対象としての地方」研究と本書との前提の違い

にしながらワン・ショットではない調査を地道に続け、政策立案に携わるエリートたちが彼ら自身の生活世界のなかで想像できない地域社会の側の、まさに生活の論理を提示し続けることであろう。（中澤 2007: 197-198）

「地域社会をフィールドとしてのみ位置づける」ような研究、すなわち「対象としての地方」研究が地方を単に国や中央に対する（政策などの変化に対する）受け手とし、超越的な観点からの研究をしてきたのであるとするならば、本書では、図1AからBへのように、地方を単純な中央の欲望の受け手としてではなく、自ら独自の文脈を抱え、能動性や欲望を持ち、時には中央への影響も与えうる存在としてとらえ、その地方に内在的な観点から研究することを目指す。

こういった観点からは、ジャーナリズムによる非常に多くの蓄積も参考にすべきだろう。これまで地方の工場労働などを扱ってきた鎌田慧による全国の原発立地地域のルポルタージュ『日本の原発地帯』（2006）など、八〇年代から継続的に行われてきた原子力へのアプローチは重要な資料となる。あるいは近年、鎌仲ひとみによる『六ヶ所村ラプソディー』などの映像ドキュメンタリー作品、あるいはジャーナリストの山秋真による珠洲原発計画の停止までの過程を描いた『ためされた地方自治——原発の代理戦争にゆれた能登半島・珠洲市民の一三年』（山秋 2007）など九〇年代以降の原子力の状況を極めて内在的な観点から描いた作品も増えてきている。

葛藤から調和へ

しかし、以上のような蓄積を高く評価した上で、「対象としての地方」研究からの脱却、すなわち、内在的な観点の重視という方針の徹底を目指すならば、まだ、先行研究に不満が残る。

それは端的に言えば、社会の「葛藤」に注目しがちな姿勢だ。ある社会で大きな変化がおきた、緊張状態や諍いが発生している。そのような「葛藤」があるからこそ、それに研究対象としての魅力を感じるが、そうでない時には扱わないという傾向がこれまでの原子力研究の系譜にはあったのではないか。そのような研究の姿勢は、対象となる社会に何らかの明確な葛藤を見出し、そこに存在する目新しいアクターなどに「脱○○への兆し」や「今後の変革の萌芽」などを見出すことに終始する研究を生むことには役立つかもしれない。しかし、それもまた、「エリート」たちが彼ら自身の生活世界のなかで想像できない地域社会の側の、まさに生活の論理」に迫りきれないままになってしまっているのではないだろうか。

無論、先行研究の成果は非常に大きなものでその上に研究を積み上げずには手足の出しようがないのが現実だ。しかし、その上で、もしこれまでの研究にそのような「葛藤」への注目の偏りがあるのだとすれば、それはより「生活の論理」の抽出へと向かう方法を模索するべきだ。

この傾向について、沖縄研究者の冨山一郎が藤田省三の言葉を引きながら、これまでの沖縄についての歴史的な「解説」についておこなう、「未決性」についての議論が参考になる。


もっともらしい解説は、事態を客体化して明示すると同時に、それ自体、向き合いたくない出来事や他者を回避する、藤田［省三］がいう安楽の秩序にもつながりうるのであり、そこには「高慢な風貌の奥へ恐怖を押し込もうとする心性」が、やはり帯電している。……不安を押し殺しながら安楽において構成される経験ではなく、恐怖のあまり収拾がつかなくなり混乱してしまう事態を安易に解消しない構えこそ重要なのである。真の意味での経験とは、この構えにかかわるのだろう。藤田も、あらかじめ「正しい」解決あるいは解消が予定された恐怖や不安、いいかえればすでに保護者が待ち構えている日常を、「先験主義」とよび、またそれを経験の消滅ともいいかえているが、がんらい経験とは、こうした先験主義からの離脱という営みにおいてこそ見出されるものなのだ。

この先験主義において構成されていた経験の崩壊とともに顔を出す新たな経験とは、決して「〇〇の経験」といったような、即時的で安定的に語られるものではないだろう。経験は、この所有格に位置する主体の融解とともにある。（冨山・森 2010: 16）

冨山が対象とする沖縄のみならず、これまでの地方が抱える問題についての研究のうちの少なからぬ部分は、例えば、「脱○○の動き」や「○○に抵抗する社会集団の出現」を見出すといったように、対象における「葛藤」と「葛藤の解消の契機」を見出すことに終始してしまってきたのではないだろうか。

しかし、二〇一〇年の現在において、原子力で言えば、山口県上関での原発新設の動向、もんじゅの再稼動、プルサーマル発電の開始、新興国への原発輸出ビジネスの盛り上がりなどを、あるいは沖縄においては、基地移転の混乱、東アジアの軍事的緊張の高まり、一〇年の知事選挙における「終始基地反対していた候補よりも、一時は基地容認をしていた候補を選ぶ」という「現実的」な選択などを持ちだすまでもなく、結果的にではあるが、かつて学術的成果が、解消に向かうべき葛藤として取上げてきたものが、解消に向かうどころか、むしろ、ますます深化し社会にこびりつき、より大きな混乱として表出するものすらでてきている現実を否定できない。少なくとも、原子力について言えば、かつて一時期あったとされる脱原発の兆しは、京都議定書以降の「CO2削減に役立つエコな原発」あるいは「停滞する日本経済を元気にする輸出商品としての原発」というスローガンのもとに跡形もなくなっている。

今求められているのは、先験主義、つまり葛藤を見出しその解消を論じ、恐怖を押し込もうとする姿勢から一旦離脱して、研究者であることからは逃れられないまでも研究者の「解説」の前提になってきた「希望的観測」とその失敗を自覚しつつ、新たな研究を生み出すことに他ならない。

一見正しそうに見える解説の登場にいつも身構えてしまうのは、真実性を帯びた学の言葉が往々にして、この「希望的観測」を準備するからだ。予定されたように未来を描くもっともらしい解説や正しさを帯びた指導は、まずは警戒すべきであり、とりわけ沖縄は、こうした正しき教導に幾重にも囲まれている。そこでは、宿命的に沖縄の経験を負わされた者たちがまずは設定され、かかる後にその経験を根拠に沖縄が解説される。だがしかし、解説する者が教導する未来ではなく、混乱と葛藤をもたらす経験こそ、まずは出発点として確保されなければならないのではないか。

そしてこうして確保された経験は、先験主義が構成しつづけてきた過去ではなく、またそれが予定する未来でもない別の歴史へと向かうだろう。…本書でいう歴史経験とは、この意にほかならない。それは新たな場であり関係の生成なのだ。（冨山・森 2010: 17）

この引用の「沖縄」は「原子力」に代替可能だ。

詳しくは二章以降の議論にゆずるが、原子力は今、ある種の秩序を持っている。これは、より変動が大きく見える沖縄を例に出しても同様に論じられるだろう。池の水面がいくら激しく波打っているように見えてもその池の水中に泳ぐ魚の日常が何も変わらないように、メディアや表面的な政治の動きがいくら激しいように見えても原子力ムラも沖縄も水中の秩序に閉じ込められたままだ。日に日に水かさは減り、汚濁が進んでいっているのだとしても、なかで泳ぐ魚はどうすることもできない。そこで求められるのは、水面の動きを上から観察して聞こえの良い解説をすることではなく、魚に寄り添いながら水中のあり様を描き出すことだ。その方法を冨山は「未決性」という概念を使い説明する。

しかし逆にいえば、動因の渦中にあり到来した秩序により消失した者たちの夢や可能性を、秩序が歴史を獲得する手前の時点で見出そうとする営みは、すでに消え去った後というある種の遅れに抗いながら、社会はいまだ決定されておらず可能性はいまだに継続中であることを、すなわち社会の「未決性」(openness)を、示すことにほかならない。いいかえればこの未決性とは、動因が秩序に向かう一歩手前の場所にかかわる問題であり、すでに秩序づけられた社会が、動因の渦中にあった者たちの夢や可能性において、いまだ決定されえない流動的状況として浮かび上がることを意味している。(冨山・森 2010: 22)

地域開発が地方を食荒らし、いくら疲弊のどん底に突き落とされても、地方はなすすべもない。環境への関心は「CO2削減に役立つ原子力」と資本の力に反転され「日本の経済成長のための原子力産業の強化」という国是が、多くの人の無関心のもと無批判に正当性を獲得している。これまでの研究はもちろんこういった事態を招くまでのプロセスを看過してきたわけではないだろう。しかし、事実として、この予期せぬ変化は歴史として既成事実化している。であるのであれば、今なせることは、冨山が言う「未決性」を見出す努力であろう。

この方法は、ちょうど、先に述べた鈴木榮太郎の「正常」に着目する研究の方針にも共通する。問題や病理として捉えられる社会現象＝「異常」に表出することを集めていくことも重要であろうが、多くの地域社会における生活はそのような「異常」が生み出す非日常のなかではなく、「正常」のもとで営まれているはずだ。であるとすれば、これまで注目されてきたような「葛藤」から一旦距離をとり、意識的に「調和」の内実を見るという戦略が必要になる。もちろん、完全な「調和」などありえない。あらゆる大小の「葛藤」がおこっている。しかし、そのような「葛藤」をも含んだ「調和」を描くことが

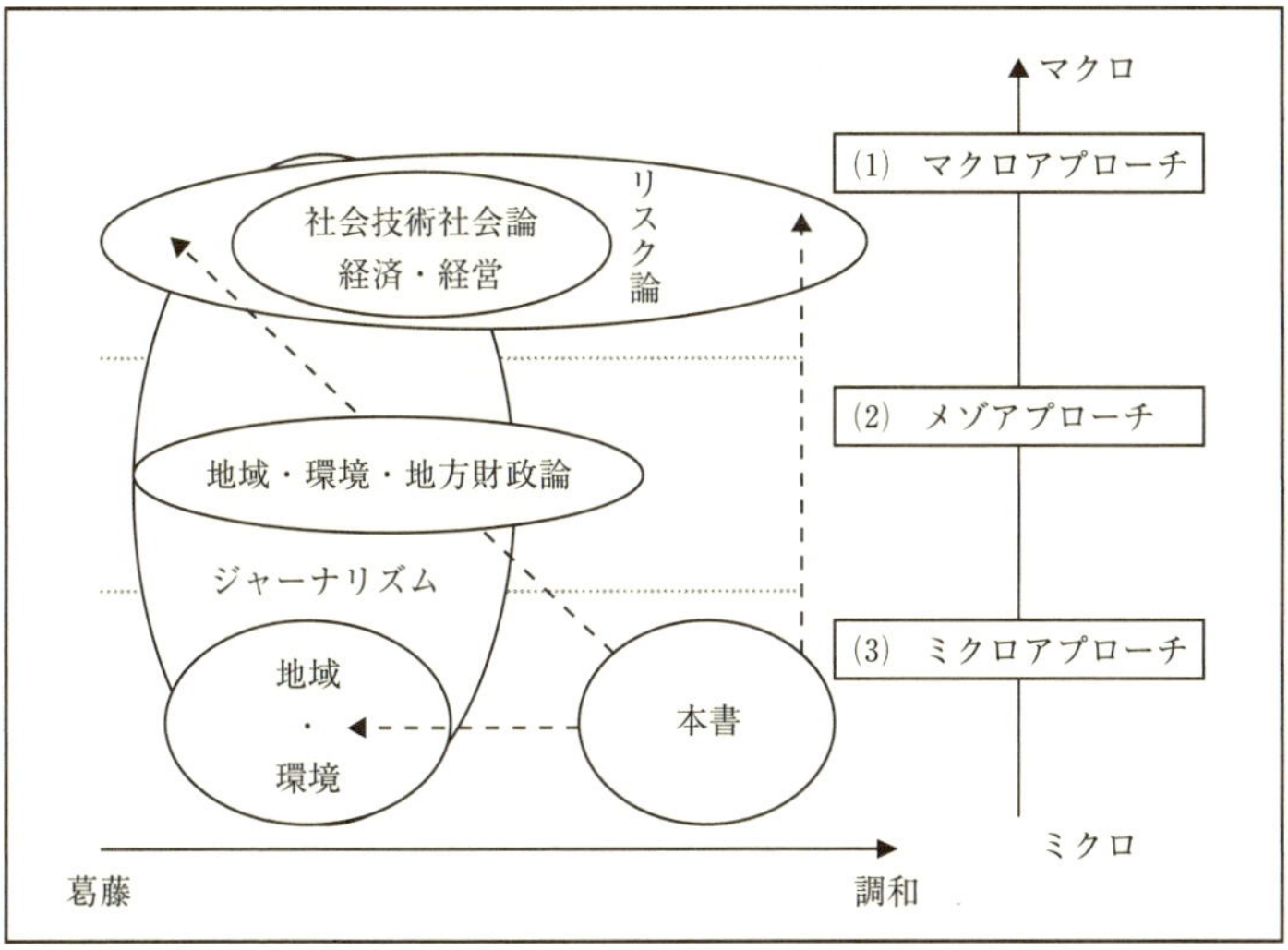

図2　これまでの研究と本書との違い*7

今日の地方が、さらには戦後の日本が抱えてきた問題に接近する方法としてより有効なのではないだろうか。

社会学の立場から見た農村とは、農村に住む人々の生活現象の中に現れて居る様々の形の社会的統一、それ等の統一の相互の間の関係、それ等の統一の型に於ける変化の傾向、等を主題とするものである。……

私等が日本の農村を社会学的に分析する場合には、農村に住む人間個体を、彼について有する私等の先入観念を悉く一應捨て、白紙の上に彼の他の人間個体との社会的関係を一つ一つ綿密に捜し出して見るのでなければならぬ。即ち私等は全く新たな眼光によって日本の家も村も発見しなければならぬ。私等はかくの如き発見を積み重ねて行く事によって、常識や俗見を次ぎ次ぎに是正して行かなければばならぬ。そして正確な社会学的概念を構成していくのである。思弁的内省的社会学の弱点は、その見解の要素中に是正されて居ない常識や俗見が存して居る事である。（鈴木 1953: 111-112）

「新たな眼光」による発見によって為される「常識や俗見の是正」のなかに、鈴木は社会学的概念の構成の契機を見た。「思弁的内省的社会学」から逃れ「是正されて居ない常識や俗見」を覆すことが必要だ。

以上をまとめると以下のようになる。

七〇年代後半から始まる社会科学・人文学的な原子力研究は、長らく、マクロ・メゾアプローチを中心に行われてきた。特に原子力行政や経済的な観点からの分析は九〇年代以降に盛んになっており、それは脱原発の流れや電力自由化といった変動のなかで生まれてきたものといえる。また、地域開発について社会運動、地域や環境の変貌といった観点から批判的に捉える研究もあった。一方、近年ミクロアプローチによる研究も増えてきた。その背景には、地域が、とりわけ九〇年代以降「かつての農村が開発と発展の中で変貌し、その一方で過疎化や地域・環境などの問題を抱えつつある」といった、「ある地域をサンプルとして取り出せば、他の地域もわかり、日本全体が分かるはずだ」という課題設定の対象としては捉えきれないように多様化する中で、地域を把握することの困難さをのり超えるために、これまでの研究で編み出されてきた方法を利用しつつも、より地域に内在的な研究が求められるようになった、ということがある。

この内在的な観点の重視という研究方針は非常に重要であるが、ミクロアプローチと言えども、既存のそれは、その批判対象となるべき「対象としての地域」を俯瞰することに終始する研究になる傾向があるのではないか。それは「正常」より「異常」を、「調和」より「葛藤」を対象とすることにとどまってしまっているからだ。

であるのであれば、「ミクロの調和」の位置からメゾ・マクロを見上げ、葛藤も視野に入れつつ、「正常」を見定める作業をしなければならない。「純粋なムラ」や「開発される地域」を見定めることが困難になるなかでそれらの時間と空間を一本の糸でつなぎとめるために、「原子力を媒介としたムラ研究的な視座の再生」が、本書の問いにそった形で地方の現実に接近する方法となるだろう。

3 どのように原子力を捉えるのか

さて、本題に戻ろう。本書は原子力を考察の対象としている。しかし、これまでの研究とは違い、原子力そのものについての、あるいは社会運動、環境、地域、経済・経営といった観点からそれを見ることを目的とはしていない。

本書の目的は日本の戦後成長における地方の服従の様相を明らかにすることにある。すなわち「日本における地方の自動的かつ自発的な服従の歴史的形成過程はいかなるものだったのか。それは日本の戦後成長に対してどう位置づけられ、ポストコロニアルな観点からどうとらえられるのか」という問いを原子力ムラを用いて解き明かしていくことを目指す。

具体的には、福島県の現在の原子力ムラ＝双葉町、大熊町、富岡町、楢葉町についての歴史研究を行

	反対運動	結果
東京電力・福島第一原発	なし	設置できた
東京電力・福島第二原発	あり	設置できた
東北電力・浪江・小高原発	あり	設置できなかった

表2　反対運動と設置の関係

う。必要に応じて、その周辺地域や他県の原子力ムラも視野に入れることになる。この地域では住民の三〜四人に一人が原発関連で働いている。[*9]

福島県の原子力ムラ地域を取り上げる理由は、まず第一に、日本最大の電力会社であり首都を内に抱える東京電力が最も早く原発設置を決めて営業運転を開始し、今日もそれが続いているという歴史的重要性にある。首都圏の電力確保の基盤となっており、観察可能な期間がそのまま日本の原子力開発とも重なっているという点で日本の原子力ムラのなかで歴史的研究をする対象として最適なものだと言える。第二に、これまで他の研究の対象となってきたような青森県六ヶ所村や新潟県巻町などの原子力ムラと違って研究者の興味を引くような「葛藤」がない、言い換えれば「対象としての地方」としての魅力がなかった、ということは本研究の趣旨と合致する。この点には二章を通してその葛藤なき調和の状況、すなわち前節でも触れた秩序を見通すこととする。第三に、四章で詳しく触れることになるが、この原子力ムラには三つの異なる、しかし、典型的な立地計画からの経過の事例が含まれている。つまり、反対運動と設置の関係だ。反対運動があるかないか、結果として設置できたかできなかったか、反対運動が「なし」で、結果が「設置できなかった」というのは考えにくいから、この三事例で、反対運動と原子力ムラの成立の関係がモレダブりなく観察できることになる。その点で網羅性があると言える。

そして、ここでは枠組みの提示を行いながら重要な概念の整理をする。これまで、「地方」「地域」「自治体」「町」「ムラ」あるいは「国」「中央」「首都」といった類似する概念をあまり区別することなく用いてきてしまったが、ここで、空間的な認識の枠組みを明確にしたい。

それは、「中央 - 地方 - ムラ」という三つの階層的な枠組みだ。この三つの概念のなかに、前述の種々の混乱を招きかねないそれぞれの概念をまとめることとする。

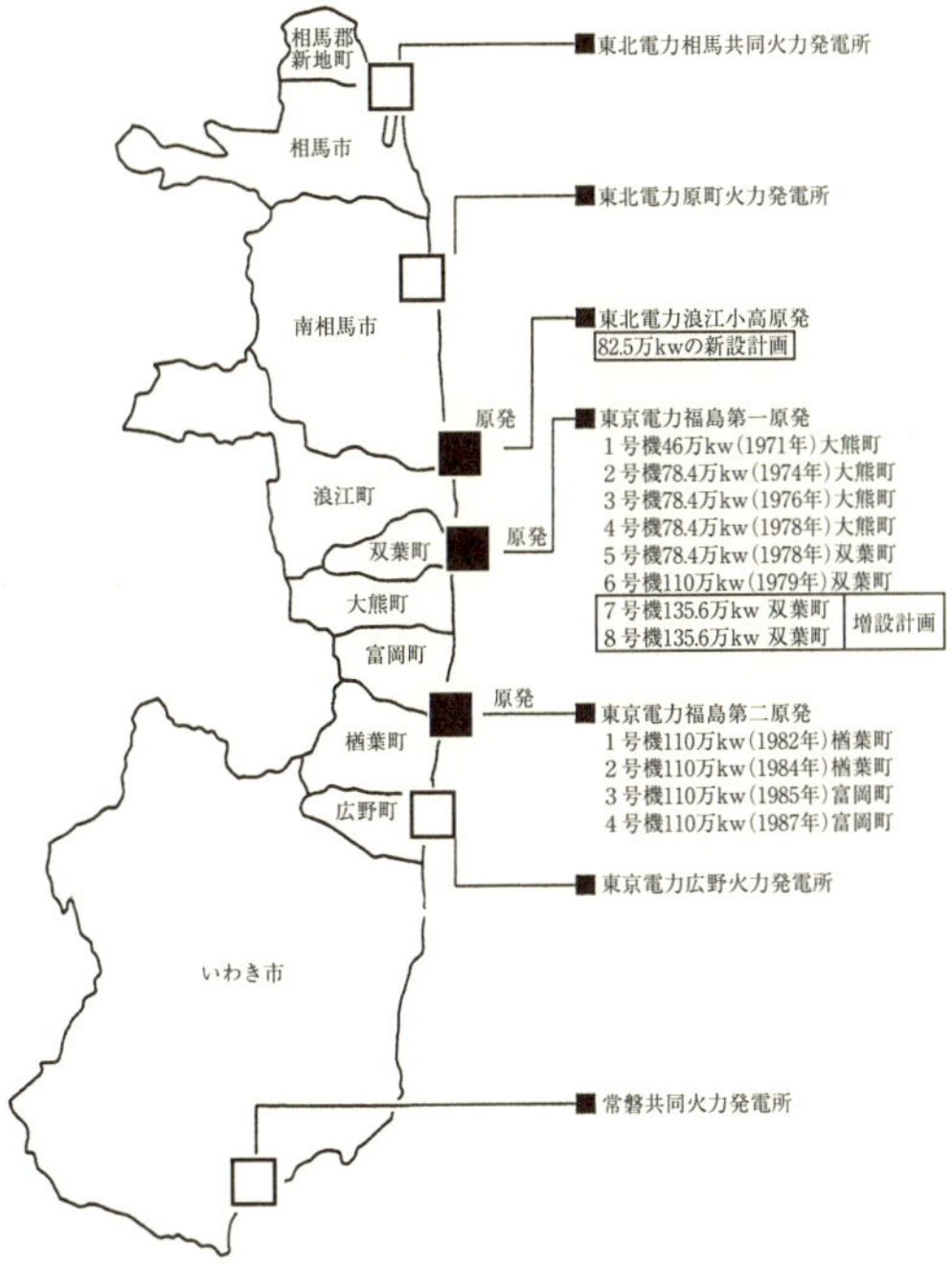

図3　浜通りの主な発電所(伊東(2002)を参考に作成)

まず、それぞれを定義すれば、「中央」がナショナルレベルの「政・官・産・学・マスメディア・反対運動」、「地方」が「県行政、地方財界、地方マスメディア」、「ムラ」が「立地地域とその住民」を指す。

それぞれのアクターの違いを明らかにしていこう。「中央」や「地方」は、具体的なアクターが、政治家、大企業の役員、学者、あるいは脱原発運動家、といった何らかの社会的な役割に帰着するものと捉えられるのに対し、「ムラ」については、具体的なアクターは「ムラで生活する人」という以外の役割を与えられない、一般的な政治・経済的な要素を重んじた研究では、いわば「脇役」となってきたようなアクターだ。もちろん、ムラの側に土地を取り上げられる・騙される・憤慨する・悲しむなど題材にしやすい被抑圧者が入ることもあるだろうが、あえてそういう存在に限ってスポットライトをあてることはしない。これまでの「葛藤」を重視した研究では重視されにくかった、脇役になることはあっても主役になりにくかったアクターの動きを重視しながら分析を進めることで、より内在的な研究が進められる。

この枠組みは、これまで一般的に政治・経済分野で用いられてきた「中央 - 地方」という二項の枠組みに、先に設定したムラを接続したものだ。

この枠組みの採用による認識利得は、（1）農村・漁村からはじまるムラの歴史を戦時から通してみることができ（2）地方や地域といった概念を採用することで為されてきた研究とは違った視座において、すなわち政治的・経済的な動きをとりいれつつも、そこには反映されにくかったこと、例えば文化的・社会的なあり方を大きく取り入れながらの研究であることを明確にできる、ということだ。

これまでの「中央」「地方」という概念が主に政治・経済分野で用いられてきたのに対し、社会学では「都市」「農村」あるいは戦後成長のなかでうまれてきた「地方都市」やそれを背景にした「地域」といった概念が用いられてきた。そこではもちろん非政治的・非経済的な要素の考慮もされたが、中心におかれてきたのは、先に述べたとおりやはり「政策や生産関係、または集団・団体・階級」のような政治的・経済的な要素だったと言える。

まず、「中央 - 地方」という概念を採用するのは、本書にとって、日本の政治的・経済的な動き、つ

分析の位相	分析素材
中央（政・官・産・学・マスメディア・反対運動） 定義：ナショナルレベルにおける政治的・経済的要素およびそれに関するメディアや学術的要素	資料・文献（新聞、雑誌、業界紙、社史等）
地方（県行政、地方財界、地方マスメディア） 定義：ローカルレベルにおける政治的・経済的要素、およびそれに関するメディアや学術的要素、中央と住民とのメディエーター	資料・文献（同） インタビュー（佐藤栄佐久前知事）
ムラ（立地地域とその住民） 定義：ローカルレベルにおける非政治的・経済的要素	フィールドワーク・ インタビュー（住民、職員） 資料・文献（町史、等）

表3　中央 - 地方 - ムラ

まり「中央 - 地方」の動きは欠かせない要素だからだ。さらに、「ムラ」という概念を採用するのは、「地方」や「地域」や「都市」という概念では領域が広すぎたり、本書が描こうとする前近代性の残存にとってはムラからの連続性を用いたほうが妥当だからだ。（もし本書が、そういった前近代性の連続についてではなく、近代性、すなわち「農村の都市化」に力点を置いて描きたいなら、これまでの多くの研究がそうしたように「地域」や「都市」を採用したほうが妥当だろう。）

本書がとる方法とは直接関係はないが、これまでの「地方」や「地域」や「都市」を対象とした研究が抱えてきた問題点の指摘としては、例えば都市社会学者蓮見の構造分析に関する以下の記述が参考になる。

構造分析という概念は、しかし、それほど厳密にその方法上の特徴や、その適用を可能にする実体とのかかわり方等についての顧慮をともなうことなしに、多分にルーズにうけとめられ、普及していった。それは、地域社会を対象として、その地域の経済、社会、政治等の諸要素を関連づけて調査し、モノグラフとして取りまとめることを指して広くもちいられた。…しかし、農村社会学における村落の構造分析が、調査方法としてもっていた、村落の一戸一戸についての社会経済的特質を把握した上で、その階層構成や階層的背景、集団所属等を分析し、それに基づいて、個々人の行動のレベルまで降りて政治過程の分析を行なうということは、到底都市に適用することのできるものではなかった。都市の構造分析は、したがって、一つのアナロジーに過ぎないものであった。（蓮見 1987: 177）

特定の特質を個人ではなく、ある集団に対して見ようとする際に設定されたのがムラに対する研究だった。それは限られた範囲であるムラに対して有効だった。しかし、ムラより広い「地方」や「地域」に特定の特質をみようとする際に構造分析をもちいようとすることはもちろん無効ではないが、つきつめればアナロジーに過ぎないのであり、実態とかけ離れかねない。それは「地域の多様化」のなかでなおさら明確になるだろう。

そのような認識のなかで、とりわけアクターが限られる政治的・経済的要素ではなく、文化的な要素をはじめとする非政治的・非経済的要素を見るには、再度、ムラ研究として個々のムラによって違う社会的条件を見ていくことが重要であるように考えられる。

例えば、ムラ同士の違いを象徴的に示す例としては、福島県のなかでも、原子力ムラである双葉町・大熊町・富岡町・楢葉町と、矢祭町の事情は大きく違う。矢祭町とは「平成の大合併」に際して「合併しない宣言」を町長が出し全国的にも有名になった町だ（根本 2003）。

共に現代的な地方自治における政治的・経済的な困難性を抱えていると言えども、その人口規模、産業構成、地域文化などの背景は全く違う。それらを同じ「地方問題」「地域問題」のもとには捉えられない。そういった点にムラを中心に地方・中央というものがあるという視点で研究をする妥当性がある。

また、ここまで「政治的・経済的な研究ではない非政治的・非経済的な研究」などとあいまいに表現してきたが、本書の独自性ともなる、この非政治的・非経済的なものが何かを明確にする必要がある。それは端的に言えば、文化への視点であり、その具体的な定義はカルチュラルスタディーズが提示してきた以下のような「文化」への研究としての意義によせられる。

文化はすでにそこにあり、固有の内容を含んだものと見なすところから出発するのではなく、近現代におけるこの領域の存立そのものを問い返すこと。文化を経済や政治から切り離せる固定的な領域と見なすのでも、またそうした経済や政治に従属的な表層の秩序と見なすものでもなく、むしろ権力が作動し、経済と結びつき、言説の重層的なせめぎあいのなかで絶えず再構成されているものとして問題化していくこと。カルチュラル・スタディーズが、単なる文化の実証主義的な研究とは決定的に異なるポイントがここにある。カルチュラル・スタディーズは歴史理解の不可欠の次元として文化に注目するというだけでなく、そうした文化という次元自体の存立機制、つまりそれが一定の言説と権力のマテリアルなフォーメーションとして成立し、再生産されていることに瞠目し、それを問題化する点において、二重の意味で「文化」を問う研究なのである。（吉見 2000: 2）

政治や経済から切り離せず、かといって政治や経済という一見社会を走らせる両輪にも見えるものに対して、決して従属するものではないものとして「文化」を考えるという視点は、序章で触れたウィリアムズによる「近代社会が必然的に抱える『田舎と都会』の文化的な埋めがたい溝」についての指摘にあらわれるとおりだ。

ただし、単純に文化と言いきってしまうと、捉えようによっては、「文化財」「文化事業」のような極めて限られた対象が想起される場合もあるだろう。ウィリアムズはこれまであった「文化」の定義として理想（idea）・記録（documentary）・生活の様式（particular way of life）という類型化を行ったが、ここでは、狭義の「文化」ではなく、「社会史」や「生活史」の対象となってきたような政治・経済に包摂されない事象を広く扱うという意味での、広義の「文化」を検討していく。

具体的な研究としては、中央‐地方‐ムラというそれぞれの位相について資料・文献調査、あるいはフィールドワーク、インタビューを行なう。

なお、歴史研究としては詳細の把握や網羅性という点で不足があるように見える部分もあるかもしれない。しかし、それは本書の主眼が社会学的な歴史の把握の仕方、つまり、あるテーマにそった歴史の全体像の描写にではなく、ある社会現象を明らかにするための歴史の部分的な抽出にある故のことだ。無論、歴史を自分の理論に都合よく捻じ曲げるために恣意的に部分を抽出することは許されない。そういった点に十分に意識を払いながら、歴史の流れに忠実な範囲で作業は進められる。*10

また、政治的な動き、経済指標ももちろん欠かせないものだが、むしろそのような表に出て見えやすいアクターにより「これまでも語られ、自らも語ってきた」対象とは違った、先行研究においては見えにくく「語られず、語ってもこなかった」対象の把握に重きを置いている。推進の主体としての中央官庁・企業や地域権力と、一方にいる反対の主体である社会運動の集団・個人といった対象は前述したようなこれまでの研究でも度々扱われ、当然それは意義の大きいものだったと言える。しかし、それは問題を「強欲、強引な国策・電力会社・地元権力vs抵抗する地域社会・社会運動」という、単純な主体間の二項対立構造のなかにおしこめることにつながりかねない。そして、もし、その二項対立の実体化の背景に何らかの問題解決志向があったのならば、すでに述べたとおり、現在において大きくその思惑は外れてしまっていると言わざるをえない。すなわち、「強欲、強引な国策・電力会社・地元権力vs抵抗する地域社会・社会運動」の戦いは特に解決に向かうこともなく、むしろ前者がかつてと変わらず勝ち続けている状況が継続していると言える。

本書では、そういった二項対立構造から（もちろんこの状況は3・11以後も継続してしまっているわけだが）一旦脱却することをめざす。それは、前述の例をもちいるなら、水面の波を見上げることはあるが、それ以上に水面下のあり方を丁寧に見ていくという姿勢を指す。「中央の欲望がムラを抑圧している」という、誰もが理解しやすい「正しい認識」は、一方で答えを見えにくくしているのではないか。であるのであれば、別な方針を模索しなければならない。そこで本書が注目するのは「（中央も欲望しているが）ムラも欲望している。そして、そうであるがゆえに抑圧されている」というまた別の「正しい認識」だ。そのために、「中央‐地方‐ムラ」という枠組みのなかで、あくまでムラの側から地方や中央を見上げるという姿勢をとる。つまり、ムラの状況を軸におきながら、そこに地方や中央がどのように関わってきているのかということを見る。水面を見ることによって得られた認識とは違った、水底の位置に身をおき周囲に目を配りながら、水面と水面下双方の動きを見定めていくことによって新しい認識を得ていく。それは、本書を通して試みられる、戦後の成長を通してムラの欲望のもとに権力が「滑りこむ」（スピヴァク 1988=1999: 10）事実の観察によって明らかになっていくだろう。

第II部

分析

第二章　原子力ムラの現在

1　原子力の反転

1・1 「クリーン」な原子力

原子力に関する社会的な関心は戦後一貫して大きなものだった。一九四五年の広島・長崎への原子爆弾投下の衝撃は言うまでもなく、一九五四年の第五福竜丸被爆事件により原水爆禁止日本協議会の設立に端を発する反核運動は今日まで続いている。また、一九五二年に連載が開始した『鉄腕アトム』や一九五四年に水爆映画として公開された『ゴジラ』は日本の戦後文化として今日でも重要な位置を占め続けている。

しかし、これらは「忌避すべき核兵器」や「夢の科学技術」としての原子力の限られた側面にすぎない。一章で見たように、「エネルギーとしての原子力」が社会科学・人文学的な研究やジャーナリズムの対象となったのは、『原子力戦争』（田原 1981）『原発ジプシー』（堀江 1984）『脱原子力社会の選択』（長谷川 1996）『原子力の社会史――その日本的展開』（吉岡 1999）といった主要な先行研究の発表年代からわかるように、意外と最近のことだと言える。

少なくとも、日本においては一九五五年の原子力基本法からはじまるエネルギーとしての原子力がなぜその初期においてはその対象となりにくかったのだろうか。

日本における初期の環境社会学の土台を作り上げた飯島伸子は以下のように語る。

一九六〇年代後半の、公害・環境問題に関心を示していた社会学研究者がきわめて少なかった時期に、筆者は、大学院生としてこの領域での研究を開始している。この頃の社会学者たちは、公害問題を研究対象として扱えるのは自然科学系の研究者であって、社会学研究者で公害問題を対象とするのは無謀であると受けとめていた節がある。公害・環境問題を社会学的に研究したいと宣言して社会学の大学院にはいっていくなどは、もっての外だったのかも知れない。その「掟破り」をうかうかとしてしまったのである。当然ながら、社会学界の中では異邦人に近い存在であった。（飯島 1995: 1）

「高度な科学技術に関する問題は自然科学者が扱うべきである」という前提は、今日でも強固に存在する意識であろうが、その出発点においては単純な自然科学者の傲慢だけの結果ではなく、そうとするしかない、それが当然だという自明性が非自然科学者の側にもあったのだろう。しかし、その結果として、六〇年代に明らかになる公害が、実際はそれ以前から発生していたにもかかわらず早期に食い止められないままに放置され、その被害を大きなものとしてしまった。

そういった点では、「水」や「煙」と比べより不可視的な原子力は、他の対象以上に研究対象として困難性を抱えたものとなり、スリーマイルやチェルノブイリを経てやっと対象となりえたのだと言える。しかし、そのような過程を経て原子力が研究の対象となりえたときに、それは必然的に一つの志向を持っていた。それは中央官庁や企業、さらに自然科学者がそれまで研究と推進の対象として非専門家を排除しながら独占して構築してきた「よき原子力」像へのカウンターとしての「悪しき原子力」像だ。

そこには、米国における環境社会学の起源にあった人間中心主義への対抗があると言える。

学会の名前に冠した〈環境社会学〉という言葉自体は、日本で生まれたものではない。米国の農村社会学者によって一九七〇年代の終わりごろに、ある主張とともに提唱されたことによって、急速に広まったものである。彼らの主張は次のようなものであった。すなわち、従来の社会学は人間中心主義という誤ったパラダイムにもとづいたものであったが、これに対して、人間も地球上の一生物種であるとの考え方に立ったエコロジカルパラダイムにもとづく〈新社会学〉としての環境社会学をわれわれは提唱する、というものであった。(飯島 1995: 1)

しかし、もしそういった「悪しき原子力」を描く研究が多かれ少なかれエコロジカルパラダイムにのっていたのだとすれば、それが今日においてもはや無効になっているか、あるいはむしろ逆の意味を持ち出していることは指摘するまでもない。

それは、九七年の京都議定書以来、方々で喧伝されだした「CO2削減に役立つエコな原子力発電」という「よき原子力」像の再構築によってなされる反転に他ならない。スリーマイル、チェルノブイリ、さらに国内における九九年のJCOをはじめとする重大な事故を経た上でもなお、エコロジーによる「ダークさ」の象徴化は逆手に取られ、エコロジーは「クリーンさ」の象徴化に利用されている。当然であるが、この「クリーンさ」は一面的な正当性を持っていることは否定しようがないが、ある恣意性によって原子力の現実を覆い隠していることは確かだ。

「悪しき原子力」が自明性を失うなかで、もはやナイーブな反・脱原子力の構想は困難なものとなっていることを明確に意識せざるをえない。一章で検討したとおり、研究対象としての原子力はその位相によって異なった意味を持ち、また、葛藤が研究の対象となりやすかったことが指摘できるが、それは「悪しき原子力」の「ダークさ」という「パラダイム」にのっていたがゆえのことでもある。本章では、日本における原子力の黎明とも言える時期から原子力と共に歩んできた福島県の原子力ムラの現在に着目し、その状況を観察していきたい。そのことによって、ますますその把握が困難になっている原子力に対してより接近できる。そして、その接近のなかで本書の問いの重要性がより明確になっていくだろう。

1・2 「脱原発の兆し」と原子力ムラ

ここまで指摘してきたとおり、九〇年代から〇〇年代半ばまでは、脱原子力の流れが強調されがちだった。例えば、吉岡斉は九九年の時点で、日本の原子力政策の行き詰まりについて以下のように記述する。

このように四大基幹プロジェクトの実用化計画［新型転換炉ATR、高速増殖炉FBR、核燃料再処理、ウラン濃縮開発］にはすべて赤信号が点滅しており、それらの研究開発計画についても、じり貧に追い込まれる公算が高い。さらにきわめつきは、九七年にまとめられた省庁再編計画のなかで、科学技術庁そのものが通産省と文部省に吸収合併される予定となっていることである。もしそれが実施されれば、科学技術庁グループそのものが消滅し、一九五〇年代以来の二元体制が解消されることとなる。それにともない、「技術開発のための技術開発」という技術開発本位の考え方は否定され、「不良債権」的なものの整理が進むこととなろう。そして経済性や国際協調などに、政策の重点がおかれるようになるとみられる。（吉岡 1999: 36）

あるいは、巻町の住民投票による原発計画の撤回の過程の分析を通して二〇〇五年の時点で、中澤は以下のようにまとめる。

男性議員だけだった町議会は、一九九五年以降、多くの女性議員によって占められ、議会運営上の会派間談合や利益供与は見られなくなった。そして巻原発計画は撤回され、原子力政策は国民の厳しい視線にさらされるようになり、原発立地政策はもはや自動機械のように進むものではなくなった。だから一〇年間の出来事は、たんなる権力構造の編成換えではなく、社会構造に起源をもつマグマによって突き動かされている。それによって原子力政策も地方政治文化も変化の道をすすめはじめたのであり、この流れは基本的に逆転しえない。（中澤 2005: 266）

これらの分析の結果についての検証は、本書の射程を外れるが、少なくともこれらの結論が得られた時点での緻密な調査の上にたった分析は決して間違っていないと言わなければならない。確かに戦後一貫してきた原子力を取り巻く国内の秩序は確実に変化があり、脱原子力の機運が高まっていたのは紛れもない事実だ。そのなかでは当然の結論といえるだろう。

しかし、特にこれらの研究の後にあたる二〇〇〇年代後半、「原子力ルネサンス」と呼ばれる国際的な原子力の秩序の変化のなかであらたな国内的な秩序が形成されてきたことも事実だ。イギリスやドイツなど、脱原発へと動いていた欧州の態度の変化、新興国の原発需要増は、一方で、国内のプルサーマル開始やもんじゅ再稼動と共鳴しながら原子力への態度を再編成しつつある。原油価格と「地球温暖化防止」の政治的重要性の高騰により、脱原子力どころか、いかに原子力を進めるかという議論がすでに前提になっている。二〇一〇年六月に成立した菅直人政権が定めた新成長戦略においては、インフラ整備をアジア諸国に輸出し、高成長が続くアジアの需要を国内経済に反映させる「アジア経済戦略」が立てられ、そこでは鉄道と並び原発が主要な輸出商品とされる。

やはり、原子力を捨てることは容易ではなかった。あまりにも強固な「保守の論理」を内在した原子力は、その勢いを止めるどころか、むしろかつては考えられなかったようなグローバル化と市場化のなかにある。原子力とは社会にとっていかなるものなのか、今一度考える必要がある。まずは、現在そこにいかなる秩序があるのか見定めなければならない。一章で定めた方針に基づき原子力と社会の今日的な関係をみていくことにする。

1・3　原子力ムラの秩序

本章では、一章で示した方針に基づき、原子力ムラに焦点をあわせ、その秩序がいかなるものなのか明らかにしていく。

原子力ムラの「秩序」とは、原子力ムラの政治的・経済的・文化的に安定した体制のことをさす。つまり、それは、（少なくともスリーマイル島やチェルノブイリ、東海村ＪＣＯでの事故を経験した上で多くの人に認識されているという点において）多大なリスクを抱えた原子力施設を保持しているために、一見、いつ政治的・経済的・文化的な無秩序にさらされるか分からないように見える原子力ムラが、にもかかわらず原子力施設を維持している状態のことだ。

具体的には、日本の原子力発電所及び関連施設においては、一九六三年に茨城県東海村において原子炉（実験炉）が設置・稼動されて以降、原子力ムラが原子力ムラをやめたこと、つまり、ある地域から、それまで存在していた原発・関連施設が一切なくなったという事例はない。[*1] また、少なくない国内の原子力ムラに該当する自治体が、議会に反対派議員が一議席も持たないオール与党状態が続いていることに象徴されるように、原子力ムラにはそれ以外の普通の自治体と比較しても、特に原発・原子力施設の維持という点に関しては特異な「安定状態」ができていると言える。そのような状態を本書では「原子力ムラの秩序」と表現する。

原子力ムラの秩序を本書の問い、つまり地方の自動的・自発的な服従のあり方につなげる形で一般化すると以下のように言えるだろう。

第三者から見ると、そこに身を置く人々にとっては、一見「受益」が無いか、あるいは極めて低く、それに比して「リスク」が高い。しかし、それにも拘らずそこにいる人は、そこから逃れようとはしない。逃れるどころかますます脱け出せなくなっていく。

このような状況は、現代社会のあらゆる貧困・暴力・支配等々があらわれる種々の局面において多く見られる。第三者から見れば、一見、メリットに比してデメリットが多い選択肢をあえて選択するのは不可解な行動と見る人もいるだろう。しかし、当事者はそれを選ぶ。

このような行動を原子力ムラの問題として言い換えるとどうか。

住民にとって、自らの生活圏のなかに原子力関連施設を持つこと、そこに住み働くことが、程度の差はあれ、核にまつわる「リスク」を抱えることにつながっているということは少なからぬ人に認識されていると言っていいだろう。また、別にそのエネルギー自体を自分たちが使うものではないし、そのリスクと引き換えにリスクを抱えないままに生活している受益者＝被エネルギー供給地よりも、「交付金」と呼ばれる補助金などを除けば、外から見ても分かり易い明らかな富を得られるというわけでもない。そのような条件のなかで、議会を通した政治決定がなされ法的に定められた行政プロセスを経た上で自らが原子力施設を受け入れ原子力ムラとなることを選び、現在もその選択をし続けながら、リスクを「背負っている」ということは不条理に見える。一見、外から見た限りでは、不条理な条件を受け入れ、その元におかれ続ける社会はいつまとまりを失ってもおかしくないように思える。しかし、先にも述べたように日本の原子力ムラにおいて、原発・関連施設が設置される前の段階で原子力計画が頓挫した例はあるが、原発・関連施設が設置された後に、「寿命」で廃炉になる以外に、政治的な意思決定で原子炉が恒久的な停止に至った事例はいまだないのだ。

秩序が損なわれる、つまり「まとまりを失ってもおかしくない」というのは具体的にどういうことか。原発・関連施設が設置される前の段階で原子力計画が頓挫した例を見ていく。

例えば、中澤（2005）は、稼動こそしていないものの、一九八一年の原子炉設置許可申請以来、国の電源開発計画に組み込まれ、また地元においても原発凍結解除を掲げた町長が度々当選していた巻町について検討する。巻町は結局、原発設置の是非についての住民投票を実現し原発白紙撤回を選ぶが、そのプロセスを通じた政治的な不安定状態の持続の結果、「民主主義は困難な道をたどったように見える」事態に陥ったとされる。

> 電源立地対策課の廃止や太陽光発電の設置など、脱原発的政策を進めようとする笹口町長に対し、議会で多数を占める反町長会派は猛反発し、「子どものケンカ」と評された感情的なぶつかりあいの中で政治的意思決定は空転しがちだった。…
>
> こうして、次々と事件は起きるものの状況は引き延ばされ、住民投票から原発計画撤回までには八年かかったことになる。その間に巻町は九六年当時の輝きを失い、原発・合併推進派と、原発・合併反対派に二分されていがみあっているような状況になってしまった。（中澤 2005: 24）

そして、巻町は、そのまとまりの一部を確かに失った。中澤があえて「混乱した」「貧しくなった・経済的な危機が見えてきた」と言う言葉を使わず、「輝きを失った」と言う言葉を使ったことには、単に政治的・経済的にはかれる範囲を超えた、その土地に長い年月をかけて自生してきた文化的な秩序に関しても大きな打撃があったことを含意していたと言えるだろう。

山秋（2007）にもまた、珠洲原発計画が撤回されるまでの過程のなかで村民の間に亀裂が走り、選挙や土地収用の不正などの政治的な不公正が行われるなかであらゆる混乱が生じることが描かれている。当然巻町においても、珠洲においても、推進側／反対側が、それぞれの利害を想定しながら行動しあっている。原発が稼動してないとはいえ、既に様々な地元への経済効果や政治的な手続きの表面化は原子力ムラとなった場所同様に起こっていた。だが、一度原発及び関連施設が稼動し原子力ムラになってしまうと、この巻や珠洲のような混乱は、少なくとも表面化するレベルでは、起こらなくなる。これはなぜなのだろうか。

原子力ムラ以外の地域と比較しても特異な「安定状態」ができている。一見、まとまりを失い無秩序な状態になっておかしくはない原子力ムラ社会の状況がそこにあるにも拘らず、日本の多くの原子力ムラでは秩序が保たれている。いかにしてその秩序が可能なのか。

「安定状態」ということについては、「原子力施設立地地域における地域集団と施設の関係性」という本書と近い対象を扱った研究として山室（2000）がある。ここで山室は、原子力ムラの秩序が成立している状態を「住民の自己抑制、つまり自己決定性の喪失」（山室 2000: 98）として描く。ただし、山室がここであげる事例は茨城県東海村で九七年三月に当時「日本の原子力施設史上最大の事故」（山室 2000: 99）として起こった火災爆発事故という「非日常」のなかで見えてきた「農業者クラブ」の秩序に影響をあたえる萌芽となりえる動きを対象として扱ったものだ。本書は、そのような偶発的な災害・事故などがない「日常」あるいは「調和」のなかにある原子力ムラを扱うという点で視点が異なる。当然、調和のなかにも葛藤の火種は眠っている。しかし、その火種が大きくならないようにする秩序がそこにはある。そのような秩序を揺るがしかねないものが原子力ムラのシステムのなかにおいていかに処理されるのかということが本章の重要なポイントとなっていくだろう。

2　原子力を「抱擁」するムラ

チェルノブイリ、スリーマイル島での例をあげるまでもなく、七〇年代半ばから九〇年代にかけて、原発に関する事故の発生や隠蔽の露呈のなかで、原子力に対するパブリックイメージは一般にポジティブなものであったとは言いにくい（中村 2004）。しかし、それにも関わらず、原子力ムラでは実効性を持つ反対運動、例えば、住民投票で稼動中の原発の停止を求めたり、危険地域から人口が流出したりといった具体的な動きにつながったことはない。むしろ、福島県の原子力ムラを見れば、以下のような傾向が顕著に見られる。

県内町村の人口は高度経済成長期における都市部への流出を含め、一貫して減少しているのに対して、立地5町は発電所建設が本格化して以降、減少が底を打ち、総じて増加に転じている。特に富岡町、大熊町は大幅に増加している。（福島県エネルギー政策検討会 2002）

原子力ムラは「人口増加」をはじめ、単純に「原子力＝ネガティブなもの」として捉えていては理解しにくい状況を抱える。なぜ、このような理解しにくい状況があるのか。それは、原子力ムラの住民やそれを取り巻くもの（＝内部）とそれを観察するもの（＝外部）の間に埋めがたい溝があることを示す。本書では、この原子力ムラ内部／外部の溝に注目し、その溝を越えて、何が原子力ムラの社会を成立させているのかを明らかにする。

結論の一部を先取りすることになるが、これは、「特別に貧乏なムラに危険な原発がきて、今日まで潤っている」という想像しやすい単純な図式、経済的な要因のみに帰することができるようなものではない。ではいかなる要因のなかで原子力ムラの秩序は成立しているのだろうか。

2・1　方法の再確認──「抑圧」「変革」からの脱却のための「経験」への注目

その答えを出す前に、調査の方針を再度明確にしておく。

一章で示したとおり、文章・統計資料に加え（1）本書は福島県の原子力ムラへのフィールドワーク及び、関連する資料の検討をもとにした質的な調査・分析にもとづく。その上で（2）「中央‐地方‐ムラ」という階層的な枠組み設定の上でムラから地方や中央を見上げる視点を採用する。そのような重層的な方針をとるのは、統計的な把握や鳥瞰的な視点からのみでは明らかになりにくい問題を明らかにすることが本書の問いの解明に接近する方法だからだ。

ここでは、特に現地でのフィールドワークと知事へのインタビューという「生の声」を重視するアプローチをとる。その利得は第一に「抑圧」や「変革」に帰結する構図からの脱却、第二に当事者の「経験」への注目だ。

まず、これまで原発を対象としてなされてきた学術的研究やジャーナリズムは「抑圧」や「変革」に帰結する構図をとりがちだった。これは「葛藤」の研究としてここまで述べてきたことと基本的に変わらない主張だ。原発を押し付ける側と、いやいや押し付けられる側の間に存在する「抑圧」やそれを生み出す原子力関連の固定的・保守的なエネルギー政策、あるいは国際的・国内的な原子力秩序の「変革」を見出していく研究は多くの成果を積み上げてきた。しかし、それらの研究がそこで提示した「抑圧」の解除や「変革」が実際に実現されてきたのかというと疑問が残る。現実に目を向ければ事実として、原子力をとりまく「抑圧」は解除されず「変革」は実現されていない。問題はむしろ「抑圧」の存在や「変革」の不在とは別なところにあるのではないか。そう考えたときに、それら「抑圧」や「変革」を相対化し、一旦はなれて事象を見直す必要がある。

しかし、このような作業を進めるにあたり「歴史の相対性」の指摘のなかで、いわゆる歴史修正主義が、当初の目的を逆手を取る形で生まれてきた事実を意識しなければならない。つまり、侵略や略奪、虐殺といった抑圧の極値にあるものを、「そうは言っても、そうせざるをえない時代的な情勢があった」「そもそも数字が違う。一部、いや全部捏造だ」といった論理のなかで相対化するのが歴史修正主義だとすれば、原子力についても、「原発があったから貧しい田舎が近代化され、文明を持つようになったんだ」「反対派は危険性を煽りすぎ。そんなあなたたちも恩恵受けちゃってるんじゃないの」という「抑圧」を是とし、「変革」を消し去る結論に陥ってしまう可能性は十分にあるからだ。実際、そういった論理を、原子力を推進する側は直接的・間接的に用いてきただろうし、一方で反対する側がその批判をある面で見ぬふりをしてきたことも事実であろう。改めて「抑圧」や「変革」を冷静に見定める必要がある。

その上で、「経験」への注目による利得も捉えられる。当然、これまでの研究においても、経験は重要な位置を占めてきた。しかし、それはある社会の現象を捉えようとするために、特定の目立つアクター（政治家、官僚、メディア、反対運動家、被抑圧を訴える者）に注目する一方で、そうではない「抑圧」とされる構図のなかで何も訴えず、「変革」の機運のなかで何も行動をおこさないような目立たないアクターに注目することを怠ってきた部分があったのではないか。

保苅実（2004）はオーストラリア先住民アボリジニが語る「大洪水の原因は大蛇の仕業だった」「アボリジニの居住地にケネディ大統領が会いに来てイギリスをやっつける約束をしていった」という「学術的歴史学の立場からしてみれば、もう無茶苦茶なこと」をあえて学術の対象とする。それは歴史研究の際に前提にされざるをえない「歴史構築のエージェントとしての歴史学者」という立場すら相対化する試みでありそれを「ラディカル・オーラル・ヒストリー」と名づけながら実践していく（保苅 2004: 18）。そこで提示されるのは以下のような問題意識だ。

僕は、ひとつのキーワードとして、経験（experience）という語を使っています。歴史学はもう一度経験に戻らなくてはいけない——これは、僕のポストモダン史学批判です。いわゆる言語論的転回以降、歴史とはそもそもナラティブである、ということが熱心に論じられてきました。それ自体としては面白かったし、いろいろ参考になったんですけれども、やっぱり歴史学って経験の学なんじゃないかと僕は思っています。経験に真摯であるような歴史学。真摯っていう言葉で、僕は今、faithful（誠実な）という意味とtruthful（本当の）という意味を合わせて使っています。歴史経験に真摯であるような研究方法を考えていくべきなのではないか。歴史経験への真摯さ（experiential historical truthfulness）とはつまり、ケネディ大統領がグリンジの長老に出会ったという歴史を真剣に考える歴史学のことです。歴史経験の、歴史時空の多元性を誠実に考えられるような歴史学を模索する、という意味です。（保刈 2004: 40）

また、「truthful」がテッサ・モーリス＝スズキからの借用であることを明かしながら、以下のように述べる。

今回の発表ではexperienceということを問題にしたんですが、それ以外にもrealityってなんなんだろうっていうことがありますよね。historical reality（歴史的現実）とはなんなのかって。…truthに代わって、むしろtruthfulnessを重視する。既にお話ししたとおり、要するに、「真実」という言葉に「誠実」っていう意味が重なるわけです。このtruthfulnessに向けた、truthfulnessに開いた歴史を歴史学者は語れるのかっていう問題の立て方がありますね。（保刈 2004: 43）

原子力ムラにまつわる歴史の再検討は、アボリジニの歴史の再検討ほどラディカルではないかもしれない。しかし、それは、「研究やジャーナリズムの対象としての興味」の元で中央の視点から切り取ら

	場所	年齢	性別
1	青森県六ヶ所村	60代	女性
2	新潟県刈羽村出身	20代	女性
3	原発建設予定の青森県大間町出身	30代	男性
4	福島県富岡町	50代	女性
5	福島県浪江町	30代	女性
6	青森県六ヶ所村	40代	男性
7	福島県富岡町	50代	男性
8	福島県富岡町出身	20代	男性
9	青森県六ヶ所村	30代	女性
10	福島県大熊町	50代	男性
11	福島県富岡町	60代	男性
12	新潟県刈羽村	50代	男性

表4　言説を引用するインフォーマントリスト（インタビュー時点でのデータ）

れてきた結果、その興味から外れるような人々の口から語られる「経験」を捨象してきた部分があるのではないか。そうであるならば、あらためて「経験」に注目することによってラディカルな歴史が立ち上がってくるに違いない。時系列に「史実」を並べ、あるいは特異な「葛藤」が起こっているなかに入り込んでいって、そこにあらわれる連続と断絶のなかで見出される歴史的、社会学的発見はあるに違いないし、それは貴重な成果だと言える。しかし、そこで見出されるある社会の構造や変動のなかにいる原子力ムラの住民、あるいは行政の当事者がその学術的発見と同じ濃淡のついた経験をしているかというと必ずしもそうではない。自らのなかの論理とターニングポイントがあり、それが新たな発見をもたらすことになるだろう。

原子力ムラへのフィールドワークは、二〇〇六年七月から二〇〇七年一一月まで、青森県六ヶ所村、新潟県刈羽村、福島県大熊町・浪江町・双葉町・富岡町において断続的におこなったが、理論形成には福島の事例を軸にしている。

インフォーマントにはできるだけ普通の生活者を選び、政治家、原発関係者、原発労働者、反原発アクティビスト等、原発に対する立場や関係がはっきりしている人々は除いた。インフォーマントは数十人に及んだが本書で引用するのは表4の一二名である。

2・2 中央からの切り離し

原子力ムラの外部から原子力ムラに向けられる言説には、原子力ムラの中央からの「切り離し」、つまり原子力ムラが国策にとっての実験場として中央に捉えられているあり様が見られる。これは、福島県以外の原子力ムラにおける中央との関係のなかにも普遍的に言えることだ。

まず、福島県以外の原子力ムラの例として新潟と青森の事例をあげる。

新潟県で二〇〇七年に起こった中越沖地震では、死者はでなかったものの、原発敷地内の火災はじめ、数々のトラブルが起こった。普段から原子力発電に関する安全対策の万全さを広報している電力会社側に対する原子力ムラの信頼は裏切られることになった。ところが、ここに切り離しが発露する。後に福島県の佐藤栄佐久県政において用いられる「中央と地方はイコールパートナー」という憲法や地方自治法が定める理想的なあり方とは程遠い現実が原発推進主体である、電力会社社長や財界トップの発言に現れる。

東京電力の勝俣恒久社長［当時］は一八日、県庁で泉田裕彦知事と面会し、中越沖地震によって起きた柏崎刈羽原発の一連のトラブルについて「原子力特有の設備は安全で無事だ」と繰り返し強調しながら、「いい体験にしたい」と述べた。原発トラブルが被災者に不安を広げる中での発言で、波紋を広げそうだ。

勝俣社長は「大変ご心配をおかけし、おわび申し上げます」と頭を下げた後、「スクラム（緊急停止）など、安全の基礎はきちんとできた。今度のことを、いい体験に生かしていきたい。安心、安全な原発にしたい」と語った。（新潟日報 2007）

東京電力の勝俣社長は、柏崎刈羽原発が地震におそわれた際に火災と二〇〇〇件を越える不具合が見つかった事に関して、「いい体験」と述べたが、これと同様に、七九年にスリーマイル島事故が報道された際にも中央が語る原子力には、「他人事」としてのあり様が見られる。

米・スリーマイル島の原子力発電所で起きた事故は、日本でも各方面から注目されているが、原発推進論者の土光敏夫経団連会長も三日の会見で、「日本で起きたら大変だった。これで原発の新規立地も難しくなるだろうなあ」と、事態を深刻に受け止めている様子だった。

しかし、「だからといって、何もがっくりくることはない。むしろ、これを、日本ではどんな小さな事故もおこさないための、よい機会にしなければいかん。ああいう事故がないと進歩はないよ」と相変わらず強気。（朝日新聞 1979）

「米の原発事故はよい教訓」という見出しがついたこの記事における発言と二八年後の「いい体験」発言を並置した時に、その一致を偶然と見るか必然と見るかは検討の余地はあるといえども、少なくとも、この二人の推進側有力者のなかには、原発が上から見れば実験場に過ぎないという意識が同様に存在していたことがうかがえる。

これは何も、「在京」の「推進側」有力者だけに見られることではない。次に青森の例をあげよう。近年になって生まれた脱原発運動として、有名ミュージシャンやアーティストが中心となって成立している「ストップロッカショ」運動がある。これは、その名の通り六ヶ所村の原発関連施設の稼動を「ストップ」することを目指すものだ。

「無理やり地元の人から土地を取り上げ、放射性物質を撒き散らして自然環境を破壊する」という中央から原子力ムラへの不当な抑圧に対する抵抗の主張は、他の公害や地域の問題でもなされることでありその正当性は多くの人の合意を得られるものであろう。ところが、実際はそう単純なものでもない。その主張が具体的なものとなり、例えば、「海に放射性物質が流れ出している」「放射性物質を含んだ土地で作られた農作物は危険だ」と煽り立てられることとなれば、それは原子力ムラに対する風評被害をもたらしかねない。この、地元住民にやさしさの手を差し伸べているようで、実際はむしろ原子力ムラ住民の生活を脅かしかねない行為として住民にネガティブに捉えられることもあるという事実は指摘しておかなければならない。[*2]「ストップロッカショ」も、あるいは政党や労組による運動もその中心の足場が中央におかれている以上この困難を抱えなければならない。「土地を汚され、食荒らされた可哀相な六ヶ所村の人」というありがちな、しかしそれ以外の方法の提示が困難な中央からの原子力ムラの捉え方は、抑圧を描くこと自体が抑圧を生み出すという二重の抑圧性をもった言説を生み出し、意図せざる形で原子力ムラを切り離すことになる。[*3]

これは中央のマスメディアにおいても再現される。

二〇〇三年六月五日の日経新聞の「最悪の電力危機を回避せよ」という社説は、後にその経緯に触れるが、東京電力の原発が全基停止することになった際に、当時の佐藤栄佐久・福島県政にその再開を求めたものだった。福島県の原子力が動かないと首都圏の生活、産業にダメージがあるとする内容は、その時期のあえて福島県が原発を止めるに至った背景を無視し、一方的に中央の利得を主張するものだった。

このように、推進側、反対側、あるいはマスメディアといった、原子力ムラの外部である中央のアクターが原子力ムラに言及する際に、そこには必然的に「切り離し」の作用が働く。そしてそれは「実験場」や「代理戦争の現場」、「日本経済の部品」と形容してもいいような中央‐原子力ムラ関係を作り、また、その「中央から切り離されている」という感覚は原子力ムラの住民にとっても常にもたれているものと言ってよい。

2・3　流動労働者の存在と危険性の認識――原子力ムラが排除するもの

では、そのような中央からの「切り離し」の元にある原子力ムラの内部はどのようにしてその秩序を保つのか。ここでは、原子力ムラの住民のなかにおける「流動労働者の存在」と「危険性の認識」の二点に触れながら検討する。

『原発ジプシー』(堀江 1984) は、原発で主に定期検査の際に必要になる短期流動労働者として実際に働いた著者によるルポルタージュだ。そこには、制度上は国の定めた被曝基準を守っていながらも、被曝せずにはまともな仕事ができない状態にある労働環境の実態、そしてそのような劣悪な環境におかれて、もはや安全基準が有名無実化してしまう労働者のなかでも下級の労働者の姿が描き出される。かつては、東京・大阪など都市にいるホームレスや日雇い労働者が「人夫(にんぷ)出しの親方」に高い時給があると言われて原発の建設や定期検査の度に日本中を周らされる状況があり、そこでは多重請負構造のなかで貯蓄もできない低賃金のなかで次から次へと労働環境を変えられ技術も身につかず、被曝との因果関係が特定できない病気にもなり、その労働から抜け出せない状況があったという (堀江 1984; 鎌田 2006)。今もこれと同様の労働者がいるか、あるいは堀江が描き出したような「劣悪な労働環境」が存在するのか否かは確かではないが、原発では必ずこの流動労働者が必要になる。

例えば、福島第一原発では、常勤として四〇〇〇人から五〇〇〇人の労働者がいて、彼らは地元に住んでいるが、定期検査のために一つの原子炉につき一~二ヵ月間の期限付きで一〇〇〇人の労働者が外部からやってくる。この労働者たちは、全国の原発を定期検査にあわせ安価で、客のほとんどを彼らのような流動労働者としている地元の民宿や企業によって一括借り上げされたアパートなどに泊まりながら移動し続ける (朝日新聞いわき支局編 1980; 双葉地方原発反対同盟 1982)。

当然、その現代の労働実態は『原発ジプシー』の出版された八〇年前後とは大きく違っているだろうし、改善が施されているだろう。事実、インタビュー対象者の多くが「そんな危ないことしているとは聞いたことがない」と言う。

しかし、そこにはもう一つの「切り離し」がある。それは、原子力ムラの住民だからといって原子力についての完全な情報を持っていない（という当然のこと）どころか、むしろ、原子力ムラの住民には原子力の情報から自らを遠ざけるような志向さえ存在するということだ。これも、福島県以外の原子力ムラにおける中央との関係のなかに普遍的に言えることだ。新潟と青森の言葉を見てみる。

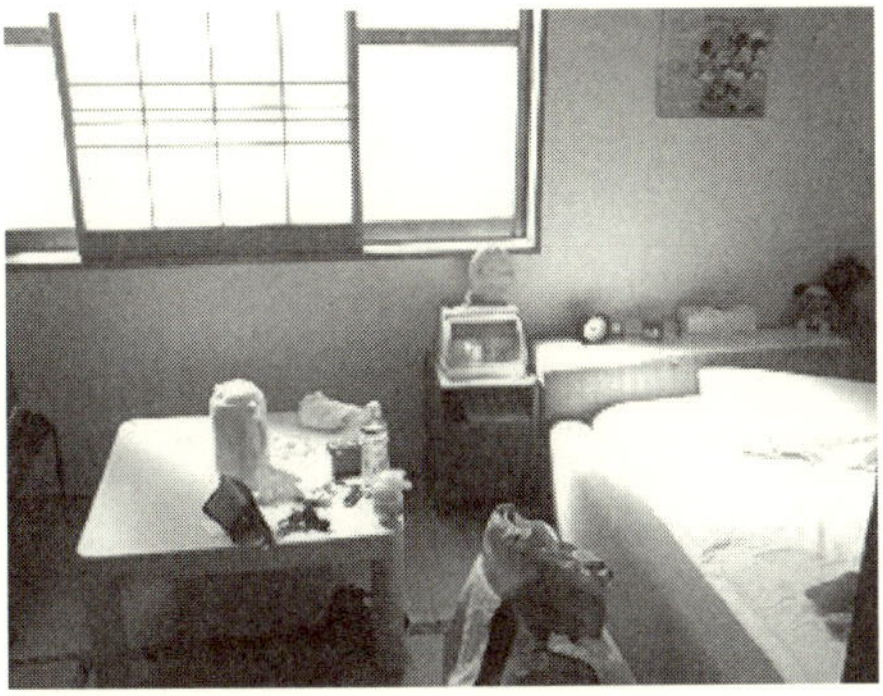
画像１　浪江町駅前の宿

原発の話をあえてするのは、みんな無意識に避けているというか。それが危険性の話なんかだと家族であってもわざわざしないですよ。

昔、小学校に通っている時に、原発反対のデモ隊がシュプレヒコールあげて学校の前を通ったんですよ。そしたらみんな黙ってしまった記憶があります。子どもでも感じるほどに微妙な問題なんですよね。（刈羽村、二〇代、女性）

はじめの頃はどこの家もみんな勉強したみたいですよ。うちにもチェルノブイリのビデオとか資料がいっぱいありました。最初は反対だった。でも、だんだん全体の雰囲気が賛成に傾いてくると、もう、そんなこと一切しなくなる。補助金がどうなるのかとか、何ができるとか、そういう夢ある話はいくらでもする。作ると決まったら今更危ないなっていってもしかたないっていう感じでしょうね。（大間町、三〇代、男性）

八〇年代から、福島県の原子力ムラにおいて、学校教育のなかで「原発」を推進や反対、自治との関係などで取り扱うことはタブー視されていた（朝日新聞いわき支局編 1980: 354）が、この状況は今日でも同様で、多くの住民は「学校で原子力について習ったことはない」「家族でもそんなに深刻に原発の話はしたことがない」と答える。福島県の原子力ムラでは、住民の三〜四人に一人が原発関連の職種についている。それだけではなく、原発に出入りする弁当屋、保険代理店、近隣の飲食店なども含めれば、より多くの住民が原発とともに生活をしている状況にあると言える。その結果、原子力ムラの住民の多くが原発を容易には否定できない状況にあることは確かだ。

流動労働者の存在に話を戻せば、仮に作業の安全性が確保されたとしても、それが危ないか否かという判断を住民が積極的に行なおうという動きが起こりにくい状況にある。そこには、原子力ムラの住民が自らを原子力に関する情報から切り離さざるをえない、そうすることなしには、少なくとも認識の上で、自らの生活を営む基盤を守っていくことができない状況がある。それは、そのムラの個人にとっては些かの抑圧感は伴っていたとしても、全体としてみれば、もはや危険性に対する感覚が表面化しないほどにまでなってしまう現実があると言えるだろう。

もちろん、当然行政の担当者や反対派の核となっている住民などは双方とも危険性について詳しく知っている。だが、それが今の仕事や生活を送ることができればいいと思っている大部分の住民にとっても重要な問題となることはない。政治家や地元の有力者などの一部には知識が集まっている一方で、そうではない住民にとってはそのような難しいことは考えない、考えたとしても表に出せない。そのような自らで自らに抑止をかける状況がある。

危険なところさ入って仕事する人がいるなんて聞いたことないよ。大阪とかあっちの方から来ている資格持っている人で他の人が入れないところに入る人がいるっていうのは知ってる。でもそういう人たちは浴びられる放射線の量が決まっていて、それこえたらもう働けない。ここ来てその判子押してある手帳みたいなの見せてくれた人もいるよ。（富岡町、五〇代、女性）

私は保険の勧誘の仕事やってて原発の敷地内入ってるけど、危ないことだけ専門にやる人なんかみたことない。ちゃんと健康診断の結果とか見てるんだから。ホントに危ないところに入るのは黒人さん。水の中入ったり。どこの国の人だかわからない。そういう人は普通にそこらへんの民宿に泊まってるよ。（浪江町、三〇代、女性）

もし、労働環境において危険性があるとすれば、それは「大阪とかあっちの方から来ている資格持っている人」「国籍も分からない黒人さん」といった自分たちのムラから切り離された外部の人間に帰される。さらに言えば、ここで「大阪とかあっちの方から来ている資格持っている人」「国籍も分からない黒人さん」に対して侮蔑的・差別的な感情は感じられず、むしろ、特殊な技能をもった人と上に見るようなまなざしが感じられた。それは、構造的な切り離しを決定的なものとし、一方で危険性を覆い隠すことに役立つものと捉えることもできよう。

原子力ムラにおいては、「原発は危ない」という危険性の認識が仮に個人にあったとしても、全体として表面化することはない。それは、認識上の安全性を脅かしかねないものと原子力ムラとの切り離しのなかで生まれ続ける。

ここで触れた「流動労働者の存在」と「危険性の認識」という二点は、原子力ムラにおいては「表面化しえないこと」の典型だと言える。自らの生活の基盤となる原子力を自ら積極的に疑い、その不信感を煽ることをしないのは当然のことと言える。実際に安全か否かは問題がない。

それは、マスメディアに対する態度にもあらわれる。

財団法人社会経済生産性本部エネルギー環境特別委員会（2004）は、原子力ムラの住民が、それ以外の住民と比較して、原子力について雑誌、書籍、テレビ、ラジオ、インターネットなどに著しい不信感を抱いている一方、「発電所見学会」「家族・知人・友人など身の回りの人」の言うこと、新聞記事などは信じる傾向にあると指摘する。実際、原子力ムラにおいては、原発や関連施設の危険性を過度に引き立たせようとする雑誌やインターネットが流す情報がムラの円滑な運営にとってノイズになっている面も伺えた。

東京の人は普段は何にも感心がないのに、なんかあるとすぐ危ない危ないって大騒ぎするんだから。一番落ち着いてるのは地元の私たちですから。ほっといてくださいって思います。（富岡町、五

〇代、女性）

この発言のように、現場の感覚と乖離した記事の内容への不信感などもあるだろう。原子力ムラの住民は、最低限の正確な情報と安心のために情報を受け入れ易い一方で、危機感を煽るような情報、自分のなかに猜疑心を生むような情報が流通しない状況にあるといえる。一方で、外部から来た反対運動家やマスコミがそのような原子力ムラの住民の感情とは関係なく、危険性や必要性についての情報を持ち込むことで、結果的に住民の感情をさかなですることになってしまい、そういったことがさらに原子力ムラの孤立化に拍車をかけているということが指摘できる。

では、原子力ムラの内部にも存在する「反対派」について、住民はどのような認識を持っているのだろうか。

反対派住民は「許容」される。ここでの「許容」とは（1）もはやただの「変わり者」にすぎず別に普通に近所にいる分にはたいした害がない。別に反感・嫌悪感を抱かれる対象にはなっていない。（2）反対派がいてくれることで、電力会社にプレッシャーを与える材料になると捉える人もいてやはり存在を疎まれることはない、ということだ。

反対派なんてもうほとんどいなんでないの。あそこの小屋で反対だっていう看板かけてる人？あー、まあ変わり者だな。別に問題になったりとかはないよ。（六ヵ所村、四〇代、男性）

一応反対派だっていってる人もいるよ。まあ変わり者だなっていう話。（富岡町、五〇代、男性）

原子力ムラとして成立した原子力ムラにおいて、今も存在する反対派は、「変わり者」扱いを受けることでムラに内包される。今回の事例として取り上げた福島県の原子力ムラについては、ジャーナリストの武田徹（2006）も取材を元にしたルポルタージュをしている。そこにおいて、四人に一人が原発関係者で、まともな反対運動が成立しない、と嘆く地元の反対運動活動家へのインタビューをした際のエピソードが以下のように記述されている。

特に印象的だったのは彼がこんなエピソードを語ったときだった。「このクルマではしっていると案外ガンバレヨと声がかかったりすることはある」と彼は言う。「でも、それはぼくらが反対運動すればするほど国や電力会社は地元懐柔の必要性を強く感じて多くのカネを落とすようになるから。原発で儲けようと思っている人がぼくらを応援している」。

地元ではハンタイ派、スイシン派、が各々の原発論を戦わせる構図すら成立しなくなっているのだ。ぼくが訪れたとき、双葉町は町長選のまっただ中だったが、そこでも原発問題は争点になっていなかった。地元では原発自体がむしろふれられないタブーになってしまうのである。（武田 2006: 141-2）

先にも触れたとおり、福島県の原子力ムラには、反対派どころか、かつて反対運動の長をした経験を持ちながら、後に原発を推進する側として双葉町長になり、一九八五年から二〇〇五年まで丸二〇年間職を務めた岩本忠夫のような例もある。六〇年代には、社会党の県議会議員として原発建設計画を推進する木村県知事を議会で詰問し、七〇年代、参考人として参議院大蔵委員会で危険性を指摘する答弁をした経験も持つ筋金入りだ。

そのような、反対派の極限にいた人間が、対極にあるはずの推進の長に転換しうる一見理解しがたい状況の背景には、反対派が原子力ムラの利害にとっては無視しうる誤差であり、一方で利用可能でもあること、そして、推進も反対もともに自分たちの住むムラの未来の利益を考えるなかでの選択肢のありように過ぎないということが言える。ここにおいて、「変わり者」は社会統制の対象とされるべき逸脱者ではない。それゆえ、湯水のように交付金が流れてくる状況が続くなかで、原子力ムラには一部の「変わり者」の反対派をからめとりながら安定した秩序が構成される。

このように原子力ムラに特異な現象の背景にあるものは何なのか。福島大学の清水修二（1994）は中央との「信頼関係」を「信じるしかない、潤っているから」と表現する。

原発の安全確保については政府や電力会社を「信じるしかない」と地元代表たる町長がしみじみと述懐する。政府や東電は町長の肩に手を置き「そう。信じなさい。任せなさい」とやさしく、またたのもしく胸を張ってみせる。まことにうるわしき信頼関係といいたいところですが、…相当いいかげんで投げやりな挨拶に違いありません。…ここでは原発は科学の次元を超越してほとんど「信心」の問題になっています。「信じないこと」によって不安な毎日を送るよりも「信じること」

で安穏な日々を暮らすことのほうを選ぶのが庶民の知恵なのだとしたら——それは奴隷の知恵でしょう。（清水 1994: 57-58）

「奴隷の知恵」は、ただ単純に事実を見て見ぬふりをするというようなものではなく、原子力ムラが原子力ムラで在り続けられるような基盤を構成するものだと言えよう。例えば、双葉町長岩本忠夫は原子力への思いを「（スリーマイル・チェルノブイリみたいな）あのような事故につながっていくことは日本の原発ではまず無いと思っているのです。…そのように信じて対応していかないと、これからの原子力行政に自ら携わっていくことができ難くなります。常に疑心暗鬼で原子力とお付き合いしていくような想いは私としてはしたくない」（社団法人原子燃料政策研究会編集部 2003: 2-5）とのべているが、住民のことばには、それを「信心」とよぶほかない意識があらわれる。

大熊町長・渡辺利綱は、原発関連不祥事を振り返り以下のように語る。

東電のかかわりの中で一番思い出に残っているのは平成一四年の不祥事で、電力業界のリーダーである東電が地域や社会を裏切ることはないという思いがあった。それだけに、当時は衝撃を受けた。しかし、不祥事を教訓として、東電をはじめ、国も地域を重視する姿勢に変わってきている。当時のマスコミ報道にも不安をあおることがあったのではないか。議員時代に大熊町議会としてプルサーマル計画を容認したが、議会としては冷静だったと思う。（東京電力福島第一原子力発電所 2008: 99）

死傷者が出ていないレベルでのトラブルを、確かにマスコミは過剰に報道し不安をあおるところはあるのかもしれない。しかし、「議会として冷静だった」のは、心から安心しているからではない。神と天国の存在しかすがるものがない信教者が死をも恐れないかのごとく社会から超越的な振る舞いを見せるのと同様に、そう振る舞う以外の選択はそもそもなかったのではないか。マスコミと同様に原発は危ない、事故をごまかしデータを隠していると騒いでも何の得もない。できることは、抗議の意を示し改善を待つことだけだ。そのように考えるのは当然のことと言える。

原子力ムラの社会には危険性が表面化しにくい。しかし、一方で、住民が明確な危険性への認識に直面せざるをえない場合もある。例えばそれは、これまで起こったＪＣＯや浜岡原発における死傷者が出る事故や、〇七年の柏崎・刈羽原発の震災に伴うトラブルが盛んにメディアに取り上げられる時、また、原子力ムラの日常のなかで、そのような事態が起こることをふと想像する時でもある。

しかし、原子力ムラの住民はそれを自ら無効化する論理を持っている。

そりゃ、ちょっとは水だか空気だかもれてるでしょう。事故も隠してるでしょう。でもだからなに、って。だから原発いるとかいんないとかになるかって。みんな感謝してますよ。飛行機落ちたらって？　そんなの車乗ってて死ぬのとおなじ（ぐらいの確率）だっぺって。（富岡町、五〇代、女性）

まあ、内心はないならないほうがいいっていうのはみんな思ってはいるんです。でも「言うのはやすし」で、だれも口にはださない。出稼ぎ行って、家族ともはなれて危ないとこ行かされるのなんかよりよっぽどいいんじゃないかっていうのが今の考えですよ。（大熊町、五〇代、女性）

全体に危機感が表面化しない一方で、個別的な危険の情報や、個人的な危機感には「仕方ない」という合理化をする。そして、それが彼らの生きることに安心しながら家族も仲間もいる好きな地元に生きるという安全欲求や所属欲求が満たされた生活を成り立たせる。

そうである以上、もし仮に、「信じなくてもいい。本当は危ないんだ」と原子力ムラの外から言われたとしても、原子力ムラは自らそれを無害なものへと自発的に処理する力さえ持っていると言える。つまり、それは決して強引な中央の官庁・企業による絶え間ない抑圧によって生まれているわけではなく、むしろ、原子力ムラの側が自らで自らの秩序を持続的に再生産していく作用としてある。

2・4　中央を再現するメディアとしての原子力——原子力ムラが包摂するもの

原子力ムラには、危険性の認識など、そのままでは自らの秩序の維持に有害なものを排除し、無害なものへと変換する作用がある。では、そのような排除の動きの一方で、原子力ムラは何をその社会のなかに包摂していくのだろうか。

原子力ムラには、「原子力を前提に作られた特異な文化」が存在する。

例えば、なでしこリーグ（女子のJリーグ）に所属する東京電力女子サッカー部マリーゼがそれだ。福島県の原子力ムラには画像2のようにマリーゼを「福島の宝！地元の誇り!!」ということで応援する看板がいたるところに掲げられる。選手は午前中は東京電力社員として福島第一・二原発で働き、午後に専用のラッピングを施した「マリーゼバス」でJヴィレッジのグラウンドに集合して練習している。

テレビとかではいつもマリーゼの特集番組やってて、郷土の誇りなんていってて地元の学校は遠足はみんなマリーゼの試合観戦。

まあ、別に誇りでもないけどね。午前中働いてて疲れて寝てるのか、窓の中から選手の足が出て

画像2　マリーゼを応援する看板

画像3　原子力明るい未来のエネルギー

いるバスが昼とおるの何度か見たけどね。（富岡町、五〇代、女性）

「誇りでもない」と言われるマリーゼだが、一方で生活のなかに根付く存在になっていることは確かだ。マリーゼが本拠地とするJヴィレッジは、東京電力から福島県にプルサーマル計画が現実化するなかで寄贈されたもので、サッカー日本代表が召集されると必ず合宿場として使われるところとして、サッカーファンの間では有名だ。高速道路常磐道も近年その入り口のすぐそばまで延長され、インターチェンジもサッカーワールドカップと同時に開通した。Jヴィレッジがきっかけとなって、富岡町の公立高校にはスポーツ専攻のクラスができ、今ではサッカーはじめ、様々なスポーツで全国レベルの選手が育つようになっている。その結果、これまでも、画像のように町のいたるところには自治体自身が掲げる「自己肯定」の看板はあったが、それに加えいたるところに、マリーゼや、「〇〇部〇〇君、インターハイ出場」といった地元のスポーツ文化に関する看板や垂れ幕などが見られるようになったと言う。

Jヴィレッジができてから一〇年以上たった現在、その宿泊施設やホール、レストランは地元の住民にとって冠婚葬祭の場としての役割を果たすようにもなっている。文化社会学者の伊奈正人（1998: 93）は東京ではサブカルチャーの一つに過ぎないようなものも、地域においては「東京の流行に後れない」という強迫観念に近い社会心理を満たし、また新商品への果てない欲望を生み出すものになることがあることを指摘するが、そういった点において、これらの例は、「ただの地域のスポーツ振興」を超えた意味を持つといえるだろう。つまり、原子力ムラの秩序に少なからぬ影響を与える意図があって作られた部分はあっただろうし、実際に影響を持っているのは確かだ。原子力ムラになるような他の産業やレジャースポットがない地域の住民にとって、文化的な独自性を示すことができる拠り所は極めて重要だ。

そういった点で、福島県の原子力ムラの風景のなかにいくつかの事例を見取ることができる。

まず、「原子力最中」をあげておきたい。これは、福島の原子力ムラの各駅に行くと駅のショーケースのなかに地酒や伝統工芸品などと一緒に並んでいるものだ。ムラの外部の、少しでも原子力にダーティーなイメージを持っている人が見たら、異様に見えるかもしれない。しかし、原子力がその地域にとっては確実に自らのアイデンティティペグになっているということが言えるだろう。

画像4　人にやさしい大熊町

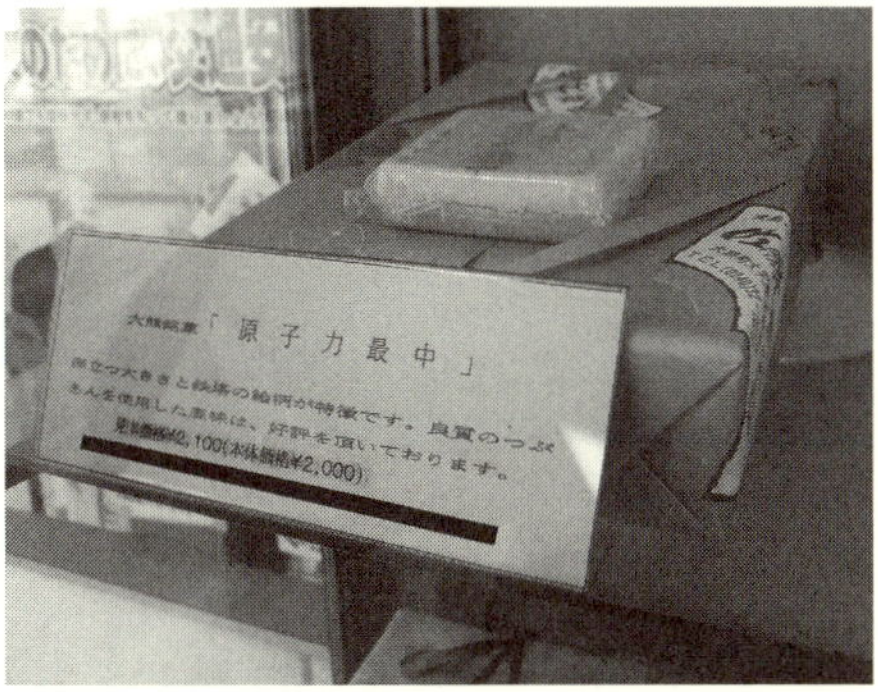

画像5　原子力最中

道路を行けば、「回転寿しアトム」「アトム観光」など原子力を冠した「ブランド」が見られる。また、原子炉の排水口の付近は、本来は立ち入り禁止とされているものの、水が温かく魚が集まってくるため、地元の人たちにとってはつりスポットとなっている。

一方で、原子力ムラには電力会社が作ったPR館がある。原子炉や核燃料サイクルの模型やその説明、施設内の見学案内などが用意されたPR館は、国内のほとんどの原子力ムラにあるものだが、ここで働く者はほぼ地元で採用されたスタッフで占められており、また、来客の多くも近隣の小中学校の遠足やそこにおかれたゲームをしにくる親子連れなどだ。

このPR館では、「ふれあいフェスタ」などと称される「祭り」が行なわれる。そこには地元の商工会や農家が出店を並べ、お笑い芸人や中国の雑技団などによるステージの催し物が行なわれる。デパートや遊園地といった子ども向けの遊興施設に行くには他県まで車で二時間程度かけて出なければならない地理条件にある。Jヴィレッジにサッカーの代表チームが来て宿泊や練習をする、あるいは、かつてとは違い過疎化・高齢化のなかで伝統的な祭りが廃れつつある一方で「フェスタ」が開かれる。そのことによって、原子力ムラやその近隣から多くの家族連れが訪れ、一時的であろうとも成長期にあったとされる「活気」が蘇ることは、中央からしてみれば些細なことに見えようとも、原子力ムラにとっては少なからぬ意義を持っている。「活気」を蘇らせるのが中央の文化だとするならばそこにおいて、原子力は中央の文化を再現する媒介＝メディアとなっていると言えるだろう。

直接的に原発・関連施設がイメージされるか否かという点に関わらず、原子力ムラには、これらのように原子力を身近なものとし、原子力自体やそれに媒介された文化が成立する。これらの例からは、原子力を持つことと引き換えに、あるいは原子力を通して、原子力ムラが自らを肯定する文化を歴史的に作り上げてきているということが言えるだろう。本節の冒頭で示した「原子力ムラは何を包摂するのか」という問いに答えるならば、原子力ムラは原子力によってムラにもたらされたアイデンティティや中央の文化を、決して他者によって設計され無理やり押し付けられたというわけではなく、自ら取り込みながら包摂していったということができるだろう。

画像 6　回転寿司アトム

画像 7　アトム観光　ブックスアトム

原子力ムラが原子力を持っていることを振り返る上で、それが「善意の開発」だったのか、「悪意に満ちた抑圧」だったのかという二つの見方がある。それらは相反するようでありつつ、実はコインの表裏の関係にあるものだと言える。すなわち、開発される側であるムラを一方的に受動的な存在であるという前提で見てしまっているという点で両者は根を同じくしているのだ。両者が誤りではないとしても、それは外部からの見方に過ぎず原子力ムラの経験とは一致しない。それは原子力ムラの側の能動性を捨象してしまっているからだ。

本節の表題にある「抱擁」とは、ジョン・ダワー（1999=2001）の語による。ダワーは「占領された敗者」を一方的に受動的な存在ではなく、むしろ、敗北を抱きしめに行く、敗者の側の能動性に焦点をあてることによって新たな事実を掘り起こした。これは、一章までで指摘した「対象としての地方」研究からの脱却の方針とも一致する。

この見方は、原子力ムラにとっても重要なものとなるだろう。原子力ムラは、例え、外部の者がそこにスティグマ（ネガティブなイメージ）を与えていたとしても、原子力を自ら「抱擁」するなかでその日常を営んでいるのだ。

3　原子力ムラの政治・経済構造

前節では、原子力ムラにおける原子力に関する表象やコミュニケーションなど文化的な位相における状況を概観しながら、その秩序の維持の構造について検討してきた。そこには、一見外から見ていたら理解しづらい原子力を維持するメカニズムが静かに、しかし強固に存在していると言えよう。そのような状況を踏まえ、本節ではそういった文化的な位相がいかなる政治的、経済的位相のなかで存立し、また再生産されているのかということを検討していく。

すでに触れたとおり、本書では、政治や経済を中心に社会が編成されているという立場はとらない。それはもちろん誤りだからというわけではない。政治や経済は現在の秩序を支えている大きな要素だろう。しかし、例えば「最も経済的に貧しいレベルにあった地域に危険な原発が押し付けられて、今も表

画像 8　ふれあいフェスタ

画像 9　原子炉の排水口で釣りをする地元住民

面的な原発マネーとは裏腹に貧しさは変わらず、それゆえ原発を手放せない」という経済決定論的な見方は、その状況を所与のものとして捉えることはできても、それ以上のものを捉えることはできない。むしろその状態が深まっている現実の根底にあるものを捉え切れなくなる危険性があるだろう。そうではなく、逃れようのない地方が疲弊する経済的な構造があるとしても、そうであるにもかかわらずそこに何を見出していけるのかが問われている。

文化的な位相は、決して政治的・経済的な現実の後に従属的に来るわけではない。「カネがない、反抗できない。もはや原発があることは避けられない。だから原発を受け入れていこう」という単純な抑圧の構図よりも、むしろ、前節で見たとおり、ある面でムラがその原子力肯定のメカニズムのなかに自らの意志で入っていくようになり、それが原子力ムラの社会の再生産をより強固な構造としていることを確認する必要がある。そのような視座に立った時、原子力ムラの政治や経済はどのようなあり方を見せるのか。

すでに原子力ムラの政治・経済の状況については、多くの研究があるが、本節では、現在の状況をとらえるのに必要ないくつかのエピソードをつなぎながらそのあり様を内在的に検討していく。

3・1 反対の極から推進の極への「転向」——二値コミュニケーションの転換

原子力ムラの政治の状況を捉えようとするならば、既に他の種々の政治研究で利用されてきた方法が使えるだろう。アンケートにより原発への意識や地縁・血縁と選挙における支持政党・政治家の相関、議会内での推進派と反対派議員の数の変遷や原発に関して対立する議事における言説の分析といったものだ。しかし、原子力ムラの政治の分析について言えば、事実上、これらの手法は無効だと言わざるをえない。それは、私たちが一般的な政治において想定するような、ある議題に関する賛成／反対という二値コードによるコミュニケーションが、原子力ムラにおける原子力の議論ではすでに成立していないゆえだ。

多くの原子力ムラにおいては、仮に原発立地の計画が立つ頃には反対派が存在していたとしても、原発が運転する頃になると反対派はいなくなるか、いても議会に影響を及ぼすことができない程度の数になる。これは、福島県の原子力ムラのように、最低でも、住民の四人に一人が原子力関連の仕事に従事している状況を考えれば当然の投票行動の結果とも言える。そこでは、原子力の推進／反対という二値コードによるコミュニケーションは成り立たない。内部から持続的な反原発、原発廃止の声が上がることはない。とは言え、では、原子力ムラの政治家はみな教条主義的な原子力推進原理主義者ばかりなのかというとそうでもない。実際、二〇〇二年のトラブルの際には、原子力ムラの各自治体議会がプルサーマル凍結の決議を行なったこともあった。

ではこのような、一貫性があるようでない、単純に推進／反対と割り切れない原子力ムラの政治の根底にあるものは何なのだろうか。それを見出すには、すでに触れてきた岩本忠夫の「転向」を見ていくことがヒントになる。

岩本の「転向」は一見理解しがたい特異な現象だと言える。それは岩本が双葉地方原発反対同盟委員長という反対派の極から、二〇年にわたり双葉町の町長を務め九一年には他の自治体に先駆け増設決議を可決するなど推進派の極への「転向」をしたからだ。岩本は、五八年に社会党に入党、六三年から町議を一期、七一年から県議を一期つとめながら、双葉町で酒屋を営んでいた。七五年、七九年、八三年の三回の県議選では自民党議員に双葉郡の定員二名をとられる。六八年の一月、当時の福島県知事・木村守江が福島第二原発の計画を発表する。当時まだ社会党が反原発の態度を明確にしていなかったなか、岩本は「憲法を守る双葉住民の会」の立場で反対運動を始めた。「当時は党としての基本態度もできていなかったし、第一原発についていては気がついたらもう建設していたという感じだった」上に、「このころにも反対運動はあるにはあったが、もともと『原発誘致』の機運が高かっただけに組織的なものではなく、力不足は否めなかった」が「得体のしれないもの」への不信感、「地権者に何の相談もなく話が進む」ことへの不満からの行動だった（朝日新聞いわき支局編 1980: 334-337）。第二原発の建設計画は、第一原発の建設時の純粋な「原発推進の機運」との違いの中で推進派の切り崩しも激しいものとなった。

（住民が）家を建て替えることが分かると、料亭に呼んで『賛成して承諾書にハンを押せば金を貸す』と言ったり、また山田町長は、最終的には土地収用法をかけて強引にとも考えていたようだ。県に土地収用法の適用の申請をするなど町側は強い姿勢を崩さなかった（朝日新聞いわき支局編 1980: 337）

その結果七〇年には用地確保がほぼ完了し、運動は挫折する。そして、のちに「双葉地方原発反対同盟」に名称を変更する「相双地方原発反対同盟」が結成されたのは七二年。当時、双葉郡選出の社会党の県議会議員となっていた岩本を中心に社会党系労組員、地方労、社青同、日農を中心に約三〇名で始まった。
しかし、既に用地買収と政治的な合意形成が終わり、第二原発の建設はスケジュールを消化するのみとなっているなかでできることは限られた。ことあるごとに抗議や申し入れをしてきた。七九年のスリーマイル島原発事故の際には一六万枚のチラシを地域に配布し、学習会やデモを続けていた。はじめは話を聞いてくれなかった住民も「オレも心配なんだ。君らと同じ意見だ」と討論にのってくるようになったともいう。だが、事態は動かない。

浜通りに原発が来て確かに交通事故や犯罪が増えた。それに加えて一番の悪影響はそれまでの牧歌的な人間関係が崩れたことです。東京電力が来たことで町は豊かにはなったが、農村構造は崩れ、各農家のだれかしらが原発に働くようになった。それが一つのくさびとなり、東電に縛られて人間関係も何となくぎくしゃくしてきてしまったのです。

双葉地方原発反対同盟委員長、岩本忠夫の言葉である。例えば岩本が住む双葉郡双葉町の近所でも原発労働者で生活を支えている人が少なくない。このため岩本の反対運動や選挙となると、「支持したくてもできないんだ。勘弁してくれ」という人が多い。「別に支持しないからこまる、ということではなく、原発が来たことによってそういう環境になってしまったことが嘆かわしいと思うのです」と岩本は言う。
また、小さな町だけに集落ごとの結び付きは必要で、しかも強い。会合も度々ある。だが岩本が出た席で原発問題が話題になったことはほとんどない。できるだけ出さぬよう、触れぬよう、皆が

一つのタブーを秘めて人間関係を保っているのが実情なのだ。（朝日新聞いわき支局編 1980: 341）

ムラの共同体は、原子力ムラへの変貌の後も温存された。そのなかでタブーとなりながら表面化することなく原子力ムラの日常は営まれてきた。これは今日でも存在する原子力ムラの政治の基盤に他ならない。岩本の当時の姿は、原子力ムラから最も近い「地方都市」にある朝日新聞いわき支局の記者による綿密な取材によって明かされたものだ。これらの成果は、七九年に取材・地方版への連載がされた後、八〇年に出版されるが、当時の岩本の「生の声」への接近は以下の記述でとじられる。

岩本は、原発とは双葉郡にとってどんな意味を持つのか、を常々考える。そして、原発にしろ何にしろ、資本が入ることによって、そこに住む人間がこう生きたいと思っていた生き方を、物や金といった物理的条件で貫けなくなることは許せないと信じている。まして放射能によって自分が侵されることなど。だから岩本の結論は「原発とは共存し得ない」。岩本は今後の運動のあり方についてこう語った。

「運動は広がりつつあります。慌てないでじっくり腰を据えて地域運動として広がるように努力したい。そういう使命感でやっていきたい。そのために受ける批判は甘んじて受けていく。いつかきっと住民の多くが立ち上がる。それまでは、たとえ運動の灯が小さくてもいい、だが決して絶やしてはならない」と。（朝日新聞いわき支局編 1980: 342）

そして、岩本は「転向」する。八五年、町長に当選。そして、町民が望むならば、原発の「増設運動を繰り広げていく意志」すら公言するようになる（福島民報 1985）。この五年間の間に何があったのか、その詳細を明らかにする資料は少ない。

確かなことは、五八年の入党以来一貫して活動してきた社会党を八四年に離党したこと。理由は「長女が原発に勤める東京電力社員と結婚した」ということ（福島民報 1985）だ。

六〇年代から「地元の娘さんが東電社員と一緒（結婚）になることは別格で、地域の話題として瞬く間に広が」（東京電力福島第一原子力発電所 2008: 45）るような状況があった。しかし、反対派の急先鋒であった岩本がそのことによって目がくらんだのか、無力感のなかで反原発を諦めたのか、はたまた、下世話に勘繰れば東京電力による政略結婚の陰謀が成功したのか……などと想像することはできるが、当然それは妄想に過ぎない。ただ、「娘の結婚による離党、転向」という字面をそのまま受け入れることはできない。

「慌てず腰を据えた地域運動に住民が立ち上がり原発との非和解が明確になる」その瞬間を待つことなく、岩本自身が転向の上に立ち上がった背景には何があるのか。

岩本は三回の県議選落選の後、「政治から手を引く」と家族に約束して家業の酒屋に戻った。ところが八五年に町の下水道工事をめぐって公費不正支出問題が持ち上がり、そのうえに役場職員の公金詐欺事件なるものも発生して田中清太郎町長が引責辞任したあとの出直し町長選に推されて出馬、前町議会議長の伊沢昭久氏を

破って当選（清水 1994: 98）
する。

小さな自治体に不釣合いな疑獄は、ムラにとって過多な原子力マネーのもとで肥大化した利害関係のなかに巣くっていたことに違いない。そして、未曾有のムラの危機に際して「前町議会議長」という地方議会に典型的な規定路線、保守の王道への継承ではなく、二〇年弱にわたり、反原子力を唱え、ある面でムラの不和を助長してきた張本人が、自ら町長になることを決意し、一方で町民からの支持を受ける。その背景には何があったのだろうか。

「転向」前の岩本が実感したのは「権力には弱い」（朝日新聞いわき支局編 1980: 338）東京電力の姿だった。県議としての岩本は議会で度々原発に関する問題を取り上げた。原子力ムラ選出でありながら反対派の立場を崩さない岩本による木村知事への度々の追求は、後に木村が訪米による「原子力の安全性の確認」をすることにもつながっていくものだったと言える（木村 1973）。しかし、県議をやめ、地元選出の反対派の「公職」がいなくなると、東京電力は手のひらを返したように対応が変わった。施設の近くで抗議活動を行なっても門前払いされるようにすらなる。

八五年当時、双葉町に落ちる大規模償却資産税の額は既にピークを過ぎていた。曲線は、七九年の最初の税収からの急激な上昇と八三年の一七七億八〇〇〇万を頂点にしたなだらかな下降傾向にあり、それが今後も続いていくことは明らかだった。「ポスト原発」の声もささやかれ始めるなかで、当然、かつての貧困が戻ってくるという感覚は生じる状況にあった。

岩本の「転向」は一見「大変節」に見える。しかし、再度先ほどの引用を見返してみれば、岩本の行動に必ずしも矛盾がないことも見えてくる。すなわち、そこに貫かれるのは「そこに住む人間がこう生きたいと思っていた生き方を、物や金といった物理的条件で貫けなくなることは許せない」というある種の「愛郷」の想いだ。資本や政治の力でムラがゆがめられることは避けなければならない。そのためには、反対の立場のさらに奥にあった愛郷の立場に立ち戻る必要があった。

それは、岩本がかつて反対運動のなかで、東電の社員に伝えた言葉に象徴される。

「あんたたちは、いずれはここからいなくなるからいい。だが我々は一生この双葉地方で生きていかなくてはならない。子供や孫の代を考えれば一層、不安をかきたてられる」（朝日新聞いわき支局編 1980: 46）

「子供や孫のこと」という言葉は原子力ムラはもちろん、地方の窮状としばしば合わせられて語られる言葉だ。「子供や孫のこと」を考える上でも推進も反対も大きな差異を持たない。これが「愛郷」の本質にあるものだと言える。

もちろん、岩本の「転向」についていらぬ勘繰りや批判、擁護をするつもりはない。その上で、岩本の転向の理由をどうすれば捉えていけるのか。村八分か、中央からの弾圧か、東電社員との縁による懐柔か、実は裏でカネに目がくらんだのか。仮にそうであったとしても、二〇年間、毎回選挙では対立候補が立つなかでも接戦を制してきた緊張感はそれを許さなかったはずだ。いずれの短絡的な答えにも帰することはできない。

ここに原子力ムラの政治的なコミュニケーションにおいてとられてきた二値コードの再定式化の試みが可能になる。それは「推進／反対」から「愛郷／非愛郷」へのコードの転換だ。

原子力ムラの政治を成立させるのは「愛郷」のコミュニケーション、つまり住民がそこで自らの生き方を貫くことが可能になるのかというコミュニケーションの連鎖に他ならない。そこにおいて岩本が「転向」した時期には、もはや「推進／反対」は大きな意味を成さなくなっていた。そこに残ったのは、その前提としてあった「愛郷」に他ならず、その結果コードの転換は容易になされた。

そして、岩本の「転向」の観察は、「支払う／支払われる」という貨幣をメディアとした経済的コミュニケーションが、貨幣の内実を問わず（紙であろうと、アルミであろうと、電子データであろうと構わない）、一方で本来貨幣自体に何の価値が無いにも関わらず貨幣へのフェティッシュな崇拝を生むのと同様の現象も想起させる。すなわち、原子力ムラにおいては、「原子力」がメディアとなり「愛郷／非愛郷」のコミュニケーションの連鎖をつないで行く役割を果たしだし、一方で外部から見たら特異にすら見える、その住民の原子力への「信心」（それは当然期待とその裏切りをも含んだモノに他ならないが）、さらに自己言及的な原子力ムラが自らを原子力ムラとして再生産していく機制が見出される。

そうして成り立つ原子力ムラの政治においてもはや反原発の動きは、推進の動き同様に、愛郷のなかに取り込まれるのみの存在となる。そして、そのように原子力がただのメディアとしてのみある原子力ムラのシステムのコミュニケーションに外部から介入することは困難であると同時に、外部からは単純な理解を拒むあり様を示すとも言えるだろう。

二〇〇三年、度重なるトラブルに言及しながら町長としての最後の任期にあった岩本は語る。

私は長い間、東京電力との関係において、発電所での「多少のトラブルはありましても、極度に安全性に影響するものはなかった」と実は思っています。今回の問題で、一時は確かに一部からはいろいろな感情も出てきましたが、一〇年とか二〇年とかのスパンで考えれば、お互いに信頼関係で結ばれてきたものはそう簡単に無くなるはずはないのです。ですから私は前向きにとらえているつもりなのです。いつまでもダラダラと問題点を突いていたのでは、自分自身が後ろ向きになってしまうものですから、極力前向きに考えているのです。それはそれとして、私は、原子力についてもっと正常な姿を構築するために、どのような面で協力が出来るかを、むしろ本気になって考えていく必要があると実は思っているのです。

現在の原子炉の構造の中で、最悪の事故が放射能漏れの事故ですが、わが国の原子力発電所はそれを完全に封じ込める機能を十分に持っていると私は思っています。アメリカのスリーマイル島の原子力発電所の事故とか、ソ連のチェルノブイリ発電所の事故とか、あのような事故につながっていくことは日本の原発ではまず無いと思っているのです。今は声高らかにそのようなことを言う時期ではないでしょうが、そのように信じて対応していかないと、これからの原子力行政に自ら携わっていくことができ難くなります。常に疑心暗鬼で原子力とお付き合いしていくような想いは、私としてはしたくないという感じがするものですから、これまでのことはそれはそれとして、国も東京電力もいたく反省をして、力一杯頑張っているわけだし、とにかく前向きに取り組んでいることを評価しているのです。

……

私はどのようなことがあっても原子力発電の推進だけは信じていきたい。それだけは崩してはいけないと思っています。それを私自身の誇りにしています。そこは東京電力も国も分かってくれとよく申し上げているのです。決して私どもの泣き言ではなく、原子力にかける想い、それが私の七〇才半ばになった人生の全てみたいな感じをしているものですから。（社団法人原子燃料政策研究会編集部 2003: 2-5）

「発電所は運命共同体」と題されたこのインタビューにあらわれる「前向き」さ。岩本のなかのみならず、住民にとって「信じていきたい」「誇り」となった「メディアとしての原子力」は今日の原子力ムラのシステムをより強固なものとして成立させている。

岩本の「転向」という原子力ムラに起こった一つの現象は決して岩本に特殊なものとして捕らえられるものではない。原子力をメディアとした愛郷のコミュニケーションは、今日において、ますます強固なものとして原子力ムラを構成していると言ってよい。それは、ちょうど八五年のムラの危機が構造転換をもたらしたことに象徴されるとおり、危機のなかでよりその姿を明確に現してくるものと言える。次節以降では視点をずらしながらその状況をより追っていくことにする。

3・2　原子力ムラの経済依存——地元雇用と波及効果

ムラが原子力を受け入れるということにおける、経済的な効果についてはこれまで多様な角度から分析がなされてきている（船橋ほか 1998）。ここでは、そこでなされてきた「交付金」と呼ばれる補助金を軸にした原子力ムラの経済構造を地元住民の声を元に再度鮮明に描くことを試みたい。

まず、経済的な意味での依存は原発・関連施設の誘致計画が始まった瞬間から動き出す。山秋（2007）、鎌田（2006）にも具体的な手法が詳しい、あらゆるアメとムチ、反対派を推進派に寝返らせる策略のなかで、大量の金品がばら撒かれ、原発が稼動し始めれば、その運転・保守のためのあらゆる関連企業に、ムラの四分の一〜三分の一ほどの世帯が雇われることになり、また、その人の生活を支える小売店、飲食店、公共サービスなどのあらゆる世帯が原発あってこそ生活が成り立つ状態になる。

そして、自治体にとっては電源三法交付金や固定資産税による収入をはじめ、あらゆる直接的、間接的な収入が増える。とりわけ、原子炉の定期検査に訪れる流動労働者は、人口数千人〜数万人の原子力ムラに一〇〇〇人単位でやってくるために、一見原発とは関係がないような民宿や飲食業も原発関係者から売上げを上げるようになる。これによって、産業が生まれ、また道路や図書館、文化ホール、クーラーや整備されたグラウンド・体育館を持った小中学校なども作られる。

一方、原子力ムラとして原発・原子力施設を作り、持っているうちは依存できるだけの税収なり経済効果なりがあっても、それは原発の老朽化とともに徐々に低下していく。すると、一度経済水準が上がった状態に慣れてしまった財政は多くの場合歳出超過傾向を示すようになる。そして、その赤字分を補填するために、さらに原子力施設を誘致しようとするようになる。

前の町長は、金余ってるからって、自分の家から町役場まで一本でいける道路つくったんだ。その上、必要なのかよくわからないダム作る計画まで出してる。そんなのばっかりで、九〇年代から急激に財政悪化して、今では夕張レベルなんです。残ったのは奇麗な町役場の建物と車がめったに通らない道路と、維持費ばっかりかかるホール。（富岡町、二〇代、男性）

こういった、自治体の規模に合わない収入が生まれたがゆえの無駄遣いは、反対派からの指摘によってあきらかになってきているが、その無駄遣いの先はメンテナンスに毎年固定費がかかる施設が多く、事態が明るみに出た時にはすでに赤字まみれになり、取り壊したり、民間企業に譲渡したりといった改善策も通用しない手遅れの状態になっている場合も多いという。

財政破綻し二〇〇七年に財政再建団体となった夕張も、かつては「石炭」という国策の上に成り立っていた。しかし、一九九〇の炭鉱完全閉山後ただの小さな自治体、というより、むしろ全国にある程度名が通っていてやりようによっては観光や農業などで豊かになりえた自治体であったにも関わらず、中身が空洞化した大きな図体を現実に近づける努力を怠り、その無駄遣いをやめられなかった。

原子力ムラも同様の依存的な経済構造を持っていると言える。この依存型経済は、中毒性を持ちまた、膨張していくものでもあると言えよう。

仮に「原子力ムラをやめる！」と意思決定したとしてもそれは極めて困難な道だ。モノカルチャーのもとで原発なしにはありえない、原子力ムラ特有の過剰なスケールになってしまった人口規模とそれを支えるだけの政治や経済構造を維持する代替的な方策は容易には見つからない。富岡町の反対派活動家

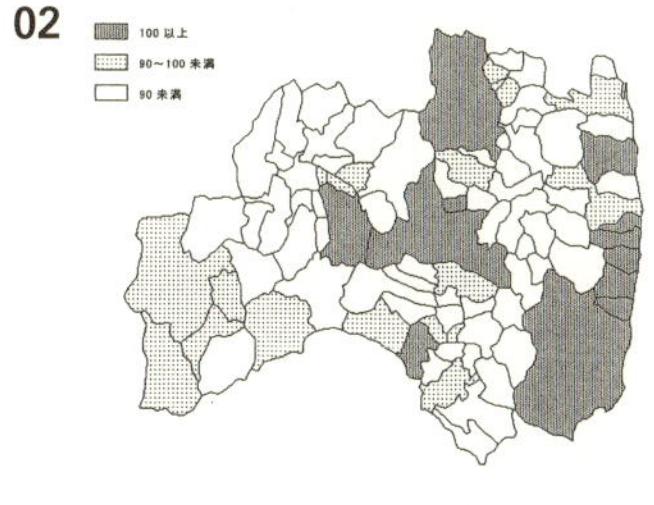

図 4　一人当り分配所得の地域格差
出典：福島県統計課(1964)～(1969)
福島県企画開発部統計調査課(1974)
福島県企画調整部統計調査課
(1980)～(2004)

は「放射能事故あったって、この状況はなかなか変わりようがない。今の状況はポンコツアメ車みたいなもん。すぐにぶっこわれそうなのに、燃料ばっかり食う。かといって簡単に捨てるのもみんなもったいないと思っているから乗り続けるしかない」と表現する。

原子力ムラの財政の特質を少し歴史を遡った上で確認してみる。

まず、図4は、「一人当り分配所得の地域格差」[*4]を図にあらわしたものを、この分野での福島県の統計である「市町村民所得」の刊行がはじまった六二年のものから五年ごとに〇二年まで、一覧にしたものだ。それぞれ、表示の方針にばらつきがあり、見づらいところがあるかもしれないが、色の濃い市町村ほど一人当り分配所得が高い。ここからは一貫した傾向が見える。

この図の前提として、戦前からの県内の経済先進地域として、県北の福島市、県中の郡山市・須賀川市、その西側の会津若松市、県南の白河市、県南東のいわき市が上げられること、さらに、現在では、このなかでも、郡山市、いわき市、福島市が、鉄道・高速道路の幹線上であることもあって他を大きく離している状況であることをおさえておきたい。

六二・六七・七二年について、注目すべきは、最も分配所得が高いのが、福島県の中で明治以来の県庁所在地として商工業が進んでいた福島市と、最南西（左下の端）の桧枝岐村の二つであることだ。福島市は理解しやすいとして、山間部で生活水準が低い地域も隣接する桧枝岐村はなぜ分配所得が高いのか。それは、この地が、戦前からの水力発電による首都圏への電力供給地であり、政府が戦後復興の切り札として提示し五〇年に施行された国土総合開発法に基づきなされた只見特定地域総合開発計画の現場だったためだ。この計画については次章で触れることにするが、ここで重要なのは、米国のニュー

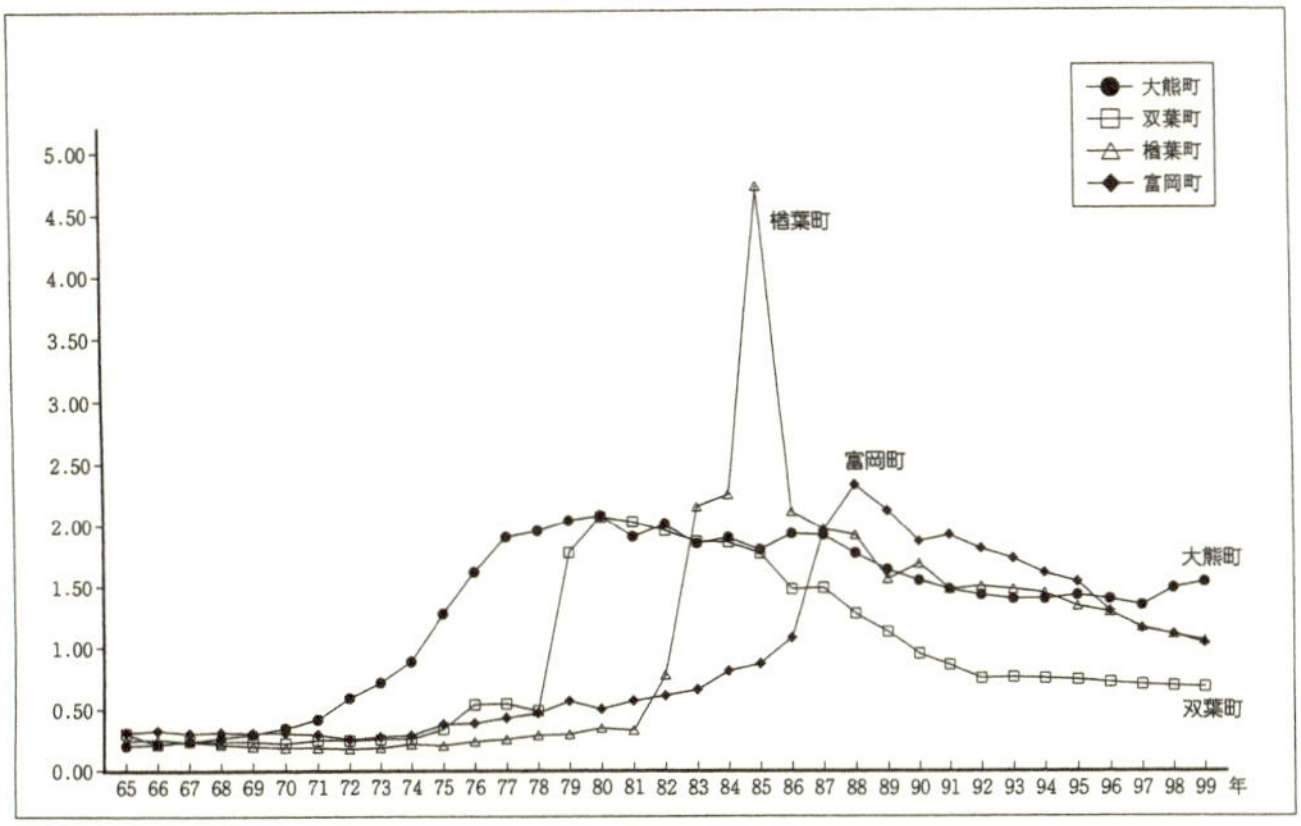

図 5　大熊・双葉・楢葉・富岡の単年度財政力指数の推移（伊東 2002: 16）

ディール政策を参照する形で、日本においても国家プロジェクトとしての「地域開発」がこの時期から具体的な成果を挙げてきたという点だ。この流れ自体は戦中からあったものだが、五五年からの高度成長を経てその恩恵に与れた地域とそうではない地域の格差が浮き彫りになってきたのがこの時期だといえる。

そして、原子力ムラの変化も六七・七二年の図ですでにあらわれ始めている。六七年に双葉町・大熊町が、これもまた県下最低水準の地域である浪江町・富岡町にはさまれながら生活水準の上昇の兆しが見え、七二年には大熊町が、七七年には双葉・大熊・富岡・楢葉の現在の原子力ムラ全てが県下最高レベルへと躍進している。これは、福島第一原発が七一年に営業運転を開始するが、その建設時期から稼動、そして福島第二原発の建設へといたる時期だ。七七年の図にあるとおり、格差率で一一〇％を越えるのは県下で九市町村しかないが、内実をみれば、一位大熊町二〇七・九％、二位双葉町一三〇・二％、三位福島市一二六・二％、四位桧枝岐村一二四・〇％、五位楢葉町一二〇・

一%、…八位富岡町一一五・五%、というように、県の最高水準を牽引する存在となっている。

この突出性は八二・八七・九二年と八〇年代から九〇年代前半まで続くが、九〇年代後半に入ると状況は変わる。桧枝岐村は極めて顕著に分配所得がおちているが、原子力ムラにおいても、徐々に突出性は失われていく。この背後にはすでに触れた（1）ハコモノ等への支出増（2）電源三法・固定資産税等の収入減という要因がある。自治体の収支の状況をあらわす財政力指数（＝収入／支出）はその動向を顕著に示す。図5は原子力ムラの自治体ごとの単年度財政力指数について六五年から九九年までの推移を示したものだ。大熊・双葉が八〇年前後をピークに、楢葉が八五年、富岡も八八年をピークに減ることはあっても増えることは無い傾向だ。

指摘しておくべきは、大熊町が「意外と悪化していない」という事実だ。この背景には八五年から廃棄物処理施設、九一年から高温高圧処理施設、九八年から核燃料共用プール設備が建設され、また原子炉の内部部品であるシュラウドの交換が始まったという、先の例えを用いれば「年々劣化しているところに燃料ばかり食わせている」状態と言える。

それ以外の三町を見れば、きれいな右肩下がりを確認できる。双葉町が九一年に原子炉誘致決議を出したことは先に述べたが、原子力は貧困に苦しむムラにとって「特効薬」になっても、大熊町のように「薬の常用」なしには、運転開始から二〇年ほどでその効能は消えると言ってよい。

そもそも、これ自体は当然のことで、原子炉の寿命は当初三〇年程度といわれており、「ポスト原発をいかにするか」という問いは八〇年代からすでにささやかれていた。しかし、現在、当初の予定を一〇年越え、さらに運転を続けようとする中で、「ポスト原発」よりも、いかに原子炉の寿命をのばして

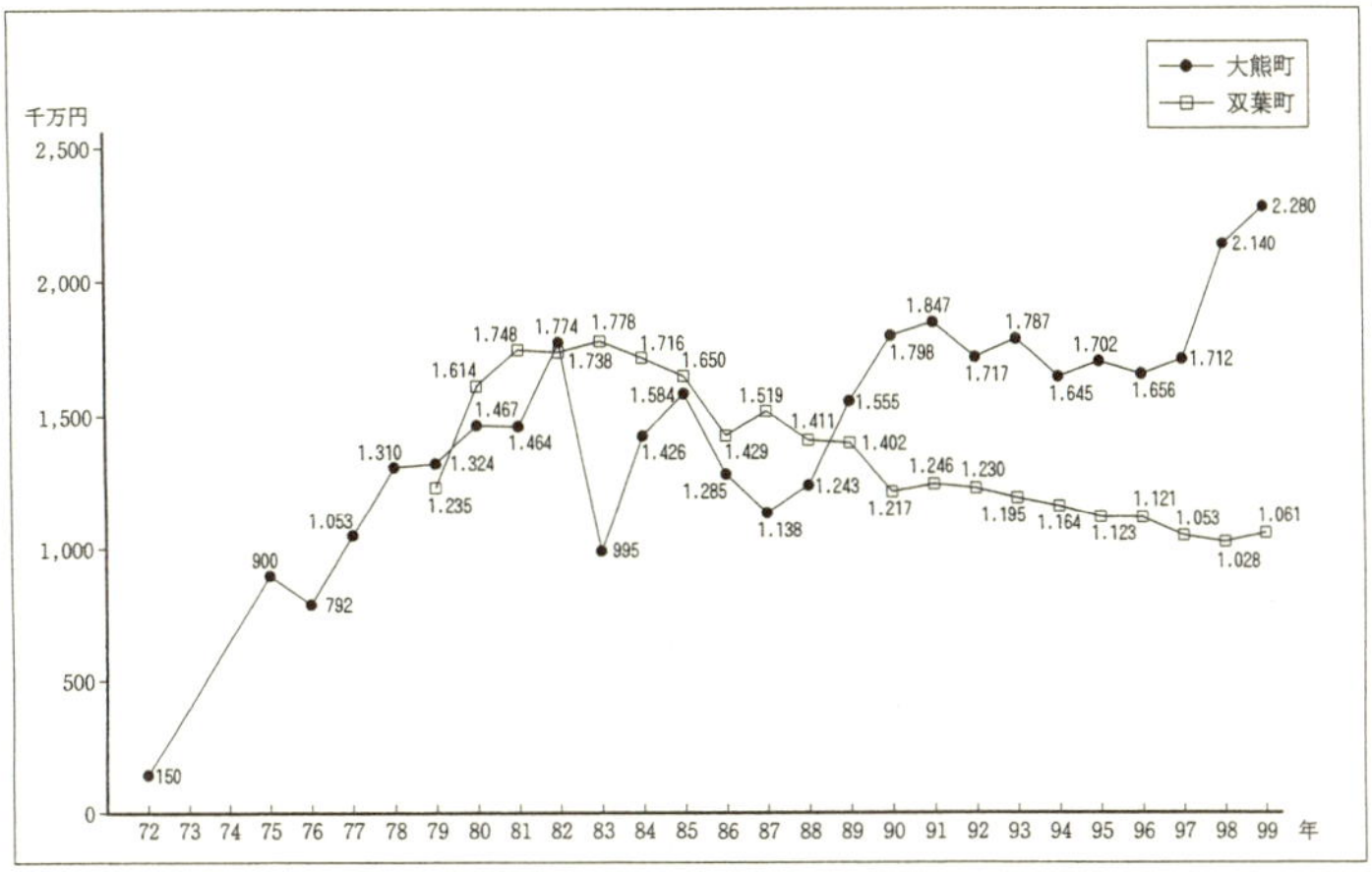

図 6　大熊町と双葉町の大規模償却資産税の推移（伊東 2002: 18）

現状の原子力ムラを維持しつつ増設やリプレース（建替え）につなげていくのかという方向にシフトしつつある。やはり、原子力ムラの経済的な秩序もまた、原子力ムラによる原子力ムラの自己再生産にとって極めて安定的に機能していると言える。

「そうは言っても、経済成長期特有の国による開発の志向は弱まって来ている。今日なら代替的な手段があるのではないか」という疑問もあるかもしれない。その点については、再度二〇〇〇年代の財政力指数を見ながら検討しよう。

表5は、二〇〇〇年代の財政力指数上位三〇を〇二、〇四、〇六、〇八年ととったものだ。その上位を見れば常に三分の一が発電所の立地地域であり、他は空港、自動車産業、観光産業の立地であることが分かる。ここから言えるのは、端的に言えば、原子力ほど魅力的な地域経済振興策の選択肢は日本において他にないということだ。撤退局面に入っている事例も少なからず見られる空港や自動車工場がこれから急激に増えるということは想

	2006（平成18年）				2008（平成20年）			
1	愛知県	飛島村	2.6		愛知県	飛島村	2.89	
2	大阪府	田尻町	2.5	空港	山梨県	忍野村	2.11	
3	宮城県	女川町	2.1	原子力	愛知県	三好町	1.94	自動車
4	青森県	六ヶ所村	2	原子力	茨城県	東海村	1.85	原子力
5	愛知県	三好町	1.8	自動車	愛知県	豊田市	1.85	自動車
6	茨城県	東海村	1.7	原子力	青森県	六ヶ所村	1.78	原子力
7	新潟県	刈羽村	1.7	原子力	山梨県	山中湖村	1.77	観光地
8	愛知県	碧南市	1.7	火力	群馬県	上野村	1.73	水力
9	三重県	川越町	1.7	火力	愛知県	碧南市	1.7	火力
10	佐賀県	玄海町	1.7	原子力	東京都	武蔵野市	1.67	
11	長野県	軽井沢町	1.7	観光地	愛知県	東海市	1.66	
12	千葉県	浦安市	1.7	観光地	愛知県	刈谷市	1.64	自動車
13	福島県	大熊町	1.6	原子力	福島県	大熊町	1.63	原子力
14	東京都	武蔵野市	1.6		千葉県	浦安市	1.62	観光地
15	神奈川県	箱根町	1.6	観光地	茨城県	神栖市	1.61	
16	愛知県	刈谷市	1.6	自動車	長野県	軽井沢町	1.61	観光地
17	愛知県	豊田市	1.6	自動車	愛知県	大口町	1.61	
18	北海道	泊村	1.6	原子力	三重県	川越町	1.6	火力
19	愛知県	豊山町	1.5	空港	神奈川県	箱根町	1.6	観光地
20	新潟県	聖籠町	1.5	火力	静岡県	裾野市	1.6	自動車
21	山梨県	忍野村	1.5		愛知県	幸田町	1.59	
22	新潟県	湯沢町	1.5	観光地	新潟県	刈羽村	1.58	原子力
23	山梨県	山中湖村	1.5	観光地	宮城県	女川町	1.56	原子力
24	静岡県	裾野市	1.5	自動車	福岡県	苅田町	1.56	自動車
25	福岡県	苅田町	1.5	自動車	静岡県	御前崎市	1.56	原子力
26	愛知県	幸田町	1.4		千葉県	成田市	1.54	空港
27	神奈川県	中井町	1.4		大阪府	田尻町	1.52	空港
28	神奈川県	厚木市	1.4		佐賀県	玄海町	1.52	原子力
29	愛知県	東海市	1.4		愛知県	田原市	1.51	自動車
30	愛知県	大口町	1.4		愛知県	安城市	1.5	

原子力	7	原子力	7
火力	3	火力	2
空港	2	水力	1
自動車	5	空港	2
観光地	5	自動車	6
		観光地	4

	2002（平成 14 年）				2004（平成 16 年）			
1	佐賀県	玄海町	2.25	原子力	大阪府	田尻町	3.01	空港
2	大阪府	田尻町	2.16	空港	愛知県	飛島村	2.50	
3	愛知県	飛島村	2.07		青森県	六ヶ所村	1.95	原子力
4	新潟県	刈羽村	2.04	原子力	宮城県	女川町	1.91	原子力
5	三重県	川越町	1.94	火力	新潟県	刈羽村	1.85	原子力
6	青森県	六ヶ所村	1.77	原子力	愛知県	三好町	1.84	自動車
7	福井県	大飯町	1.76	原子力	佐賀県	玄海町	1.80	原子力
8	福島県	大熊町	1.68	原子力	三重県	川越町	1.79	火力
9	茨城県	神栖町	1.67		愛知県	豊田市	1.78	自動車
10	長野県	軽井沢町	1.65	観光地	福井県	大飯町	1.76	原子力
11	北海道	泊村	1.59	原子力	茨城県	神栖町	1.72	
12	東京都	武蔵野市	1.58		東京都	武蔵野市	1.71	
13	新潟県	聖籠町	1.58	火力	長野県	軽井沢町	1.71	観光地
14	千葉県	成田市	1.53	空港	愛知県	碧南市	1.71	火力
15	新潟県	湯沢町	1.51	観光地	北海道	泊村	1.64	原子力
16	愛知県	豊田市	1.51	自動車	茨城県	東海村	1.63	原子力
17	神奈川県	箱根町	1.5	観光地	千葉県	成田市	1.63	空港
18	滋賀県	栗東市	1.47		神奈川県	箱根町	1.61	観光地
19	愛知県	三好町	1.46	自動車	千葉県	浦安市	1.60	観光地
20	茨城県	東海村	1.44	原子力	福島県	大熊町	1.58	原子力
21	山梨県	昭和町	1.41		愛知県	豊山町	1.57	空港
22	愛知県	碧南市	1.41	火力	新潟県	湯沢町	1.55	観光地
23	愛知県	豊山町	1.41	空港	新潟県	聖籠町	1.54	火力
24	静岡県	浜岡町	1.39	原子力	愛知県	田原市	1.51	自動車
25	千葉県	浦安市	1.38	観光地	愛知県	刈谷市	1.50	自動車
26	愛知県	刈谷市	1.34	自動車	山梨県	昭和町	1.44	
27	神奈川県	厚木市	1.32		静岡県	裾野市	1.43	自動車
28	福島県	新地町	1.29	火力	神奈川県	厚木市	1.42	
29	千葉県	袖ヶ浦市	1.29		愛知県	東海市	1.35	
30	愛知県	東海市	1.29		愛知県	大口町	1.34	
			原子力	5			原子力	8
			火力	4			火力	3
			空港	3			空港	3
			自動車	3			自動車	5
			観光地	4			観光地	4

表 5　2000 年代の財政力指数上位 30（02 年、04 年、06 年、08 年データ）

定しにくく、観光産業もその多くがバブル期までのリゾート開発が失敗したことを鑑みれば有効な選択肢とは言えない。

有効な選択肢がない状況のもと、平成の大合併は小規模自治体の競争力強化を目的の一つに進められたが、〇〇年代を通してみれば、その試みがドラスティックに構造を変化させる力を持ちえていなかったことは明らかだ。

それは、中央にとって必ずしも都合の悪いことではない。今から自動車産業にも観光産業にも期待できないなかでは、発電所、そのなかでも原子力という戦後一貫して需要が不足している「地域生き残りの特効薬」が存在することを事実として露呈させることになるからだ。こうして、新自由主義的な政策は、原子力政策を相対化するどころか、むしろ市場の力を借りて原子力を固定化し、また、自ら手をあげさせる形で供給先を確保可能にしつつあると言ってよいだろう。

前述の表にも常に顔を出す佐賀県玄海町は、二〇〇六年にプルサーマル計画に同意し、六〇億円の核燃料サイクル交付金を佐賀県にもたらし一〇年に運転を開始。そして、〇七年には青森県むつ市に続き使用済み核燃料の中間貯蔵施設の誘致方針を示している。大熊町もそうであるように、原子力ムラが経済をいかに安定させるのかという方法は、その代替手段が見えないなかで、既に極めて明確に示されている状況にある。それは「一度はまると抜け出せない麻薬のようなもの」（樺嶋 2007: 160-163）として、現代の地方の置かれている状況を象徴する最先端の事例として語られるようになっている。

これまでも先行する研究のなかで指摘されてきた「交付金」や地元雇用とその波及効果によって成り立つ原子力ムラの経済構造であるが、その経済的秩序を再検討すると、それがもはや変えようとするにも、変える方法を容易には想像できないものになってしまっていることが明らかになってくる。原子力ムラが自ら原子力ムラであり続ける志向を捨てることは極めて困難な状況にある。

4　佐藤栄佐久県政――保守本流であるがゆえの反原子力

ここまで明らかにしてきたのは、自ら持続的に原子力の「抱擁」に向かい、そこにますます固定化されていく原子力ムラの秩序のあり様だった。では、そのような強固な秩序が変化する可能性やその契機は存在しないのだろうか。

本節では八八年から〇六年までの一八年間にわたり福島県知事をつとめ、その後半には「反原発の福島」として激しく中央官庁、電力会社と対峙してきた佐藤栄佐久による原子力の改革の動きを追いながらそこにいかなる現象が起こったのか検討していく。以下は、佐藤栄佐久氏へのインタビュー[*5]を軸に関連文献も利用しながら「地方」のレベルで現代の原子力ムラの分析をすすめたものだ。この分析を通して、現代の原子力ムラの秩序の強固さをより一層引き立たせることになるだろう。

4・1　「保守本流」としてのスタート

■知事就任以前

戦前の、内務省官僚が各都道府県の首長になる「官選知事」の制度が現在の「民選知事」に変化したのは、戦後改革のなかだった。それは、日本のファシズムを生み出した中央集権体制の解除を目的とし、

	名前	就任日	備考（出身地方）
民選初代	石原幹市郎	1947/4/12	内務官僚・官選福島県知事出身
民選二代	大竹作摩	1950/1/28	会津
民選三代	佐藤善一郎	1957/8/25	福島
民選四代	木村守江	1964/5/16	いわき
民選五代	松平勇雄	1976/9/19	会津
民選六代	佐藤栄佐久	1988/9/19	郡山
民選七代	佐藤雄平	2006/11/12	会津

表6　戦後の福島県知事一覧

警察、教育、農業、財閥といった権力の一極集中によって戦時を支えてきた諸制度の解体を目指した。地方政策はその例外ではなく、国家の統制の末端に位置づけられ、中央では手に入らないヒト・モノの調達の役割を担っていた中央‐地方関係は民主化を求められる。それは四七年の日本国憲法、地方自治法に示される。その後の動向の詳細については次章で触れることとするが、そのような流れを経て非官僚の選挙によって選ばれる知事が生まれた。

戦後福島県の知事は、石原・大竹・佐藤善一郎・木村・松平・佐藤栄佐久・佐藤雄平の七名おり、平均して二期以上つとめていることになる。なかでも佐藤栄佐久は八八年から〇六年の五期途中まで知事を務めた。在任中は首都機能移転、道州制、市町村合併等に地方分権の促進の立場から独自の主張を中央に発信し続けた。結果として、佐藤栄佐久は〇六年汚職事件に関与したとして逮捕され、一方で無実を主張することになるが本書ではその詳細には触れない。[*6]佐藤栄佐久が任期のなかで原子力についていかなる立場と行動をとってきたのか、その連続と断絶に注目する必要がある。

佐藤栄佐久は、政治家としてのキャリアを歩む前には七八年、麻生太郎が会頭であった時期に日本青年会議所の副会頭を務めた。そこでは、「新地域主義」を掲げ「東京一極集中の陰で、東北がさびれていくことを憂い、『東北から光を』という青年の意識改革運動をやっていた」（佐藤 2004: 60）。

そして、官僚出身、宏池会に所属し特に七〇、八〇年代の自民党で主要なポストについていた斎藤邦吉、伊藤正義といった福島県選出国会議員に推され八三年参議院議員に当選する。選挙の立会演説会では「富士山型ではなく、八ヶ岳型の国づくり」を提唱することになるが、この背景として青年会議所の経験以外に、七四〜八一年にフランス大統領を務めたジスカール・デスタンの『人間から出発する社会』（1977）で読んだ「複数主義（プルーラリズム）」の影響（佐藤 2004: 60）があげられる。佐藤栄佐久は政治家としてのキャリアを歩みはじめた際の自らの立場を「保守本流」であったと語るが、保守系のデスタンが提唱する権力の分散を政治的理想として持っていた。

参議院議員としては、一期目ながら八七年には大蔵政務次官のポストを得たが、当時の松平勇雄知事の引退表明に際し自民党が建設省の技監を推す決定をしたことを、中央による一方的な決定であり、それを自民党県連も受け入れている状況を見るなかで、「一地方の首長候補にまで口をはさんでくる傲慢さに、参議院議員だった私は激しい怒りを感じた。中央が好き勝手に役人を担ぎ出して知事選に出馬させる。民主主義の危機である」（佐藤 2009: 26-27）と感じ出馬を決め当選。

しかし、この当時は、まだ「国の言うことに従っておけば、間違うことはない」という前提が佐藤栄佐久の政治的判断の前提にあった。

■知事就任後

そして、佐藤栄佐久は八八年に知事に就任する

「原発との最初の『コンタクト』」（佐藤 2009: 50）は、参議院議員時の八七年、当時の中曽根首相の東欧訪問に随行した時のこと。チェルノブイリの事故が八六年にあったことで、晩餐会では常に「これはチェルノブイリで汚染されていない肉です」という説明があったことで「この経験が、原子力事故の恐ろしさと、ひとたび起こってしまうと、一国では終わらない広がりをもつということについての、私の原体験となった」（佐藤 2009: 51）と語るが、一方で戦後の日本に原子力をもたらし原子力基本法の成立にも強く影響を与えた中曽根と原子力についての深い会話はなかった。それは、当時の佐藤栄佐久にとって、原子力というテーマは福島県の問題のなかでは「one of them」に過ぎなかったためだ。

前任の松平県政も同様で、その前の木村県政が原発立地を強く推進したこと、後の佐藤栄佐久県政が原発を巡って中央と対立していくことと比較すれば、原子力を抱える自治体でありながら特に原子力ということに対して大きな動きを見せなかったといえる。スリーマイル島、チェルノブイリの事故のみならず、すでに福島県の原発においてもトラブルは起きていたにも係わらず、そのような状況だったのは、前節で触れたような原子力の「地域生き残りの特効薬」としての効能が最も発揮される時期がその任期に重なっていたことと無関係ではないだろう。

この時の、佐藤栄佐久の原子力への認識は、中央の電源開発の意志を地域開発への意志へと変換し県土に実現した木村、そこで成立した中央と原子力ムラの関係をそのまま引き継いだ松平からの流れとの連続性の上で捉えられる。「保守本流」である佐藤栄佐久が「反原発」へと傾いていくのはさらに後の

ことになる。

4・2 「中央」と「原子力ムラ」のはざまでの「地方」のゆらぎ

「複数主義」に象徴される佐藤栄佐久の政治的理想は、リゾートの乱開発抑止の「リゾート地域景観形成条例」(八九年)、首都機能移転決議(九〇年)など、早い段階から実行に移される。この時点で、まだ原子力は佐藤栄佐久の政治的課題の俎上には載っていなかった。しかし、すでに、原子力の「副作用」はあらわれはじめていた。

一つが、八九年の福島第二原発三号機で起こった事故における「中央」のあり様だ。事故は一月六日に発生した。

事故の情報は福島原発から東京の東京電力本社、そこから通産省、そして通産省資源エネルギー庁から福島県、とえんえん遠回りで、地元富岡町には、最後に県庁からやっと情報が届いたというていたらくだった。県も富岡町も、原発に対し何の権限も持たず、傍観しているよりほかないというとが明らかになった出来事だった。

目の前にある原発に、自治体はまったく手が届かない。

さらに不信感を増大させるような出来事があった。事故の経過説明に県庁を訪れた東京電力の池亀亮原子力本部長が、こう発言したのである。

「安全性が確認されれば、炉心に流入した座金が回収されなくても運転はありうる」

これが地元自治体や県議会の猛反発を呼んだ。池亀本部長は原子力の専門家だが、地元住民の気持ちを無視した、いかにも技術者的な言葉だ。

私は県知事としてすぐ反駁した。

「安心は科学ではない。事業者と県民の信頼によって作られるものだ」

しかし、国策である原子力発電に、これ以上県が口出しする権限はなかった。副知事を通産省資源エネルギー庁に派遣し、

「国が一元管理している原発行政を見直し、国と県の役割を分担するよう」求めたが、国の反応はまったくなかった。

この事故で、強烈な教訓として残ったのは、

「国策である原子力発電の第一当事者であるべき国は、安全対策に何の主導権もとらない」

という「安全無責任体制」だった。（佐藤 2009: 51-52）

佐藤栄佐久はこの事故を通して初めて、省庁と電力会社、さらに学界やマスコミ等も巻き込んだ中央における内向的・閉鎖的な原子力行政、つまり〈原子力ムラ〉と揶揄される、中央における特異な「共同体」の体質に触れることとなった。（この〈原子力ムラ〉については後に説明をつけ加える。）

もう一つは、地方における「原子力ムラ」のあり様だ。

九一年、双葉町議会が原発増設決議を出す。その背景は前節で検討した、原子力ムラの経済が衰退局面に入ったことが大きくあるわけだが、当時まだ原子力を大きな課題と捉えていなかった佐藤栄佐久は

「双葉町は財政的に恵まれているはずで、なぜ、というのが率直な感想」（佐藤 2009: 53）だった。かつては「ポスト原発」を議論していた原子力ムラが、[*7] 二〇年たってみた結果「ポスト原発は原発だ」という答えを具体的に出すことによって、その原発依存的な地域振興策としての特異性を実感することになった。

しかし、これら「中央」と「原子力ムラ」における異変に気づきつつも、「地方」の中枢である県知事としての具体的な原子力に対する動きはまだなかった。

■信頼のゆらぎと無毒化

しかし、具体的な動きは以下のような不信感の蓄積のなかから生まれてくることになる。時系列に並べて見ていこう。

九三年四月、使用済み核燃料の貯蔵プール設置の要望を受けて承認するが、その際、東京電力は核燃料サイクル計画を進めて放射性廃棄物を「二〇一〇年に持ち出す」という条件を出す。しかし、九四年四月には「二〇一〇年に考える」とその約束を反故にする。

佐藤栄佐久の認識はそれまでの「国の言うことに従っておけば、間違うことはない」というものから「原子力政策は、もう国や電力会社だけに任せておけない」（佐藤 2009: 63）というものへと代わっていく。

九四年七月、東京電力から福島県に対して、地域振興策の申し出があった。それは、明治以来、中央への電力供給元となってきた福島県への恩返しであるという前提の下

（1）浜通りへのサッカーナショナルトレーニングセンター「Jヴィレッジ」の建設
（2）中通りへのサッカースタジアム建設への協力
（3）会津地方への美術館建設など、何らかの協力
という内容だった。だが、同年八月、話が覆る。具体性がある（1）のみが東京電力社長から記者発表され（2）（3）が消えた。（2）（3）はその後一切具体的な話はなくなった（佐藤 2009: 57）。

さらに、九五年一二月、核燃料サイクル計画の肝となっている高速増殖炉「もんじゅ」が事故を起こし長期停止（二〇一〇年に再開）するとともに、トラブル隠しが行なわれる。これに対しては、九六年一月に福島・新潟・福井という原発立地県で、原子力政策についての合意形成への国民・地域の参加機会の実現と原子力長期計画の柔軟化の提言である「三県申し入れ」を行った。

また、同年、原発が建つ地盤である双葉断層調査の予算を依頼するが、国は原発は岩の上に建設しているとして認めない。（後に、九七年の補正予算に入ることになる。）

しかし、このようななかで、国は方針の転換を示す。九六年五月「円卓会議」を設置して政策決定システムの変更や内閣の関与など、原子力政策を中央省庁と電力会社だけではなく、国がコントロールする方針を示した。佐藤栄佐久は「政府の取り組みは、昔と一八〇度変わったような気がする」とこれを評価した（佐藤 2009: 60）。

そして、九七年二月、高速増殖炉「もんじゅ」にかわるプルトニウム処理の方法として「プルサーマル」が提示され、福島県での実施の依頼がなされる。

それを佐藤栄佐久は受け入れる。日本で初めてのプルサーマル計画の了承だった。この時の佐藤栄佐

久には、まだ「国の言うことに従っておけば、間違うことはない」という前提から抜け出せずにいたのかもしれない。プルサーマル受入れにあたり（1）MOX燃料の品質管理（2）作業員の被曝低減（3）使用済みMOX燃料対策の長期展望の明確化（4）核燃料サイクルの国民理解という四つの条件を提示したことは、まだ中央が誠実に対応するように変化するものだという信頼を持っていたゆえだと言える。国の方針転換を前に、それまで募っていた不信感が「無毒化」された。

■断絶

結局、佐藤栄佐久が原子力政策において、反中央の立場を初めて鮮明にしたのは〇一年二月八日に福島県が一切の中央への協力を保留する旨を「原発もプルサーマルもすべて凍結。全部見直し」（佐藤 2009: 70）として提示した時だった。

もちろん、そうなった理由はそこまでの経緯を通して十分に理解できる。九九年九月一四日、関西電力高浜原発で使う予定のMOX燃料にデータ捏造が発覚。そして、同月三〇日、JCO事故が起こる。これまでも国内で原子力関係で死傷者が出る事故は他にもあったが、臨界による被曝で死者が出たということは、間違いなく普段原子力に全く興味がない人も含めて関心を呼んだ、最も社会へのインパクトを残した事故だったと言える。さらに、同年一二月には、内部告発によって、再び高浜原発のMOX燃料に関するデータの捏造が明らかになる。これをうけ二〇〇〇年初には東京電力が自ら「プルサーマル実施延期」を申し入れることとなる。佐藤栄佐久はこの状況を、「これまで長い時間をかけて国や電力会社と議論して積み重ねてきた信頼の細い糸が、まさに切れる瞬間だった。」（佐藤 2009: 67）と振り返る。

ここまでの流れ、あるいは現在の佐藤栄佐久の言説のみを見る限りでは、あたかも、佐藤栄佐久のなかには元から原発への猜疑心があり、それが顕在化しただけだと見えるかもしれない。しかし、そうではない。やはり、かつての佐藤栄佐久は「保守本流」として県政を引き継ぎ、原発は信じるに足りる存在であり、one of them としてその問題が視界の中心にはなかった。先ほども取り上げた原発立地後の三知事の発言について、共産党の福島県議として度々原子力を議題に取り上げた伊東がまとめた資料によると以下のようにある。

福島県当局の「安全神話」には、たいへん根深いものがあります。福島原発第一号炉の建設に着工したばかりの一九六八年二月の定例県議会で、当時の木村知事は「原子力発電所の建設は、公害基準や安全基準によって厳重な監督のもので建てられているもので、アメリカ、イギリス等においては、市街地に建設されており、何の公害もないというのが実態で、心配はないものと考えている」と発言しています。

木村知事の次の松平知事は、一九七七年六月定例県議会で、次のように答弁しています。

「原子力発電所の安全性については、これまで原子力発電所の商業炉の運転によって周辺住民が放射能の汚染を受けたという事例は、諸外国を含めてまったく見られないのでありまして、これは原子炉の安全審査においても、学識経験豊かな専門家で構成される原子力委員会の原子炉安全審査会できびしく検討されるとともに、設置後においてもきびしい検査が実施されるという、安全には幾重もの配慮がなされておりますことからも、原子力発電所の安全性は十分に確保されておると考えております」

この発言の一年後に、アメリカのスリーマイル島原発の大事故が発生しています。

松平知事の後をついだのが現在の佐藤知事です。

「ウランの濃縮および燃料の形成加工等の技術においては、わが国においてすでに十分な運転実績を有しており、また、使用済み燃料の再処理技術についても、これまで各国で広く採用されている技術であり、かつ国内外で十分に実績を有するものであります。したがいまして、核燃料サイクルの技術については、すでに確立されているものと考えております」

これは、一九九三年の二月県議会での私の質問に佐藤知事が答えたものです。この核燃料サイクルの技術「確立」については、知事とのあいだで今日まで論争がつづいています。（伊東 2002: 71-72）

ここで言えるのは、当初の佐藤栄佐久にとって、少なくとも原子力に関する「保守本流」の態度とは、（1）中央が進めていること（2）地方でこれまで続いてきたことを前提とするものであったということだ。

しかし、ここで変化が起こる。それは（1）「中央が進めていること」という前提から（1′）「地方が進めるべきこと」という前提への転換だった。

佐藤栄佐久はこれを科学史・科学論研究者の米本昌平の「構造化されたパターナリズム」という概念をもちいて言い表す。これは「霞が関でやることは間違いないという考え方」（佐藤 2004: 21）をさす。

それぞれの縦割りの中で、団体は守るけれども国民を守るということを忘れてしまったわけではないのでしょうが、この戦後五〇年の縦割り行政の中で「構造化されたパターナリズム」に陥ってしまったので、我々地方も悪かったのです。国民も市町村も都道府県も中央にまかせておけばいいという体質で、きてしまったということです。しかし今、これを変えなければならない時代に入ってきている。（佐藤 2004: 23）

もちろんこういった理想（＝善悪のレベル）の裏には、政治家としての現実（＝損得のレベル）も控えていることを顧慮すべきなのは言うまでもない。しかし、その検討を待つまでもなく、少なくともこれまで連続してきた、「地方」（＝佐藤栄佐久）と「中央」の関係性の断絶がこの時点で明確に現れたことは確かだと言える。佐藤栄佐久や担当の県職員がプルサーマル・エネルギー政策について詳細に勉強を始めたのは九八年から九九年にかけてだった。それによって国や事業者の思惑も明確になり、優秀な職員も育ってきた（佐藤 2004: 72）。そのことがこの転換の背景にあったのだった。

4・3 「中央」との対峙

二〇〇〇年一月に東京電力が自ら申し出た「プルサーマル延期」は、〇一年一月またしても東京電力の判断で覆される。

〇一年初め佐藤栄佐久のもとを「新年の挨拶」に東京電力社長が訪れるという連絡があった。ところが、ＮＨＫの記者から、「どうも東京電力はプルサーマル計画実施を発表するらしい」という情報が入る。「事前に相談した、断りは入れた」という既成事実を作るための表敬訪問と捉えた佐藤栄佐久はこれを拒否すると、〇一年一月八日、東京電力による国内初のプルサーマル実施が一方的に発表されることとなる。

二月六日、佐藤栄佐久は事前了解の際に出した四条件が守られていないことを理由にこれを拒否。しかし、それに対する東京電力の返答は「全ての新規電源開発凍結」の発表だった。

これは、原子力ではなく、火力発電がとまるという点で地方にとって大きな脅威となるものだった。火力発電はすでに立地地域・予定地域に大きな経済効果を及ぼし、福島県の地域振興の手段として不可欠なものとなっていた。それが一方的に凍結されるということは、火発建設を前提に動いていた立地地域とその周辺にとって極めて大きな打撃を与えることに他ならない。佐藤栄佐久は「これは東京電力の脅しだ」として、〇一年二月八日「原発もプルサーマルもすべて凍結。全部見直し」と表明するに至る（佐藤 2004: 69-70）。その後、佐藤栄佐久が知事の座を退くまで、プルサーマルは凍結されることとなった。

ここで重要な点がもう一つある。それは、この「中央」と「地方」の断絶の結果が福島県にとって、単なる東京電力との軋轢ではなく、中央官庁・政府、さらに中央メディア・財界も含めた「中央」との対立の構図として明らかになったということだ

まずはじめに、中央官庁・政府が電力会社と一体となり「ブルドーザーのように」政策を推進しようと圧力をかけてきた。これを佐藤栄佐久は「国こそがムジナだった」と言い表す。

〇一年五月、県は『エネルギー政策検討会』を開催し、これまでのような中央任せからの脱却のために、県として識者を招きながら長期的なエネルギー政策の検討期間の設置を決め実行していく。また、

〇二年三月核燃料税という原発に対してかかる税の税率を県の条例を持って引き上げることを検討する。そのようななかで、エネルギー庁長官は、プルサーマルを「力づくでも進めていく」と、東電常務は副知事に対して「いかなる手段を使っても核燃料税はつぶす」と、官民同じ姿勢で発言するようになる。そして、〇二年八月、データ改ざんが判明する。これが、すでに度々起こってきたデータ改ざんと違ったのは、国と原子力安全保安庁が内部告発を受けながら、それを二年間放置してきた点にあった。原子力安全・保安院は内部告発の調査を東京電力に丸投げした上、告発者本人から事情聴取しないままに告発者の氏名を東京電力に通知した。

「国・経済産業省はこの二年間何をやってきたのか。トラブルを二年間伏せておいて、経産省は『安全文化の向上』と言っていた。茶番をやっているのか。一番安全に関係する福島県民のことをどう考えているのか」（佐藤 2004: 85）

経済産業省のなかに原子力を推進する資源エネルギー庁と本来ならそれを監査するはずの原子力安全・保安院が共に存在し、さらに普段は正常に機能していても、こと原子力の推進に係わる事態になると東京電力とも通じている状況がある。表面的には東京電力の起こした不祥事や地方軽視についての対立だったが、その奥には、強固な推進の主体として電力会社や地方をコントロールする中央がいることが明らかになった。それは、データ改ざん発覚直後「足もとをすくわれる思いだ」という原子力安全委員会のコメントにもあらわれる。先に見た、「中央とムラとの切り離し」と同様に、「中央と地方との切り離し」もまた明確にあったのだった。

次に、中央メディア・財界の「加担」も意識されるようになる。二〇〇三年四月一四日、それまでのトラブルの結果東京電力が持つ原発が全基停止する事態となる。しかし、それにたいして、四月二〇日の読売新聞では「中央と県の決断の押しつけあい」と、六月五日の日経新聞では「知事は合理的判断を」という旨で、夏に首都圏が電力不足でともすれば大停電になることを避けるべきだという社説が掲載される。当然この社説は、首都圏の産業や住民の生活を守るという「正当」な立場に立ったものである。それは中央財界の代弁でもある。しかし、その正当性は中央にとっての正当性に他ならない。そこにはいわゆるNIMBY問題のジレンマが存在する。

NIMBYとは"Not In My Back Yard"「必要性は認める。でもわが家の裏庭につくられるのはごめんだ。」(清水 1999: 6)という態度であり、この中央メディアの主張は、地方のNIMBYを批判したものだと言える。そこには、経済的メリットもあったんだろうから「地域エゴ」だという含意もあっただろう。しかし、ここには隠れた前提が存在する。それは「『大都市のニンビイ』から目を背けているということ」(清水 1999: 122)だ。その経済的な不合理性や倫理的な問題について、ここで詳しく検討することはしないが、ここには、NIMBYをとりまく「中央」と「地方」の関係に空間的な非対称性がある。

佐藤栄佐久は中央と地方の対立の様相が深まるなかで、雑誌、学会誌、新聞などにこの事態を生んだ中央への批判を主張するようになる。

まず電力の大消費地で省エネルギー政策を展開してもらいたい。エネルギーの大切さを理解でき

ないと、原子力の重要性も理解できない（福島民報 1997）

七月に入り、そろそろ梅雨が明けて電力の需要期に入る首都圏でも、福島の原発がいつ稼動を再開するかが、ようやく大きな関心を呼ぶことになったようだ。原発立地県から首都を見ると、「自分にかかわり合いが出てきて、初めて関心を持つ人たち」としか見えない。（佐藤 2009: 97）

■「挾撃」と風林火山

このような対峙のなかで起こったのは、「挾撃」とも呼べるできごとだった。例えば、佐藤栄佐久は〇二年三月の核燃料税の引上げ検討を、以下のように振り返る。

東京電力の説得を受けた県議会議員からも、大攻勢をかけられた。「これは脅迫じゃないか」という声が部内から出るほどで、浜通りの首長たちも、東電側に懐柔されていたようだった。（佐藤 2009: 79）

〇二年一月の時点での原子力ムラからの声は、県の対応への苛立ちに他ならなかった。

「地元は国の政策を尊重して増設、プルサーマルを進めようとしている。なぜ、県はストップさせるのか」。昨年一一月末、富岡町で開かれた双葉地方エネルギー政策推進協議会で、楢葉町の草野孝町長は厳しい口調で言い放った。

郡内八町村の町村長と議会の代表が集まった会合に招かれていた、県のエネルギー政策検討会の幹事長を務める根本佳夫企画調整部次長は「（県の）考え方は皆さんと変わりない」と答えるにとどまった。

町村長らはプルサーマルと増設のいずれにも推進の立場。ただ、発電所が実際に立地する双葉町、大熊町と発電所のない葛尾村、川内村では、推進の意識に温度差があったのは確か。しかし、県の検討会のなかで、講師がプルサーマルの凍結や核燃料サイクルの不備を指摘するたびに、温度差は結束へと変わり、昨年九月に協議会を発足させた。今後も東電や資源エネルギー庁幹部と意見交換する予定だ。

会長の岩本町長は「最終的には知事にも出席してもらいたい。知事は遠くから見て、（プルサーマルを）駄目と言っているが、地元に来てよく見てもらいたい」と話す。（福島民報 2002b）

富岡町では、光伝送部品会社がＩＴ不況のあおりを受け、今春の操業を延期した。当初、五百人規模の雇用が見込まれ、期待が大きかっただけに、地域に衝撃が走った。出口の見えない景気低迷の中、原発増設の波及効果を当てにする経済人の声は日増しに大きくなっている。

［平成］九年に発足し、約二百七十人の会員がいる柏葉会はこれまで、福島第一原発七、八号機の増設計画促進を国や県選出国会議員、県などにたびたび陳情してきた。（福島民報 2002c）

佐藤栄佐久の方針転換に、電力や土木などで原子力と利害関係のある議員からは反発の声が起こり、ある会合では佐藤栄佐久に近い議員が「知事を後ろからうつようなことはするな」と窘めたこともあったという。

栄佐久は、国、東電に不信感を持ち、一端受け入れたプルサーマル計画を凍結した。更に、追い打ちをかけるように、東電に「核燃料税の倍増」を迫った。このとき、東電の根回しのうまさからか、栄佐久は地元はもちろん、国、財界を敵に回して四面楚歌の中におかれたといわれる。（高橋 2008: 28）

しかし、同年八月にデータ改ざんが起こると、大熊町・双葉町でもプルサーマル凍結の意思が固まり、県議会内部でも大きな反対の声は上がらなくなってくるようになった。県議会自民党県連も「手のひらを返したように東電幹部に罵声を浴びせていた」（高橋 2008: 88）。

しかし、中央は、プルサーマル継続の方針を覆さない。そもそも、福島がこのような謀反を起こすという前提がなかった。

東電の本店には福島事務所から、その［度重なるトラブルの］都度「赤の点滅信号」として情報が届けられていた。手続きを終えていたためか、「福島は青」と楽観する幹部が多かった。本店と福島事務所の認識は必ずしも一致していなかったようにみえる。（福島民報 2002a）

そのなかで、佐藤栄佐久がプルサーマル凍結以来、県庁内部でとった「風林火山作戦」と呼ぶ方針があった。中央からの圧力には風のごとくすばやく県の立場について声明を出し、その後の揺さぶりにたいしては林のごとく静まる。一方で火のごとく県条例をもって核燃料税増税をしかけにいく。そしてこれまで「説明した」という既成事実だけを作って強引に進めるための手段となっていた電力会社や中央官庁による訪問等は必要以上のものは受け付けず、山のごとく何事にも動じず方針をぶらさない。そのなかで自らの論理を醸成し、強固な原子力に関する状況を覆していこうとした。

自民党のエネルギー関係部会の合同ヒアリングでは、原子力関係議員から佐藤栄佐久が「孤高の議論」を進めていると指摘されるが、それが地元の状況を把握していないゆえの見解に過ぎないとして一蹴する。

これまで明らかにされてこなかった、中央‐地方間にある潜在的な支配‐服従関係、中央の論理と地方の論理のズレの拡大。そのなかでの福島県のもがきは、例えば、以下の記事に象徴的にあらわれている。

二月九日、東京・有明の東京ビッグサイトで開かれた「エネルギー・にっぽん国民会議ｉｎ東京」。平沼赳夫経済産業相は、原子力施設が立地する青森・木村守男、新潟・平山征夫の両知事、そして電力消費地の東京・石原慎太郎知事とともにステージに上がった。

「原子力に関して一般の人に理解してもらうための努力が足りなかった」。平沼大臣は、国民への説明責任を十分に果たしてこなかったことへの反省を口にした。一方で、プルサーマルなど核燃料サイクル政策に変更がないことも強調した。

会議終了後、記者団が大臣を囲んだ。「福島県の知事が出席していませんでしたが…」。全国有数の原発立地県である本県の佐藤知事の姿が壇上になかったことへの質問だった。

国は出席を打診したが、佐藤知事は県エネルギー政策検討会が継続中であることを理由に断っていた。

「(こうした会議は)これから何回も開く。来ていただきたい」。平沼大臣は佐藤知事との対話を今後も模索する考えを示した。

だが、大臣の言葉とは裏腹に、東京・霞が関の資源エネルギー庁では佐藤知事の姿勢にいら立ちの声が出始めている。「説明する機会を与えてもらえるなら、どこへでも行く。問題点を感じているならば(佐藤知事が)オープンな場に出てきて、きっちり言ってほしい」。国との接触を拒む県への不満が担当者から漏れる。

別の担当者も「例えば、福島県が不信を募らせたという、国の原子力長期計画について、佐藤知事は『地元に説明に来ていない』と言っている。しかし(福島県の)事務方には接触している。原子力委員会事務局の中では福島県の態度に怒りさえ生じている」とあからさまに批判する。

本県が進める独自の政策見直しを霞が関から見ると、対話を遮断した〝独り善がり〟とさえ映る。「原子力を受け入れている地方はマイナス面もあるが、プラス面も享受している。『ノー』と言うなら、きちんとした理論、理屈で『ノー』と言うべきであり、説明する義務を怠ってはいけないのではないか」。原子力政策円卓会議でまとめ役を務めた経験がある茅陽一総合資源エネルギー調査会長は指摘する。

県はその理論をエネルギー政策検討会でまさにつくろうとしている。県が国に説明責任を求めるように、県も国や立地町に説明責任を果たす時期が近づいている。（福島民報 2002d）

ここに、佐藤栄佐久の「保守本流」が、原子力についての中央との対峙を通じて、中央にとっての「保守本流」から地方にとっての「保守本流」へという変化を完成させたと見ることができるかもしれない。

二〇〇〇年五月に佐藤栄佐久は「イコールパートナー」という言葉を用いながら以下のように述べている。


私は就任したときから、イコールパートナーという言葉を使っておりました。「国と県と市町村と住民というのは、イコールパートナーである」このイコールパートナーというのは、けっして主従の関係ではない、対等な協力者という意味であります。しかし現実には、国が一番上にいて、県がいて、市町村がいて、住民がいるというタテの関係だと考えられていることが非常に多いのです。ですから、県が国に対して意見を差しはさもうと思ってもなかなか難しい。

……

今年の国会では地方分権推進一括法が成立いたしました。国と県と市町村と住民というのは本来タテの関係ではなくて、憲法でもヨコの関係になっているのですが、「国も、県も、市町村も、住民もヨコの関係だよ」ということがこの地方分権推進一括法というのではっきりしたのです。国と県の関係も契約関係です。県と市町村の関係も契約関係。そして、当然のことながら、住民と市町村も同じ、というように、ヨコの関係だということなのです。地方分権というのは、そういう意味にとらえていただきたいのです。

……

イコールパートナーの考えに立って、対等な協力者として社会を作っていく、これは、行政と住民の関係も含め、あるいは会社と社員の関係もそうですが、二一世紀はより強力にそういう社会の体質になっていきますよということを申し上げておきたいと思います。（佐藤 2004: 81-83）

4・4 突然の幕切れと「二つの原子力ムラ」——なぜ「地方」は逆戻りしたのか

この方針はその後もぶれることはなかった。しかし、佐藤栄佐久県政は突然の幕切れを迎えることになる。それは先に述べたとおり、佐藤栄佐久が二〇〇六年汚職事件に関与したとして逮捕されたからだ。そして、その後を継いだ佐藤雄平県政は、初めこそプルサーマルへの慎重姿勢を示したものの、二〇一〇年にはプルサーマル受入れを表明し稼動することになる。結果的に、佐藤栄佐久が実現しかけた地方にとっての「保守本流」は、佐藤栄佐久が去った後、再度中央にとっての「保守本流」へと、つまり元の原発推進へと逆戻りすることになった。

しかし、なぜこうもすぐに、ドラスティックに進んでいた変化の兆しは消え失せ、強固な保守性の作用が露呈することになったのだろうか。

■理由1：「二つの原子力ムラ」の共鳴とその保守性

その主たる理由は「二つの原子力ムラ」の保守性に求められる。

（冒頭でも述べたが）ここまで、散々原子力発電所や関連施設を抱える地域を論じる上で使ってきた「原子力ムラ」という言葉は、すでに原子力政策の関係者やその研究者によって俗語として使われてきた経緯がある。それは、閉鎖的かつ硬直的な原子力政策・行政やその周辺の体制・共同体を揶揄する語としての「原子力ムラ」だ。本書ではそれを〈原子力ムラ〉と山括弧ではさみ地方の側の「原子力ムラ」と区別することとしている。

ここで、なぜわざわざ、俗語とは言えすでに別な意味を持った概念が存在する「原子力ムラ」という誤解を招きそうな概念をあらためて設定したのか、という点について説明しておく必要があるだろう。それは、一章でもふれたように、原子力というメディアに「近代の先端」を見出すという点において、両者は、「ムラ」と呼ぶことが可能な存在である、つまりその性質にある種の前近代の残余が見出される共同体であるということで共通するからだ。これらは、それぞれ全く違った論理を持ちながらも接合し、垂直的な「支配‐服従」関係に位置付けられること。このことによって、近代化が根本に抱える原理を明らかにしたいということがこの概念設定の利得だ。

ここでいう「二つの原子力ムラ」とは、地方の側に原子力と切り離せない地域の共同体＝原子力ムラがあるのだとすれば、他方の中央の側にも原子力に固執する「共同体」＝〈原子力ムラ〉がある、という構造を指す。

既にここまで見てきたとおり、原子力ムラには、自ら持続的に原子力を求めることで、自らを維持するaddictionalなシステムが成立していると言える。一方で、中央にも、佐藤栄佐久県政の変革の流れのなかで明らかにしてきたとおり、官・産・政・学・メディアといった中央のアクターが原子力政策の維持を強固に進める体制がある。

なぜ、佐藤栄佐久の変革の振り子が、こうも簡単に元どおりに戻ってしまったのか。端的に言えば、この「二つの原子力ムラ」の保守性の強固さに求められる。

中央の〈原子力ムラ〉は佐藤栄佐久の存否にかかわらず、頑なに原子力政策の推進を目指したが、地方の側の原子力ムラは佐藤栄佐久県政のなかで一時は県と歩調もあわせたのも事実だ。しかし、やはりその原子力への依存は深いものだった。

〇二年八月二九日にデータ改ざんの隠蔽が発覚するが、実はその日、楢葉町役場の草野町長は、プルサーマル実施を進めてもらいたいという旨、県と話し合っていた。

隠蔽が発覚した八月二九日、川手副知事は、双葉郡楢葉町役場で草野孝町長と面談していた。楢葉町と富岡町にまたがって立地する福島第一原発でのプルサーマル実施の件だった。プルサーマルについて県が否定的だったので、草野町長は打開策を探りたかったのだ。（佐藤 2009: 87）

当然、これはデータ改ざんを受けてすぐに方針転換されることになる。しかし、原子力ムラには、国とも地方とも違った、原子力を求める姿勢が存在していた。例えばその複雑な心境は、以下の双葉町町長の〇三年時点での発言にあらわれる。

差し当たっては、福島原発の中では第一発電所の六号機の問題ですね。ご存じのように六月一日に国から経済産業省・資源エネルギー庁・安全保安院委員長の佐々木宣彦さんが来られまして、安全宣言をされたわけです。

それを受けて私どもは、「運転再開の容認」という方向で意見がまとまっているわけです。六月九日には、私も意見を述べさせていただきましたが、県議会で、運転再開了解となったわけです。民意を反映するといいますが、県民の代表機関は県議会であり、市町村の代表機関は市町村議会ということになるわけです。本県の知事は、それだけでは納得できない感じで、県民各層の意見を聞きたいとしています。県民から直接意見を聞いた上で決断をしたいとして、七月三日に、「県民の意見を聞く会」を開き、その会に私もそのうちの一人として参加することになるのですが、私としては、本当は遅くても六月の二五日か二六日までには運転再開を文字通り行いたいという気持ちが強かったのです。しかし、この分だと、七月の三日に意見を聞く会を開催しますので、運転再開はそれ以降にずれ込んでしまうわけです。なぜそういうふうになっていくのかなと、残念なのです。しかし、まあ知事がそういう日程を組んでおられるので、私たちはそれ以上のことを申し上げることはできないのです。

私はもっと積極的にその首都圏の電力不足・エネルギー不足について、素直に見てとる必要があると思います。例えば、東京の三〇階建てのビルが、電力不足で一五階までしか灯りが点らない、残り一五階は全部真っ暗だというようなことを私たちはじっとして見ておれる心境ではありません。自分たちの兄弟や親戚や知り合いが、双葉町や福島県からも大分、東京に働きに行っているわけですから、そういう人たちだって「何とかしてくれないのか」という思いは多分にあるはずです。そういう期待に応える必要があります。

これまで私たちは電力の供給基地として、原発の所在町として、首都圏に原子力エネルギー、電力を送ることを、むしろ誇りにしてきたのです。この誇りは変わることが無いわけです。これからも電力供給を今までと同様に、何ら不自由させること無く送り続け、首都圏、ひいてはわが国のお役に立ちたいという気持ちを持っているわけです。その点からも今回は非常に残念なわけです。

（社団法人原子燃料政策研究会編集部 2003: 4）


国がトラブルを起こしたこと、そして、それに対して県が運転を止めていること。両方のなかで「誇り」としての原子力が宙吊りになっていることを「残念」と受けとめる原子力ムラの姿がある。原子力に県が翻弄され、さらにそれ以上に原子力ムラが翻弄されているという状況だと言えよう。

しかし、いくら翻弄されようとも、原子力ムラは、自ら持続的に「首都圏に原子力エネルギー、電力を送る」ことを望む。ここに、原子力政策の推進を指向する中央の〈原子力ムラ〉と原子力を自らの維持・再生産のために必要とする地方の側の「原子力ムラ」、という「二つの原子力ムラ」の間での共鳴、つまり、二つの全く異なった論理で動くものが奇しくも互いに依存しあい全体の成立に寄与するカップリング状態状況が生まれる。

そしてこの「二つの原子力ムラ」のカップリングは極めて強固に保守性を持ちながら佐藤栄佐久県政が倒れた後に立ち上がってきたのだ。

■理由2：中央‐原子力ムラ間のメディエーター（媒介者）としての地方の柔軟性

もう一つの理由はメディエーター（媒介者）としての「地方」の柔軟性に求めることができる。ここでは、地方を中央と原子力ムラの間に存在するメディエーターとして捉えることを試みる。

「中央」と「原子力ムラ」はそれぞれ違った論理や指向を持ちながら動くが、その間にはメディエーターとしての「地方」の存在があった。先に検討したとおり、木村県政、松平県政においては、メディエーターとしての「地方」が常に中央のコラボレーター（協力者）としての役割を果たしてきたし、佐藤栄佐久自身も初めはコラボレーターであった。しかし、佐藤栄佐久がコラボレーターとしての役割を果たさなくなると、「地方」はむしろ「二つの原子力ムラ」にとっては間に入ってノイズメーカーの役割をもつメディエーターとなっていたと言うことが言えるだろう。コラボレーターからノイズメーカーへの変化だ。

では、この中央‐原子力ムラの間に入るメディエーターとしての「地方」は、いかなる性質をもったメディエーターだったのか。

端的に言えば、その特徴は、よくも悪くも「柔軟性」にあると言える。

佐藤栄佐久は、「県庁職員は、知事が方針を示せば、その方向で調整をしてくれる非常に優秀な存在だった」と語る。佐藤栄佐久県政では、それまで中央官庁からの出向者で占められていたポストを県庁生え抜きの職員に換え、一時期は部長級に中央からの出向者が居ない、県レベルの自治体としては珍しい状況を作った。また、地元選出国会議員などからの通産省・経産省官僚の出向の打診をうけても断ってきた。さらに、原子力については原子力技術者を採用し、それまで防災課の一部門に過ぎなかった原子力の担当係をあらたな対策部署として立ち上げ意識向上をはかった。これらの施策はそれぞれ、複雑な意図・背景があったのだろうが、共通して言えるのは、中央に依存せず地域主導で県政を行なっていくためのものだった。

そして、その意図は、少なくとも佐藤栄佐久県政下の県主導の原子力政策については、功を奏し、佐藤栄佐久の改革は成果を出していくことになる。

しかし、佐藤栄佐久が県政から去ると、状況は元の原子力推進体制に戻る。それは、「知事が方針を示せば、その方向で調整をしてくれる非常に優秀な存在だった」がゆえだ。現在の、県庁職員の幹部には、佐藤栄佐久の反原発の方針を支えた者の多くが残っているが、知事の方針の変化に従い、それはそれとして実務を行なっているのだと考えられる。それは中央官庁から出向してきた職員も同じで、例えば、自治省・総務省から出向してきた職員も、矢祭町の「合併しない宣言」の許容（根本 2003）に象徴される、佐藤栄佐久による自治省・総務省の方針とは対立しそうな政策についても県の立場から仕事をしていたという。そのように「地方」はその特徴として「柔軟性」を持つがゆえに、スムーズな逆戻り

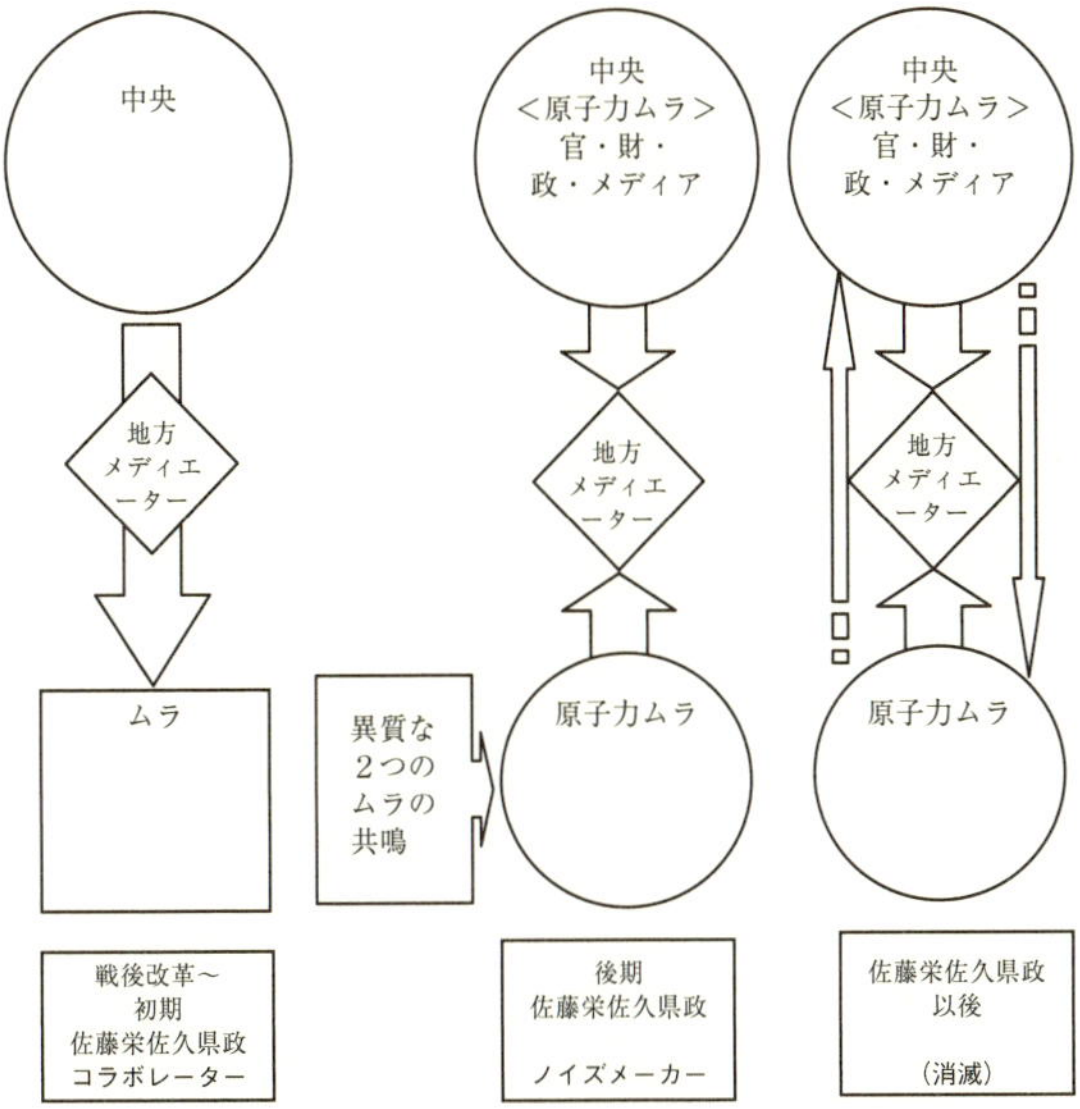

図7　メディエーター「地方」の転換

が可能だったと言える。

　ただ、この「逆戻り」が、はたして、佐藤栄佐久県政以前の状態にそのまま戻ったのかというと疑問が残る。それは、佐藤雄平県政が、これまでの経緯を踏まえているゆえに、積極的に中央の動きに協力（コラボレート）しているというよりは、むしろ積極的な推進も反対もしてない状況にある。逆にいうと、ここまで述べてきたとおり、「二つの原子力ムラ」という強固な原子力推進の構造がすでに確立されているなかでは、メディエーターとしての地方の役割は、佐藤栄佐久県政のようにそこにあえて変化を求めない限り、消滅しても問題ない状況にあると言えよう。

　そう考えると、メディアとしての「地方」はコラボレーター→ノイズメーカー→（消滅）という転換をしてきたと捉えることができる。

4・5　なぜ、佐藤栄佐久県政において原子力はゆらいだのか——電力自由化と五五年体制の崩壊

最後に、原子力ムラの現在を考える際に、中央の動きで指摘しておくべきことがある。それは、なぜ佐藤栄佐久県政においてそれまでの原子力に関する中央‐地方‐原子力ムラ関係がゆらいだのか、という問いだ。その理由の一つを、佐藤栄佐久は九〇年代に日本でも起こった「電力自由化」に見出している。

電力自由化はヨーロッパで始まったものだが、それを追ったアメリカでは、エンロン事件に象徴的なように、電力市場がマネーゲームの対象となり、大停電と巨大経済醜聞へとつながっていく。日本にも、九五年の電気事業法の改正を皮切りに電力自由化の波が訪れることとなった。しかし、それが即座に形になったとは言いがたい。むしろ、「エネルギーセキュリティの確保」のために自由化の動きが後退しているという指摘（橘川 2007）、さらに、その背景には、電力自由化を進めるか否か、また、核燃料サイクルを進めるべきか否かという対立が通産省・経産省や東京電力の内部で起こっているという指摘（佐藤 2009: 115; 週刊朝日 2004; 恩田 2007: 127-151）がある。

そういった内部での対立がどれほどのものだったのかは定かではない。しかし、地域振興策や核燃料サイクルの方針が二転三転し、それまで閉ざされていた情報も漏れ出てきた背景に電力自由化とその上での核燃料サイクルの再検討の動きがあったことは確かだ。この中央のブレが、結果として佐藤栄佐久県政における不信感を生み出し、大きなゆらぎへとつながったと言える。

また、五五年体制の崩壊、小泉政権が、この佐藤栄佐久の改革の時期に重なったことも重要だ。自民党のエネルギー族・原子力族は、電気事業連合会、経団連、各エリアの電力会社の影響にあった。

しかし、九〇年代半ば以降、五五年体制の崩壊が進む中で、これらの影響力が必ずしもかつてのように盤石なものとして機能してこなくなり、それは省庁再編や小泉政権の政策に象徴される新自由主義的な政策の促進が相まってこれまで五〇年代から引き継がれてきた〈原子力ムラ〉に構造変容をもたらすこととなる。それが具体化したのが前記のブレだと言えよう。さらに、民主党というアクターも見逃せない。民主党は二〇〇〇年代後半には労組との強力も確立し一方で「政治主導」のフレーズのもと自民党以上にこれまではなかった極端な原発推進にむけた官僚の動きをとりいれながら原子力を強力に推すことになる（飯田 2010: 144）。しかし、二〇〇〇年代前半の段階では、原子力への態度を決めかねていた。これもまた、それまでのような中央による頑なな原子力推進を一時的に困難にしていた理由としてあげることができるだろう。

いずれにせよ、電力自由化、五五年体制の崩壊という中央での変化に対する対応が、佐藤栄佐久県政がなし、それまでの県政がなさなかった特異な社会現象を生み出した背景にあったと言える。

その社会現象とは、佐藤栄佐久による「二つの原子力ムラ」という強固なシステムへの抵抗の試みのなかにあった。それは、「保守本流」を自任する佐藤栄佐久が、しばしばエーリッヒ・フロムの『自由からの逃走』を引きながら自らの政治的スタンスを語ることに象徴されるように、[*8] 自ら非民主的な支配への服従の体系に飛び込んでいく状況への抵抗であったと言える。

本章では、原子力ムラの現在を「原子力ムラ」に内在的な視座から検討しなおした上で、「地方」・「中央」へと論点を広げていきながら、そのあり様を検討してきた。原子力ムラを中心にまとめれば以下のようになるだろう。

今日の原子力ムラには、一見外部から見たら特異に見える状況、つまり、自ら持続的に原子力を求めていくaddictionalなシステムが存在する。それは中央の〈原子力ムラ〉と共鳴しながら原子力の推進を強固に進めていくものだ。

九〇年代後半以降の佐藤栄佐久県政は「保守本流」であるがゆえに中央の原子力政策に抵抗を示すようになる。中央との対峙のなかでその中央‐原子力ムラの共鳴の構造の間のメディアとしてノイズを与え、それはこれまでの原子力推進構造に大きなゆらぎをあたえるが、結果として佐藤栄佐久県政の消滅と共にノイズメーカーとしての役割を持っていた地方の役割は消滅することになった。

次章からは、本章で見た「結果」（現在の状況）が、いかなる過程を経て形成されてきたのか振り返る。そのことによって、日本の戦後成長に不可欠なものとして存在した「地方の自動的かつ自発的な服従」の原理が明らかになっていくだろう。

第三章　原子力ムラの前史——戦時～一九五〇年代半ば

1　戦時体制下のムラ

二章では原子力ムラの現在、具体的にはフィールドワークによって得られた二〇〇〇年代後半における「原子力ムラ」の声や風景、その背景にある政治・経済状況、さらに、九〇年代後半から二〇〇〇年代半ばにかけて佐藤栄佐久県政によってなされた「中央」への「地方」の対峙を見てきた。

本章（三章）と次章（四章）においては、原子力ムラの現在の状況がいかに成立しえたのか、原子力ムラの歴史を見ていくことになる。これは、大きな流れとして、本書の対象としている福島県の原発立地地域が「ムラ（農村・漁村）」から「原子力ムラ」へと変化していく過程として描くことができる。この過程が、中央‐地方‐原子力ムラあるいは政治・経済・文化といった位相においていかなる連続と断絶を抱えてきたのかを明らかにすることで、今日の原子力ムラが体現する自動的かつ自発的な服従の姿がより際立つこととなるだろう。

本章では原子力ムラの前史として、現在の原子力ムラにあたるムラとその周辺の状況を捉えながら、そこがいかに原子力ムラを成立させる条件を用意していったのかということを検討していく。「原子力ムラ」の成立を前に「ムラ」や「地方」がいかなる状況にあったのかを整理し、そこにあった独自の社会的文脈や「統治のシステムの高度化」とも言えるような変化が浮き彫りになっていくだろう。

まずは、本節において、まだ原子力ムラとなる以前のムラがいかなるあり様を見せていたのか、周辺のムラも見据えながら検討していくことにする。

1・1 戦時下における貧しいムラの動員と変貌

かつて原子力ムラは貧しかった。現在の原子力ムラが存在する福島県双葉郡は、会津地方の豪雪地帯と並び県内でも貧しい地域だった。それは、ここらへんは「東北のチベット」「福島のチベット」と呼ばれていた、という、いつ頃から使われだしたかは不明であるが、多くの資料に共通して見出される自己表象に象徴される。戦前のムラは、富めるムラと貧しいムラの格差が大きく、固定化されて行く状況にあった。現在の原子力ムラは、その格差のなかで下層にいたと言える。

例えば、明治期、日露戦争で戦勝国となるものの賠償金を得られず、むしろ戦費のために外国債を抱えていたところに、一九〇二年、一九〇五年の二度にわたって東北地方を凶作が襲った。国からの補助はなく、村が何か対策のために事業を起こそうにも、元から貧しいムラは、村税を増税するしかなかった。それは「貧しいムラの住民は税が高く、富んだムラは税が安い」という状況に直結するだけであり、ますます貧しさは極まっていった。

だから村によって富んだ村と貧しい村では差別が拡大、ますます貧しい村では一戸あたりの割当てが高く、富める村は少ない金銭の割当てですんだ。しかし双葉郡内の村々は、どの村でも貧村であった。（双葉町史編さん委員会 1995: 625）

ムラでは、当時の有力者であっても税金滞納者が出て、村会議員が解職されたり、選挙権を持つものがそれを剥奪された例もあった。

また、大正から昭和にかけて同じく現在の双葉町にあたる地域では、当時建設中だった双葉中学校の工事に必要な費用が、資金繰り悪化のために支払えない状況に陥った。「関東大震災は国の金融システムに打撃を与えただけでなく、双葉中学校という地方の一学校建築の財源問題」（双葉町史編さん委員会 1995: 705）にすら影響をあたえたが、それは他のムラと比べても相対的に貧困だったこのムラにおいては、より切実な問題だったと言える。

そのようななかで、中央が進める地方への統制の影響は、税や金融といった経済的要因を通してムラに浸透するのみならず、戦時下においては政治的・思想的にもムラへの統制を始めることとなる。例えば、三八年、現在の大熊町に当たる大野村の村会では前年比納税額の向上について「其ノ成績前年ニ比シ各税共良好ヲ見タルハ時局柄銃後ノ義務勧（ママ）念ノ向上ト納税組合ノ力ニ依ルモノト認ム。此ノ機ニ益々「納税ハ銃後ノ務メ」ヲモットートシ是ガ成績向上ノ為尚一層ノ努力ノ要アルヲ認ム。（大熊町史編纂委員会 1985: 281）」と、銃後としてのムラの意識を自ら持ちながら国民精神総動員運動へと身を投じつつある姿がうかがえる。とは言え、四一年の太平洋戦争勃発については村会議事録にはそれに関する記録はなく、これは「皇国農村体制に組み込まれていたとはいえ、福島県の浜通りにはまだそうした事態は現実化していなかった」（大熊町史編纂委員会 1985: 295）、つまり、本土攻撃、ましてや生産性の低い一農村に対する戦争被害の現実化には実感がなかったというのがもう一方の事実だろう。ここにおいても「村税ニ於テ二分ノ滞納」が見られる。その後、戦死者の村葬、出征軍人の歓送の費用としてのみ戦時下にあることが認識されていたムラに対するはじめての空襲は四五年の八月九日・一〇日という、敗戦の直前であった。昼間、二日間に渡り行われた攻撃を前に地域住民全員で山に逃げ込んだ（東京電力福島第一原子力発電所 2008: 82）。首都はじめ、度々空襲の被害にあい、また国内的にも思想統制をめぐる攻防が激しかった都市の住民と比べムラの住民の戦争への認識は異なるものだった。つまり、戦時下のムラは、戦争を直接的な被害よりは思想として実感しつつ、国家へのヒト（兵）とカネ（税）とわずかなモノ（農漁業作物）の供給地として自らを位置づけていったといえるだろう。そこにおける戦いの相手は、仮に心情的には敵国だったとしても、物理的には目の前の貧困にあったことはたしかだ。

戦後、その貧困はなおさら強く意識されることになる。

> 終戦によってもたらされたものは、まず虚脱であった。次には混乱であった。生きるための食糧確保が日々の最大の目的となった。生活必要物資の絶対的不足から、潜在的にあった物価騰貴は顕在化し爆発した。
> 復員や引揚げによる急激な人口の増加に加え、不幸にも昭和二十年は大凶作で主食の確保は最も苦心するところだった。（双葉町史編さん委員会 1995: 892）

同時期には、瀬戸内海地方の塩田が荒廃し国内の食塩が不足していたが、それを補うべく、双葉町の海岸には「昭和二十二年、その数三十一を数える」(1995: 893) 多くの製塩所が作られ、ヤミ米、ヤミ野菜などと共に首都圏に送られた。

大熊町議会議長を務めた渡部悟は当時の状況を以下のように振り返る。

大熊町に限らず、ここ双葉郡一帯は「福島のチベット」などと言われ、これといった産業もほとんどなく、また働く場所もなく、貧しいところでした。それでも、中浜、請戸、郡山、熊川、毛萱等の海岸部では製塩が行われ、この地域に貴重な現金収入をもたらしました。今でも双葉駅の西側には当時の製塩所建物の一部が残っています。(東京電力福島第一原子力発電所 2008: 42)

しかし、貧しい農村・漁村に、ある程度の規模の設備と制御が求められる「工業」としての製塩業が突如できることになったのはなぜなのだろうか。その伏線は、戦時にあった。

三八年、軍部は現在の福島第一原発の土地の一部である、台地三〇〇ヘクタールを強制買収する。それは熊谷飛行隊の分校を開設し、陸軍の練習飛行場とする目的だった。敷地内にあった民家一〇件が移転させられたが、すでに述べたようなムラの戦時体制のなかで住民は素直に従った。「赤トンボが六〇機ほどいたな。兵隊は二百人ぐらいで、学生が多かった」(朝日新聞いわき支局編 1980: 279) 飛行場が具体的な戦争をムラにもたらしたのは、他でもない、先に述べた四五年八月九日・一〇日の空襲であり、それをもって廃墟と化した。そして、敗戦後、数年間放置された荒地は堤康次郎率いる国土計画興業と地元住民へ払い下げされた。堤はここで大規模な塩田を営むようになる。

堤さんは塩田事業を始めたが、大規模な事業だった。塩田事業では、入り江から海水をくみ上げていた。同所で濃縮された海水はパイプラインで双葉町の双葉駅前まで送り、精製していた。塩が貴重な時代で、双葉郡の沿岸部で暮らす住民は塩精製用の特殊な釜を使用し、自分たちで塩を作っていた。私が生まれた長者原地区でも、住民が共同で製塩作業に従事していたことを覚えているが、製塩作業所のご飯は白米でうまかった。（東京電力福島第一原子力発電所 2008: 82-83）

現在、発電所がある敷地で海水を濃縮し、鉄管製のパイプラインで駅まで輸送。三つの釜と五〇mほどの高い煙突を持った精製所で塩に精製後、カマス（ゴザ）の袋に六〇kgずつつめ、貨車の引込み線から鉄道で首都圏に運搬していた（東京電力福島第一原子力発電所 2008: 44）。

家の目の前に海岸がある状況で、その住民が塩をつくるというのは、近代以前から当然の営みとしてやられていたことではあっただろう。しかし、それが国内市場のなかで交換価値を持つ商品として認識されたのは、この中央の資本の進出によるところが大きい。堤の製塩作業所で労働力を売り所得を得たものもいれば、パイプライン建設などその周辺にそれを求めたものも、さらには、自らそれを模倣し独自の製塩事業を始めてみた者もいた（東京電力福島第一原子力発電所 2008: 42）。塩は、統制品として国が専売公社を通じて管理しており、当時は非常に貴重なものだったという。しかし、この塩田も、海水から直接塩が取れるように技術が進んだ結果、数年の後に廃れることとなり（松坂 1980）、ムラは再度荒地を抱えることとなった。現在でもその施設の一部は原子力ムラに残っており、ムラにはじめてもたらされた中央資本の痕跡が確認できる。

いずれにせよ、それまで自らの消費物の供給不足を満たそうと必死に農漁業に勤しんでいた貧しいムラ、すなわち国家、あるいは中央が主導する市場に対して「閉じたムラ」は、「戦時の集約」と「資本の進出」という二つの動員の経験を通して、国家と市場に「開かれたムラ」へと変貌していったのだった。

1・2　中央の余剰の引き受けてとしてのムラ——起死回生のプロジェクトから

ムラは貧しさに苦しんでいた。起伏が激しく、塩を含む土地では一定以上の農業生産は望めなかった。現在の原子力ムラの生活水準はかつて福島県下で最低レベルにあった。

しかし、「貧しさ」はムラが原子力ムラになる道を選んだ理由の一つに過ぎない。例えば、双葉郡がある福島県浜通り地域は山間に行かない限り冬でも関東地方と同程度しか雪が降らない温暖な気候であるゆえ、他の豪雪地帯に比べれば、たとえ経済的な数値上は生活が苦しいように見えても、実際の感覚として必ずしも「より苦しい」とは限らない。常磐線や国道も早くから通っており、「絶対的な貧しさ」を抱えているという捉え方はできない。

もちろん経済的な要素から原子力ムラの成立要因を説明する方法をとることも決して不可能ではないだろうが、すでに触れたとおり、それが経済決定論としてムラのある部分を抜き出し、ある部分を見逃し、結果として月並みな発見、例えば、「原子力ムラは貧しかったから今のような社会構造ができました。やはり、原子力に代わる新しい産業をいかにつくるか考えないとだめですね」というような答えにのみ至るのだとすれば、それはここまで立ててきた本書の方針からは外れることになる。例えば、貧しさが、現在の原子力ムラの文化を作ったと結論づけるなら、二章で見たような現在の原子力ムラの文化がその貧しい経済を作るメカニズムを持っている原子力依存体制の悪循環・再生産の作用はいかに位置づけられるのか。そもそも、経済に原因、それ以外に結果をもとめるという「経済→それ以外」という流れではなく、より相互作用的な動き、あるいは一章でふれたような文化の問題にこそ、原子力ムラの起源が求められる。

では、そういった文化がいかに原子力ムラになる以前のムラを取り囲んでいたのだろうか。ここでいくつかの周辺の状況を描きながらその状況に迫っていく。

■ムラにもたらされた起死回生のプロジェクト――石川町

双葉郡から五〇kmほど内陸に入ったところにある石川町。ここは昔から多様な鉱石の産地として有名で、とりわけここで湧く温泉はラドンを含む放射能泉として多くの人が訪れてきた。

第二次大戦末期の四五年春、この農業や林業で成り立ってきた地に「理研希元素興行扶桑第806工場」と名づけられた工場が作られた。学生・婦人会も含め、住民はその工場近くの山を掘るように命じられ、朝八時から夕方四時まで休みなく作業は続いた。そんななか、五月に東京から陸軍の軍人が視察に来て言う。「集めている石は、マッチ箱一個でニューヨークも一瞬で破壊できる爆弾の材料になる」と。住民は半信半疑ながら国のため と光る黒い石を探して掘り続けた(朝日新聞 2010b)。

この工場は、戦争末期における起死回生の原爆開発プロジェクトの拠点だった。陸軍が理化学研究所の仁科芳雄に委託した原爆開発研究である「二号研究」における、ウラン鉱石の確保と抽出の役割をもつ工場では一〇〇名ほどの作業員が遠心分離機を用いた選鉱作業を、隣に立つ実験室では仁科門下の飯盛らの研究者がアルコールランプを用いて東南アジアや朝鮮半島といった植民地から運び込まれた鉱石から、軍事用レアメタル製品を製造していた（朝日新聞 2010a）。

日本の核兵器にかんする研究の開始は四〇年四月まで遡ることができる。陸軍で調査が開始され、同年一〇月には長岡半太郎の五男で物理学者の嵯峨根良吉の助言の下、原爆製造の可能性があり、それに十分なウラン鉱石を日本が入手することも可能であるという報告書が作成された。本格的な検討がはじめられたのは四二年で、四三年には「日本には原鉱石がない。朝鮮はいさゝか有望であるが、未開発である。日本占領下の地域では、ビルマが最も有望である。」という結論が出され（ダワー 2010: 66）、その頃から、東京の理化学研究所での研究ははじまった。しかし、四五年四月、東京に焼夷弾が降り注ぎ、分離装置等は焼失してしまうと、軍部はウランを含有する鉱石と化合物を求めて帝国の領土を探し回るようになる。その結果、良質の鉱石があるのではないかという期待をうけたのがすでに工場、研究所の稼動が待たれていた石川町だった。

実は既に、四三年ごろからウラン探しは進められており、他にもソウル近くの菊根鉱山、中国、東南アジア方面にも探索チームは派遣されたが、いずれも良質な鉱石がないことが明らかになっていた。なかには、四三年ごろからマレー半島で錫をとったあとの残余物のなかにモナザイトが含まれていることがわかり船で運ぼうとしたが米国の潜水艦に攻撃を受けて頓挫した例、四五年五月にドイツから日本に運ばれてくる酸化ウランをつんだUボート潜水艦がドイツの降伏を知った直後、大西洋上で米軍に投降した例、といった、大戦末期の膨張政策の頓挫と米国による包囲と孤立が進むなかにおける日本のウラン入手の困難性を象徴するようなエピソードもある（ダワー 2010: 69-71）。

このように、一方で戦況が悪化するなか、国の中央が戦争の現場となり、空襲を受けにくい場所である田舎への対内的なニーズが生まれ、他方で、植民地や同盟国の活用という対外的なオプションが喪失されるなかで、石川町はウラン採掘の現場として選ばれたと言える。東京の研究室焼失後、その山形・大阪への移転も模索されていたというが（ダワー 2010: 70）、東京からの距離も考慮されたのかもしれない。

期待に反して、すぐに石川町のウランは「埋蔵量が少なく、低品位であることが判明」（ダワー 2010: 70）することとなる一方、四五年六月、仁科は「爆発に必要なウラン２３５の分離・濃縮が技術的に不可能として開発を断念」（朝日新聞 2010b）する。しかし、採掘をする住民たちに作業の中止は伝えられなかった。石川町史編纂専門員の橋本悦雄は「ウラン以外の軍事用のレアメタルを掘らされていたのだろう」（朝日新聞 2010b）と予想するが、そこにどのような軍部・研究者の思惑が絡み合っていたのかはわからない。

いずれにせよ、作業に参加した記憶を持つ者が「お国のためになるんだと、みんなで力をあわせて必死で掘りました」（朝日新聞 2010b）と言い表す、最後のプロジェクトは、それが原子爆弾の開発であるということなど明確に意識されることもないまま、中央からやってきて終戦までムラを動員していったのだった。

■風船爆弾

石川町は太平洋側から内陸へ、つまり原子力ムラから西側へ五〇㎞ほど行ったところにあったが、海岸沿いに南に五〇㎞行ったところに、大戦末期の同時期にもう一つのプロジェクトがあった。それは現在のいわき市勿来（なこそ）において「フ号作戦」と呼ばれて実行された風船爆弾プロジェクトだ。

風船爆弾とは、一八四九年にイタリア独立戦争で、オーストリアからヴェニスを攻撃した際に使われはじめた気球に爆弾をつけて遠方を攻撃するための兵器であり、大陸間ミサイルなどないなかで、長距離の攻撃に用いられた。日本にとっては、太平洋をまたいで、ジェット気流を利用して米国本土に爆弾を落とす方法として考えられた。時速三〇〇㎞、五〇時間で米国に到達する。しかし、当然ミサイルに比べれば精度は低く具体的な成果にはつながらなかった。やはりこれもまた起死回生を目指す極秘プロジェクトだったと言える。

勿来に風船爆弾基地が作られ始めたのは四四年八月のことだった。すでに実際に気球をとばす「放球実験」は千葉県一宮、神奈川県小田原、鳥取県米子などで行われていたが、主として千葉県一宮が多かった。それは東京に近く交通の便がよかったためだ。そして、実際にアメリカ本土に到達させるために、基地を改めて選びなおすことになり、福島県勿来、茨城県大津、千葉県一宮が候補として選び出された。それは「東京から近いこと」に加え、「東海岸であること」「交通幹線に近く水素の補給に容易なこと」「一地域が他と区別されて、作戦および秘密保持に容易なこと」「なるべく山で囲まれて風の少ないこと」といった条件に近いからだった（桜井誠子 2007: 185）。この三基地から、多い日には一五〇球、最終的には合計九〇〇〇球（桜井 2007: 188）あるいは九三〇〇球（中條 1995: 171）ともいわれる風船爆弾が放たれたという。

何よりも機密性が重視された。勿来基地に赴任する際には「途中の列車の窓は鎧戸を閉め、一切の話も禁じられ、どこをどう走っているのか知らされぬまま勿来の駅に到着し」（桜井誠子 2007: 192）この作戦の最高機密である高度保持装置を扱う機器中隊は「他の作業隊の兵士とは食事も宿舎も別で、話をすることも禁じられていた。」（桜井 2007: 193）

この作戦には、当時莫大なカネが必要となった。それを支えたのは、後に「軍需金融等特別措置法」などで強制的に定められることになるような、銀行の戦争動員だった。

一九四三年九月頃、安田銀行は、「フ（丸フ）」印の伝票処理に追われていた。同年八月、兵器行政本部が陸軍に風船爆弾の本格的研究命令を出していたことを考えれば、その慌ただしさは納得がいく。なお、陸軍が融資の件で銀行に来たときには「絶対に口外しないよう」と秘密厳守を言い渡され、銀行担当者の住所、氏名は兵器行政本部に登録されたとのことだった。（中條 1995: 171）

その融資対象は、手漉き和紙やこんにゃく糊、電管などをつくっている中堅企業が多かったという。和紙・こんにゃく糊といった、あえて工場や機械が必要とされてこなかった部分にも、生産力増強のために設備が導入されていくような動きがあったのだと考えられる。それは、当時まだ開発が進まず農業と手工業を中心に成り立っていた地方都市に工業化の契機となる資金が行き渡り、国家のプロジェクトに動員されていったことを意味することに他ならない。

一方、この気球の球体部分の材料としては国内で調達可能な和紙とこんにゃく糊が用いられ、その和紙は埼玉県小川町などの他に現在のいわき市遠野町で作られた（中條 1995: 177-178; 桜井 2007: 193）。風船爆弾の製造は、はじめは東京の日本劇場・東京宝塚劇場・国際劇場・国技館など天井の高い建物を選んで行われていた（酒主 2004: 9）が、後に遠野・勿来の近辺の民間企業の工場中でも行われていくことになった。

> 女子生徒六八人がほとんど説明も受けずに、この工場での手伝いとなった。六人が一斑となり、向かい合って机に紙を乗せ、透明な薄い糊を刷毛で掃き、天日乾燥をする。これを三回繰り返す。
>
> …
>
> 風船爆弾の製造に拍車がかかったのは、昭和一九年の秋から冬にかけてであった。ハチマキに割烹着、もんぺに長靴を履いていたと記憶している。手は荒れ、血がにじんだ。しもやけは通常は手の甲にできるのに、この時は手のひらにもできた。
>
> まだ一四歳の少女たちである。おしゃべりもせず、ただただお国のためと思って励ましあって糊付けをした。（桜井 2007: 69-71）

しかし、これも、四五年春には「川崎（水素ガスの工場があった）とか向こうの工場地帯を爆撃したんで、風船爆弾がとばせなくな」（酒主 2004: 13）り作戦が頓挫することになる。中国への三年間の派兵の後、日本に戻り召集されて勿来に来ることになったという旧陸軍兵は以下のように回想する。

紙気球を放球すると青空に白いコーモリ傘が次々と上昇して行く様は実に美しい風景でありました。青空に白い花が飛ぶ様でした。当時昭和一九年から二〇年頃は日本で唯一種類の機密兵器ですから大変でした。…学校の先生が朝何気なしに空を見て、今日も飛んで居るなと一人ごとを言ったら後に憲兵が居てすぐ引っぱられた等の話もありました。

然しこの部隊の将校下士官は実弾の飛来する戦地は知らない者ばかりですから形式軍規ばかりやかましく、…半面砲弾、銃弾は飛んでこない内地では気楽な物でした。（川手 1988: 34-35）

やはり、ここにもまた、ムラ自身は具体的な戦場とはならないながらも、都市銀行による融資に象徴される政治・経済面、機密管理・思想統制といった文化・社会的面の双方によって、それまでのムラが経験したことのなかった国家の体系への取り込み、あるいは戦況が極まっていくなかで、明確になってきた中央がそのシステムの内部や対外膨張で処理しきれない余剰の受け皿としてムラが利用されていった過程を見ることができるだろう。そして、そこには、中央によるムラの使用価値への評価、具体的に言えば、地理的に近い、そして機密保持、資源・用地確保といった点で程よい（中央には存在しない後進性・周縁性がある）田舎である、といった中央にとっての都合のよさが背景にあったことも指摘しておく必要がある。

2　戦後改革と混乱するムラ――常磐炭田と大熊町

2・1　地方自治政策の変化とエネルギー政策の転換――常磐炭田のヤマ

前節で明確になったのは、それまで農林漁業を中心に自給自足的に成立してきたムラ、つまり、それ自体独立して存在してきたムラが、戦時下において国家の体系のなかに取りこまれるとともに、中央の余剰、つまり高度な都市のなかに政治・経済・軍事等の機能を集中してもち、その現場となってきたがゆえにそのシステムの内部では処理できず、対外的な膨張にも任せられないこと、その引き受け手としてムラが動員されていった過程だ。

そのムラの動員、あるいは中央とムラの接合と呼べる過程は、前節において軍事的な面に比重を置いてきたゆえに、一見終戦とともに断絶を迎えたように見えるかもしれない。しかし、その中央とムラの接合は、終戦という外部要因による部分的な淘汰を迎えつつも、その根底はむしろ戦争の有無に関わらず連続していったものと見ることができる。

その連続とはいかにあったのか。軍事とは対称的に、中央とムラの接合の過程における戦時と戦後の連続を抱えてきたのは経済だった。そしてちょうどこの時期の経済の動きを映し出してきたのはエネルギーとしての石炭だった。かつて原子力ムラの一部とその周辺には大炭田が控えていた。一章で設定したとおり、本書はエネルギーとしての原子力を中心に見るものだが、原子力ムラがかつて関わっていた火力エネルギーとしての石炭のあり様と変化を通して原子力がムラに用意される以前の状況を見ていく。

現在の原子力ムラである福島県富岡町・楢葉町付近から茨城県北部までの地域には、筑豊炭田、北海道炭田と並ぶ大炭田である常磐炭田があった。常磐炭田は、一八五〇年代から採掘が開始され江戸への輸出が少しずつはじまり、一八七七年の西南戦争では東京市場へ進出。一八八三年には、渋沢栄一ら中央資本と地元資本とが組合出資し、資本金四万円の磐城炭鉱社が設立され、一八九七年に常磐線が開通すると関東・その他に市場を拡大することになった。しかし、輸送における地の利がある一方で、石炭の質が悪いという欠点もあり、市場での競争においては、北海道・九州・植民地からの石炭に遅れをとることもあった*1（丸井ほか 1997: 271; 福島民友新聞社福島県民百科事業本部 1980: 466-467）。とは言え、二度の大戦期には需要は急拡大し、特に第二次世界大戦下においては、四二年一〇月、岸信介商工相の「米英の撃滅を期し挙国石炭確保運動を開始す。よろしく全鉱上下心をいつにして鉱業報国に邁進すべし」との宣言に始まる挙国石炭確保運動が始まった。軍の意向によりなされた、浅野財閥の磐城炭鉱と大倉系の入山採炭の合併による常磐炭田内でも最大規模の企業・常磐炭鉱の成立の際には満州の炭鉱統合で活躍した軍需省の松村茂が社長に就任し経済合理化がなされた（朝日新聞福島支局 1967: 253; 福島民友新聞社福島県民百科事業本部 1980: 468）。また、徴兵による労働力不足を「朝鮮人労働者」をはじめ、学徒動員を含めた徴用労務者・中国人捕虜・女子鉱員によっておぎなう形で増産が進められていった（庄司 1981: 183）。

その結果、終戦時の四五年八月には三・五万人が働くほどの状況になっていたが、翌年になると二・二万人になる。それは、「常磐炭鉱・古河好間炭鉱などで、戦時下の虐待に抗議し待遇改善・帰国促進を要求する朝鮮人らの争議がおこり、一一月下旬に帰国完了、加えて日本人徴用労務者の動員解除」（庄司 1981: 183-184）がなされたことによるものだった。

しかし、四六年暮れには、再び「フル採炭」（福島民友新聞社福島県民百科事業本部 1980: 450）傾向に入る。それは、第一次吉田茂内閣による全国で石炭三〇〇〇万tという生産目標を定めた「傾斜生産」方式が定められ、「黒ダイヤ」「地の油」と呼ばれた石炭の増産がはかられたためだ。その結果、労働者数は三万人台に回復し、出炭量も過去最高値である二万tへと躍進した。

当時、GHQは、日本の中央集権の解体と再軍備化の阻止という意図を背景に、分権化・民主化をすすめる政策を進めていたが、その警戒心は産業化についても強く働き、航空機の生産など直接的に武力に結びつくもののみならず、電源開発についても介入の兆しはあった。しかし、そのようななかでも、石炭採掘の用途に限っては他の用途については禁じられていた爆薬製造が認められ、一方で在外日本人の炭鉱経験者を優先帰還させる指示も出される。例えば、楢葉町史には、職業軍人を父に持つ住民の回顧が以下のように残っている。

戦後処理で一年位遅れて復員した父の収入は何もなかった。親戚が村内に大勢いたので食い米は喰いつなぐことができたが、肝心の恩給は支給されず全く途方にくれていた。金鵄勲章や軍刀などはこの頃売ったのではないか、幸い砲兵砲科であったから、火薬の取り扱いには精通していたので炭鉱の火薬係に雇用されて、かろうじて生き伸びることができた。父には耐え難い苦しい時期であった。（楢葉町史編纂委員会 1995: 384）

このような許容は「石炭は日本復興のエネルギー」というスローガンが当時用いられた（楢葉町史編纂

委員会 1995: 384）ことにあらわれるようにＧＨＱにとっての「健全な日本復興」のためにも石炭は不可欠だと考えられたからだと言える。人間宣言をした直後の昭和天皇も四六年八月七日にこの地を訪れ、県発行の「ご巡幸録」には以下のように記録された（楢葉町史編纂委員会 1995: 384）。

《天皇陛下は磐崎坑の一五度傾斜、五〇〇メートルの地底まで人車で降りられた。そこは四二度の高温にあえぐ場所だった。狭い坑内に三〇〇人の従業員が並んでお迎えしたが、天皇陛下は「どうだね、暑いだろうね」「採炭事業はたいせつだから、しっかりやってくれね」と、いちいち声をかけられた。やがて天皇陛下は地上へと帰られたが、バンザイを禁じられていたのに、従業員は期せずしてバンザイを三唱していた》

戦時下において挙国の要請を支えた石炭は、戦後においてもまた「国家の期待」を喜びとともに引き受けることとなった。これは既にみたような、中央とムラの接続のなかでの、地理的・「田舎」的な点での中央によるムラの使用価値への評価が、終戦をまたぎながら持続と強化のなかにあったことと見ることができるだろう。

そして、この頃から、電力供給の不足が深刻な問題となっていく。終戦直後、一時的に電力需要の減少とともに過剰供給となったことはあったが、電力は慢性的に不足し、停電により事業継続に支障が生じる例も出てきた。

その要因には、戦後復興とともに進む需要の激増、終戦による電力供給秩序の混乱、インフラの不足といったものはあったが、それ以上に大きかったのは戦後の電力消費の構造が戦前とは全く変わったことがある。すなわち、農業・軽工業から重工業・化学工業への転換だ。

例えば、復興期の第一の問題は、食糧確保だったが、一見電力とは関係がなさそうな食糧増産は、肥料の増産と不可分であり、それは当然化学工業の発展によっていた。そのためもあり、化学工業に対しては政府による助成策がとられて目覚しい発展をみせ、特に四九年から五一年にかけては、朝鮮戦争のなかで生産が二倍になっている（東北産業経済調査所 1953: 110-111）。また、四九年三月、日本経済の自立と安定のため、インフレ・国内消費抑制と輸出振興の策としてとられたドッジプランは、朝鮮戦争やソ連・中国の動きによって国際秩序が変化するなかで覆されるようになる。それは、戦時下において金属・機械といった重工業が軍需と結びついた勢いが、再び呼び戻され、「平和」のなかでかつて以上に加速する状況になったと言える。

戦前、繊維や小規模工場での簡素な製造業を中心としていた軽工業は農業とともに電力としてのエネルギーをそう多く必要とするものではなかった。それが戦後になると、重工業・化学工業という基盤のなかに吸収され、転換していった。そのなかで戦後復興が達成されていったのだった。

ところで、電力需要の急増とは裏腹に、常磐炭田は斜陽化の道をたどることとなる。五一年に出炭量が三五万tだったのをピークにし、五三年頃からは、すでに中東から安価で加工もしやすい石油が無尽蔵にも見えるほどの勢いで国内に流入するなかでエネルギー革命論が唱えられ始め「石油の進出を放任すると、石炭は悲劇的な敗北を迎える」という話が出るようになる（庄司 1981: 184; 福島民友新聞社福島県民百科事業本部 1980: 450）。そして、蒸気機関車は電車となり、石炭化学は石油化学となるなか、五五年からの高度経済成長と反比例する形で国内の石炭生産は衰退していく。それは、電力の「油主炭従」化とも無関係ではない。石炭から石油への転換は、カロリー単価の低下のみならず、付帯設備の縮小、運炭・灰捨ての省略、運転の安定化、ボイラー効率の向上といった経済合理性の追求にとって明らかにメリットが大きいものだったためだ（橘川 2004: 164）。七六年に常磐炭田の灯は完全に消えることになる。

この地が舞台となった映画『フラガール』（二〇〇六年九月公開、李相日監督）に描かれるように、常磐炭田には、他の多くの炭田もそうであったように「一山一家」とよばれる石炭のヤマを中心においた一つのムラがあった。当然これは、日本の近代化の黎明にもあたる明治初期に中央資本と地元資本の共同出資によって成立したという点で、原子力ムラがある双葉郡のかつての農漁村としてのムラとはまた違ったものではあるが、明治期から戦時・戦後初期まで、日本の成長の核となっていた中央へのエネルギーの供給地として栄えていたという点において、時間の軸を越えて共通するものがある。

従業員一万人、年間人件費が当時の額のままで四七億円という常磐炭田のなかでも最大の企業であった常磐炭鉱が本拠地を置いた常磐市（現在は合併していわき市）の市長や市議会の過半数はヤマの関係者たちで占められていたという（朝日新聞福島支局 1967: 254）。そして、そのヤマの秩序は、一方では六六年のいわき市への合併によって、もう一方では中央からの石炭需要の激減によって崩壊するとともに新たな形へと移行していくこととなる。同じプロセスに置かれた夕張の惨状は、『フラガール』のヤマとなることができた常磐炭田の現在の姿とは対称的ではあるが、しかし、今のヤマにかつての賑わいがないことは確かだ。中央の都合による国家の末端に対する統制の政策の変化とエネルギー政策の転換がヤマを翻弄したのだった。

2・2 戦後改革とムラの混乱——自律的であるがゆえの国家への取り込み

すでに述べてきたような、中央によるムラの翻弄は戦時下・戦後改革とそのより戻しを通して一貫していた。現在の原子力ムラはもちろん、その周辺のムラのかつての姿は、どれも、中央の都合により「用いられ、捨てられてきた」歴史のなかにあったと言っても過言ではない。そして、当然、そこにあった構造は、中央による一方的な開発という捉え方を越えて、ムラによる開発の「抱擁」、すなわちムラからの能動性への注目のなかで捉えられるものだったと言える。

では、そのような変化がムラのなかにおける軋轢・葛藤と呼べるようなものを生み出すことは無かったのだろうか。そして、それは原子力ムラの成立へと向かっていくものなのだろうか。

原子力ムラの前史において、第二次大戦下の国家の体系への取り込み、中央との関係の変化が重要な意味を持っていたことはここまで見てきたとおりだ。その大きな流れに一つのゆらぎを与えたのが終戦に伴う戦後改革だったことはあらためて指摘するまでも無い。

GHQが主導して行われた戦後改革の主眼は、民主化・非軍事化の達成、すなわち日本を第二次大戦に向かわせたファシズムの解体にあった。具体的には、国家が抱える権限の集中から分散へというのが改革の大きな方針となる。それは、警察、教育などそれまで国家が一元的に統制していたものを地方で行わせる改革だった。進むべき方針を住民も参加して民主的に検討し、地方の独自色も取り入れながら実行していく。とりわけ四七年の日本国憲法に象徴されるように、それが戦後日本の行政モデルとして定められたのだった。

しかし、実際は、そのような改革が不完全なものとして頓挫し、ある面では戦時体制への逆流とともに現在まで至ってきていることは数多の研究が既に指摘してきたことだ。それは、米国にとってのソ連の脅威と冷戦への突入、中華人民共和国の成立、朝鮮戦争の勃発という流れにおける「逆コース」あるいは「再軍備」（読売新聞社 1981）に象徴されるように、再集権化へと向かうものだった。都道府県別警察、教育委員会など現在に残る制度は戦後のほんの数年にあった一時的なゆらぎのなかで生まれたものであったが、事実上その理念は形骸化していったという捉え方ができる。

さらに、近年、歴史学・社会科学における戦後改革への見解をドラスティックに位置付け直したのが山之内靖、ジョン・ダワーらによる総力戦体制論だ。それは

> 第二次世界大戦の過程で引き起こされた社会体制の巨大な編成替え——総力戦体制のもとでの構造変動——とその基本的脈絡が、アメリカ占領軍のリーダーシップのもとで行われた戦後改革にもかかわらず、戦後日本社会の骨格をなすべき主要な要素の一つとしてそのまま保持された（山之内・酒井 2003: 30）

という見解にまとめられる。

この新規性は、四五年の終戦における断絶を見る歴史観からの脱却にあると言える。例えば、マルクス主義歴史学、丸山真男・大塚久雄の歴史観の前提には、後進性・封建制といった戦前日本の前近代性と戦後日本にある（べき）近代との対比があった。しかし、その対比によって、見えなくなるものがあ

る。それは、総力戦体制論が主張する戦前の戦後への流出に他ならない。戦前のファシズムの克服は、むしろその根底にあったものを隠蔽しながら戦後に持続させたという見方もできよう。その最大の成果は「社会的平準化」だ。それは、労使間対抗、民族間対立、エスニックな差別といった近代社会が抱え込んできた対立を解消して「平準化」した上で、医療・教育・治安維持などの社会政策を実施し、国民国家の統合を進め、私的領域を侵食してある種の全体主義を形成することを意味する（森 2004）。

もちろん、戦前のものがそのまま引き継がれたという話ではない。戦後改革は日本国憲法の制定を初め確かに日本の根底を変えた。しかし、それにもかかわらず、戦前が、戦後日本にゆらぎをあたえるところそあれ、連続性のなかで引き継がれたと見ることができる。ではムラにおいてそれはどのような現象としてあらわれたのか。

まず、大熊町史に残る、四九年の大野村議会の光景の描写を引いてみよう。（大野村は五四年に熊町村と合併して大熊町となる。）

九月二四日の村議会において県立総合病院の誘致が議題にされたとき、村長と一議員との間で売り言葉と買い言葉から大口論に発展し、議場が騒然となり、別の議員から、村長が「腕をまくり、腕ずくで議員を貴様呼ばわり」するようでは議事を進めることが不可能であるとして、村長の退場が要求されている。村長は退場が決議されることを要求したが、議長は決議はなくとも退場できるとして、改めて議長から「村長の退場を御願い」したので、村長は退場し、審議は続行されている。やはり異常といわざるをえない。異常といえば、この日、助役が役場内で五〇〇〇円の盗難にあったというわさがあるが、という緊急質問が出され、助役は九月三日から一二日までの間に確実に盗まれたと答え、場所は役場内であったと述べている。…自分が役場内で盗難にあったのは三回目で、うち一回は収入役の時代であったといっている。そこで犯人が役場内にいるといわれては、迷惑する者が出るので放って置けぬといきり立つ議員もあったが、議長は「本件は役場内のことであり、村長の処理事項につき村長に委ねることにして置きたい」と述べ、退場中の村長にこの処理を任せることにしてその場を収めている。（大熊町史編纂委員会 1985: 327）

ここに明らかなのは、村長と議会との「腕ずく」の対立であり、役場の混乱だ。

なぜこのような事態に発展したのか。そこには、戦後の地方自治に関する行政制度の変化がある。四七年、日本国憲法とともに地方自治法が制定され、民主主義の名のもとに村長が公選され、村議会も普通選挙のもと装いを新たなものとする。ここで最初に審議されたのは、中学校の設置の問題だった。当時、学制の変更にともない、村のなかに中学校を作る必要がでた。しかし、ただでさえ財政が逼迫するなかでは学校建設にまわすのに十分な予算はなく、校舎建設のために村有基本財産などの立木を処分する旨などが検討され決定されていく。ところが、激しいインフレのなか、新制大野中学校の建設に関する予算の使い方について村内に紛争が発生し、四八年一〇月には公選初代の村長が一年半しか務めていないにもかかわらず、「一身上の都合」ということで村長を辞職することになる。その背景には、「中学校の建設にからんでその位置などに不満な大川原四区が大野村から分離を表明していたのがこじれ、収拾がつかなくなってきた」とのことだが、「公選第一号の村長が辞任するということは、村として大きな事件」だった。この時の村長についての村議会の公文書には以下のような記録が残る。

事務処理規定あるも時宜に適せず、当面の事務処理に何等の準則なく、且つ村長の強力なる指示指導なく、各自独自の見解にて執行しある傾きあり。

（五）中学校建築の清算状況
清算に対する熱意に乏し。

土木関係に於いて村長の一元的計画的推進を要する。
（以上、「役場事務実体（ママ）報告書」）

村長は従来の名誉職村長と異なり有給制となり、ことに従来と異なる新なる職責遂行の責任にあるわけで、助役任せの執務であってはならぬ。

1　村長は月に三日乃至五日程度の登庁であり、県会其の他の公務に起因してゐると云ふが、今少し在村執務を願えないか。
（村政懇談会議事録）
（大熊町史編纂委員会 1985: 320-323）

ここで指摘できるのは、地方自治制度の変更によるムラの行政構造の変化だ。（以下、ここでは、「ムラ」とは行政村に対する自然村的なムラ、すなわち統治の手段としての行政区分としての行政村よりも小さな自己統治の集落や共同体のことをさす。）

かつて、郡制（二六年廃止）や町村制のもとの地域の行政は、一方では「行政村」が中央から降りてくる業務をこなす国の出先機関となり、他方では制限選挙のもとムラの各集落から選ばれた在地有力者たちによる「名誉職」的な集まりがムラの相互利害調整の役割を果たしていたと考えられる。そのもとでは、このような大きな混乱は起こりにくかった。

しかし、新しい地方自治制度のもとでは、地方自治と民主化の理念が強く押し出されるとともに、市町村が都道府県よりも良くも悪くも「重視」されるようになった。特にその初期である四七年からの数年間においては自治の自由が保障される一方で戦後改革の現場での困難な実務が発生しこの混乱につながったと言える。学制はじめ新たな制度の実行の現場として、それまでの名誉職としての村長には強力なリーダーシップが求められ、一方で、議員はこれまでの自足的なムラにおいては発生しにくかったそれぞれの利害を強く主張するようになった。

それは、この混乱の背景に、辞職した初代知事である木幡が、当時兼職が禁止されていなかった福島県議会議員と職を兼ね、むしろ県議会での仕事を主たる仕事としていたことがあったことにも明らかだ（大熊町史編纂委員会 1985: 325）。木幡の辞職の後、四八年一二月に村長に就任した斎藤は、一月一〇日までに中学校建築案件の整理をするよう議会から約束させられている。しかし、三月になっても話はまとまらず、結果として前記の「腕ずく」の対立へと至ったのだった。

一方、役場内の窃盗の件については、もちろん、常習的窃盗犯が偶然いた、ということなどもあるだろうが、それが議会にかかるまでに、行政の混乱ぶりが意識されていたのだとすれば、その背景には当時の多くのムラに共通して、以下のような状況があったからだといえよう。

戦後の行政は復員軍人や引き揚げ者が日毎、年毎に増加しこれらの食糧確保や引き揚げ者の入植計画などのほか、供出物資の督励や配給物資の割り当てなどで行政は混乱した。……職員はこれでも足りないとして、吏員一同は定数を増加してほしいと村議会議長宛てに陳情している。

職員の不足は次の理由によった。役場事務中、約七割が国・県の委託事務で益々増加すること。目下新制中学校が建築中で寄付金調達に余暇をみて当たらなければならないこと。農地委員会は本年中に七千筆の登記事務があること。農地集団化を勧めるため、向う二ヵ年中に農地の交換分合を実施しなければならないこと、などをあげている。役場事務が多様化していたことが読み取れる。

（楢葉町史編纂委員会 1995: 452-453）

ただでさえ、戦局のきわまりのなかで貧困に喘いでいたムラは、それまで植民地や戦場に分散されていたものをも抱え込むことになっていた。戦後改革は、それまでムラが自らのなかで自足的に無意識的に営まれていたことも含めて、例えば、登記による権利関係の明文化に象徴されるように、意識化させ、一方で国家の管理体系の末端として、急速にムラを整備していくものだったと位置づけることができるだろう。

この混乱は大野村に限られたことではなく、この時期、全国的に見られたことだと言える。その結果、財政的行き詰まりの露呈のなか、シャウプ勧告、ドッジプランといった地方の財源確保の整備がなされ、一方で、村長と議会、あるいは議長と議員の対立といった「不毛」な、具体的な成果につながらない政治に対する自己浄化ともいえる、ムラの側の順応も進めていった。それは、四九年五月までに、全国一〇六〇八町村の公選首長のうち、実に二割強に当たる二一八〇名が任期半ばで辞職した（大熊町史編纂委員会 1985: 352）という「新規システムの初期エラー」とも言える異常な事態にもあらわれる。

そして、混乱は、いわゆる「昭和の大合併」へとつながっていく。

昭和の大合併は占領政策の転換と地方行政の合理化の必要性のなかで行われたと言える。財政学者の島恭彦（1958: 3）は昭和の大合併について、戦後改革のなかで（1）農地改革による、戦時までの農村秩序維持に大きな影響を与えていた地主層の解体（2）役場事務と職員給与の急増による地方行財政の官僚化という変化が生まれ、一方で、戦時から形成されてきた中央集権機構が複雑かつ非効率であったことから、その矛盾の解消を新たな中央集権化、すなわち小規模町村の集約化と府県制の改革という「行政整理」にもとめたものと整理する。ここまで、戦時、戦後通して中央集権化をすすめたものの、これまでとは違い、末端まで目を届かせられるような体制を作ろうとした結果、システムが肥大化し明らかにコストパフォーマンスが悪くなっていたのだった。

この戦時下から戦後への見解は、ここまですすめてきたムラの状況の分析とも重なる部分が大きい。つまり、地主層をはじめとするその地域の有力者・名望家を中心に自生的になされていたムラの統治が、戦時下の国家によるムラの動員（軍用飛行場の土地の強制収用、小規模工場の軍需工場か）のなかで解体し、戦後改革下でのムラの混乱（「腕ずく」の対立、役場での醜聞、財政不足による政策実現不能）がなおさらそれを明確化したという見方だ。そのような矛盾の拡大が国家に対して求めた新たな方策が市町村の数を大幅に減らすという大合併だったといえる。

五二年には「地方公共団体は、常にその組織及び運営の合理化に努めるとともに、他の地方公共団体に協力を求めて、その規模の適正化を図らなければならない」という合理化と合併への方針を含ませた項目が地方自治法に加えられた。そして、「町村合併促進法」が定められたのは五三年のことだった。合併は自治庁を中心として集中的にすすめられた。五四年一月には、郡山市公会堂（福島県で最も交通が便利）で県の町村合併推進本部と自治庁の共催による町村合併促進講演会が開かれ、その講師を当時自治庁次長の鈴木俊一がつとめた。鈴木は、この時期に自治庁で政策策定と実施を中心に立って担当したが、

一九四五年にはじまる地方制度の改正から、地方自治法の制定、一九五六年までの地方自治法の数字の改正で、地方制度の基礎はできました。…地方制度の大部分は一九五六年までに大勢が定まったと思います。（鈴木 2006: 113）

と回顧する。九九年の地方分権改革をふまえた大掛かりな地方自治法改正に至るまで大きな変更がなされなかった戦後の地方自治の基盤がこの時に固まり、その最終段階の仕上げとして町村合併を位置づけ

ることが可能だろう。小中学校の建設・運営費を調達し得ないほど財政的な困難を抱えた日本の多くのムラは順次合併を受け入れていき結果として昭和の大合併は九六二二町村が三三七三町村になるまでの成果を出した。しかし、中央省庁の幹部が出てくるほどであるから合併におけるトラブルは少なくからずあったのも事実だ。例えば、双葉町と隣接する現在の浪江町の合併においては分村を求める行動が起こる。


比較的財政の健全な苅野村などは、合併反対の村民大会を開き村内をデモ行進し、合併議決の村会議場に雪崩れこみ議事不能となり別のところで秘密議決を行うというような騒ぎもあったし、さきに合併した請戸村、中浜、中野、両竹地区民の一部には双葉町に近いことを理由に分村を叫んで騒いでいた。

この住民たちの県への請願が認められて昭和三十三年四月一日総理府告示で町の境界変更が認可され、大字中野全域、同中浜、両竹の一部が双葉町に編入されたのである。（浪江町史編集委員会 1974:602）

これは、生産と意思決定のための自生的な統合をもった共同体としてのムラ＝自然村が行政村と一致しなかったがゆえに起こったトラブルの例だと言える。

もう一点は、「名前」の問題だ。

現在の大熊町は、大野村と熊町村の合併によってできたことになった。「大熊」という町名は対等の合併を示すための折衷であったわけだが、そのトラブルは五四年の合併の前から、さらに合併の後になっても長く尾を引くことになり、その反発の根強さを物語る。例えば、六〇年に至っても町名変更に関する嘆願書が町長・町議会議長あてに提出され、以下には一部抜粋するだけだが、ほぼ全てが同様の調子での主張になっている。

一　私達町名大熊ハ違法デアリ、加エ、文字ノ証言スル通リ、氷河蛮蒙、人ヲモ喰フト云フ非人間餓鬼童カ畜生界的名前デアル由テ、之レヲ文化的合理的ニ明朗化スベキデアル。

一　国法、殊ニ国家基本憲法ニ抵触シ、反陳シ、剰ヘ権力ヲ武器トシテ、住民ヲ奴隷的ニ真向上段ヨリ一気ニ威圧拘束スル権力町名ハ非民族的デアリ、蛮蒙的デ絶対非デアル。（大熊町史編纂委員会 1985: 406）

ここまで「熊」を、国家・民族の名まで借りながら批判しなければならない、一見理解しがたく、今でも問題なく大熊町を名乗っていることから考えればいささか滑稽にさえ見えるムラのあり様はいかに捉えられるだろうか。

本書では、原子力ムラの現在を扱った二章において原子力ムラが自らを原子力ムラとして再生産するaddictionalなシステムの基盤に「原子力をメディアとした愛郷のコミュニケーション」があることを論じた。すなわち、原子力の受容に対して、ムラの外から見れば「原子力の推進／反対」という判断が行われているように感じる人も多いだろうが、実際のところそこにあるのは「愛郷／非愛郷」というコードに基づいてコミュニケーションが連鎖していくという見方だ。

合併についてのトラブルの原因となった「分村」「名前」ともに、そこに横たわるのはまた、この愛郷のコミュニケーションだと言えるのではないだろうか。

もちろん、中央の意図としては、財政的に疲弊する町村の整理統合による合理化をはじめ、前述したような戦後改革により生じ深まる矛盾の弁証法的な解決と新たな地方統治モデルへの意向があったことには違いない。そこにあるのは中央にとっての「合理／不合理」の判断のコミュニケーションであっただろう。

しかし、ムラにとってのそれは「合理／不合理」ではない。行政村ではなく、自生的かつ前近代的なムラ。その「ムラにとってよきものであるのか否か」、それがコミュニケーションの根幹にある。それゆえ、「大野村」の住民は隣町にずっと「熊町村」があったにも関わらず外部の人間からみたらどうでもいいような「熊」にこだわるし、行政村の枠組みなどムラの枠組みよりも劣位なものに過ぎないと分村の主張が出るのも当然のことだったと言える。また、指摘するまでもなく逆にその施策がムラにとってよきものであると捉えられさえすれば、それを自ら積極的に選好していったことも当然の動きであった。それは、五四年三月に行われた大野村・熊町村合併促進委員会が世論調査において「大野・熊町両村合併に関して、賛成するもの一九四一（九六％強）、反対する者五八（三％弱）、どうでもよいもの一三、合計二〇一二」（大熊町史編纂委員会 1985: 359）と残っている、一方に転べば総崩れする、圧倒的な数字にも明らかだろう。[*2]

ここにもまた、すでに、「愛郷のコミュニケーション」が存在していたことを指摘できるだろう。当然この時はまだ原子力はムラにやってきていない。しかし、原子力というメディアが存在しなくとも、ムラにおけるムラの維持への指向をもった自生的な作動は、原初的な形態で存在していたということが指摘できるだろう。

ムラは、戦時下から戦後において、ゆらぎを受けつつも連続のなかにあった。それは自生的にあった閉じていたムラと、一方でそのムラの自生的な営み任せの間接統治をしていた中央との間にあった溝が、中央のより直接的な統治への転換の意思のなかで融解していく過程だった。戦時下・戦後改革で生まれた高コスト体質を昭和の大合併によって解消したことも重要だった。

ムラは戦時のみならず戦後においても、極度の貧困に喘ぎながら、それでもなおただ中央からの受身の姿勢のみにあったわけではなく、自ら積極的にムラを構成しようとする自律的な力を強く持っていた。そして、そうであるがゆえにムラは、ある程度の混乱に対しても短期間に大きな傷跡を残さないまま収束させ、戦後社会において国民国家の体系の中に確実に取り込まれていったのだった。

3　中央とのつながりの重要性

前節では、「ムラ」を視野のなかいっぱいにおさめ、その戦時から戦後の連続とゆらぎを捉えていった。本節では、「ムラ‐地方‐中央」という枠組みのなかで「ムラ」から「地方」や「中央」を見上げ「地方」「中央」の動きも視野のなかに加えながら分析することを試みる。これまで見てきたような変化の中で、「地方」の政治・経済はどう変わり、それはどうムラにも影響していったのか、そのなかで、「中央」はいかなる存在と役割を果たしたのか。それを明らかにしていくことで、「ムラ」がいかなる基盤の上に立っていたのかがより明確になるだろう。

本節では、まず五七年八月に行われた民選三代の佐藤善一郎知事の選挙とその背景について検討した上で、そこに至る福島県の地方史を振り返っていくこととする。

なぜ、佐藤善一郎を取り上げるのか。

それは、他ならぬ佐藤善一郎県政が、福島県が原子力を受け入れる期間にあたったからだ。佐藤善一郎は五七年から六四年まで知事を務めたが、福島第一原発の立地町である双葉・大熊に誘致が決まったのは六一年のことであり、五五年の原子力基本法以後、立地地域選定がはじまったのもちょうど佐藤善一郎の就任して日がたたない頃のことだったと考えられる。中央と地方の関係においていかにして原子力が受け入れられたのか、その背景を知るには、この佐藤善一郎県政、とりわけ、現代においては考えにくい形で県民を大いに動員することとなった選挙を中心に見ていく必要がある。

そして、そのような現象を社会が生み出すまでには、どのような過程があったのか歴史を振り返ることを試みる。それは、ちょうど、本書の二章～四章の構成と同様に、まず「結果」としての特異な社会現象を分析した上で、その歴史的形成過程を明らかにするという方法だ。そうすることにより、原子力がやってくる以前の基盤が明らかになるだろう。

3・1　反中央・反官僚の戦い――佐藤善一郎の選挙

五七年に行われた佐藤善一郎の選挙とは、「反中央・反官僚」の戦いだった。選挙公報には以下の記述が残る。

問「佐藤善一郎さん、あなたが知事選挙に無所属で立つことについて世間ではなっとくがゆかないといっていますがどういうわけですか」

答「たいへんよい質問です。私は三十年の政治生活を通じ、県政はつねに県民を主人公にして、その声に耳を傾けてゆくべきものと信じ、官僚政治に強く反対してまいりました。ところが自民党県連は口先ではうまいことをいいながら、県民の強い反対を無視して、官僚知事を県民に押しつけようとしています。このようなやりかたは政党としてはスジが通らないばかりでなく県政はどこまでも厳正中立を守らねばならないと考えて離党し、明朗な県政をうち立てようと決心したわけです」

問「官僚と対決する政党が官僚をかついだのも妙な話ですね」

答「そうなんです。知事は中央につながりがなければつとまらないというのがいい分のようですが、だいたい知事の民選は官僚政治を排撃して県民のしあわせを守るためのものです。行政能力や中央の顔がどうのという便宜主義等で軽々しく知事を選んではならない。仮に中央とのつながりを問題にするならば中央の要職には私の友人も多数おりますから、ひけはとらない自信があります」

問「よくわかりました。しかし自民党ではあなたが社会党や民主団体の推薦を受けたことはおかしいといっていますが」

答「いま県内では地方自治を守ることが党派や職業を超越した大きな問題になっています。このため自民党を離党した県会民主クラブの同志も、社会党もそして農家の方も、中小商工業者も、勤労者も一丸となって官僚の手から県政を守ろうとしています。これらの同志諸君と手をとりあって政戦に臨むことがどうしておかしいのでしょう。むしろ県民の世論を無視して幹部だけで物ごとを決めるほうがずっとおかしいのではないでしょうか」

ここにあらわれるのは（1）官僚政治への反対（2）「中央とのつながり」への懐疑（3）党派より「県政」の優先の三点だ。

まず、この選挙の概略を見てみよう。

五七年七月、当時知事であった大竹作摩が任期途中で体調不良により辞職。その結果、八月二五日に知事選が行われることになった。大竹は一八九五年生まれ、小学校を出た後農業に従事し、二七年から県議会議員をつとめて五〇年に知事に当選。前任知事の石原幹市郎が帝大、内務省出身で終戦直前の官選知事を務めていたのとは対称的に、大竹自身が「野人」「百姓知事」を自称するとおり、会津地方の小学校卒の農家出身であり事実上初の純粋な民選知事になった人物だった。戦後改革で民主化の機運が高まるなかで、大竹は常々「反中央・反官僚」を唱えていた。詳細は後に譲るが、知事として在任中、戦後の地方復興・開発をめぐって中央との駆引きを常に繰り返してきたからだった。

ところが、大竹は当時労働事務次官だった斎藤邦吉を後継者として推す。「いうことと、やることが違う」と追求されると、大竹は「反官僚とは政治姿勢のこと」と答えたという（福島民友新聞社編集局

1976: 459)。

「斎藤は官僚ではあるが民主的なものの考え方をもっている。実行力がある。中央との顔のつながりも多い。県はいま地財法［地方財政法による財政再建策］の適用をうけているが、この赤字の早期解消には政治力が必要だ。長い経験から中央に顔のきくことが大事だとわかった。
わたしは、官僚そのものには反対だが、斎藤なら若いし、健康だし、民選知事として太鼓判が押せる。もっとも斎藤を支持するか、しないかは県連の判断によるもので、けっして固執するものではない」（岡部俊夫 1968: 31）

ここで、確認しておくべきことは、「官僚ではあるが民主的」という言い回しにこめられた意味、すなわち「官僚＝非民主的」という前提があることだ。

今日においても、中央政界において「官僚政治からの脱却」「官僚の腐敗」などという官僚への批判をこめた言い回しはしばしば用いられる。しかし、「官僚＝非民主的」という認識と必ずしも一致するとは限らない。また、今日の官僚批判が中央の政界・財界の主張が中央のマスメディアを通してなされるのとは違い、地方が地方の立場から中央官僚を批判するというのはあまり理解しがたい。なぜこのような「官僚＝非民主的」という前提ができたのか。はたして、それは当時多くの人に共有されている前提だったのだろうか。その手がかりの一つには、「地方」における官選知事の受け止められ方にあらわれる。

例えば、猪巻恵（2000: 34-36）は、明治期の福島県知事について以下のように分類する。

（1）県政初期型知事（一八六九～八二年）公家・幕臣・旧藩士が多く、藩閥の占有は見られない

（2）藩閥官僚型知事（一八八二～一九〇六年）戊辰戦争従軍経験をもつ士族。政府による論功行賞的意味合い、藩閥内部の年功的人事。薩摩、肥前、肥後出身が多く、長州が少ない。

（3）旧藩官僚型知事（藩閥のすき間）会津・米沢と犬山。在任期間は短く「つなぎ」の役割。

（4）専門官僚型知事（一九〇六年～）帝国大学出身、高等文官試験合格者。高等教育の整備によって専門的知識をもつ官僚供給システムが完成。

この変遷が示すのは（3）を例外とし、福島県外から中央のエージェントとしてきた官僚が「近世以来の封建的身分制度と秩序を否定」（猪巻 2000: 50）しながら国民国家としての官僚機構を整備していくものだったと言える。これ以降「帝大→内務省試補→府県部課長→府県警部長・書記官→知事」という経路が確立され、藩閥の力に代わり、議会・政党の発言力・影響が増すようになる。

では、この「近代の官僚制度」は、中央による地方の統治手段としてうまくいっていたのだろうか。それは違う。一つは、在任期間の短さに象徴される。明治から終戦までの福島県の官選知事は四五名いたが、そのうち、民選知事の一任期にあたる四年間以上在任したのは四名のみ。在任一年までが一五名、一年以上二年までが一四名と、七〇パーセントが二年以内で転任・退任しており、平均で一年八ヶ月の在任となっている。この背景には、明治期においては前記のような流動性があったし、明治末期から大

正期には政党政治における政権政党の利害次第で知事の人事が頻繁に変わり、なおさら平均値が下がるような状況があった。

政党政治の時代には政変の度に知事の大更迭が行われるのを例とした。反対派とみられる知事が一掃され、全国半数ほどの知事が免官か休職になり、逆に休職中の知事が息を吹きかえした。そのため、知事の平均在任は一年半にもとどかなかったのである。

このように地方県民を無視した、政党政治の弊害が目に余るようになって来たため、昭和二年に「知事公選〔ここでは民選と同義〕」の世論がにわかに高まったのは当然の成りゆきであった。（高橋 1988: 37）

この動きは、二七年五月に北海道・東北六県が歩調をあわせて内務大臣に陳情・談判することになるが、知事と県幹部の人事を一手に握っている内務省の抵抗にあい失敗することになる。

ここには、この内務省による知事人事権の独占、それにより「中央」のご都合主義に付き合わされる「地方」、すなわち状況もよく把握せず中央の利害の代弁に終始する知事と地方の利害を求める議会との葛藤が常に存在していたと言える。さらに、戦時下になると、総動員体制のもとで、地方がより中央の利害を受け入れることとなり、疲弊の度が極まっていくことになるのだった。

戦後改革時には、これがより一層意識されることになり、必然的に、「とうてい地方の実情に即応した県民本位の行政など出来るものではない。これは中央政府が『地方』を本当の意味で重視していなかった現われである。県民のために知事があるのではなく、知事は政府の施策を忠実に行使する監督者にすぎなかった」（高橋 1988: 31）という受けとめ方がなされていたことは確かだろう。

以上により、先に掲げた（1）官僚政治への反対（2）「中央とのつながり」への懐疑（3）党派より「県政」の優先という三つの点、すなわち、佐藤善一郎が官僚出身候補として中央から知事選に担ぎ出された斎藤邦吉との対立軸として打ち出した観点のうち（1）官僚政治への反対という点は明確に、（3）党派より「県政」の優先という点もある程度説明がつくかもしれない。すなわち、中央に振り回されず、あくまで県本位で政治をすすめることへの志向が強くあったのだった。

選挙の話に戻れば、佐藤善一郎は、一時、斎藤が次期知事として自民党の公認を受けたため出馬を諦めかけた際に「反官僚はどこへいった、農民を見殺しにする気か！」（岡部 1968: 95）と支持者に詰め寄られ、仲間とともに自民党を割り、社会党と農業団体をバックに選挙を戦うことになる。

結果、五七年八月二五日に行われた知事選では

佐藤善一郎（無所属）411393
斎藤邦吉（自民党）403612
竹内七郎（共産党）24034

と僅差を制し、大竹の意図とは違った形ではあれど、初の非官僚知事であった大竹の「反中央・反官僚」の伝統を引き継ぐことになったのだった。

僅差ながらも、指示された反中央・反官僚の姿勢が「地方」のレベル、すなわち大竹や佐藤善一郎という地方の政治・経済的アクターだけでなく、「ムラ」の広い住民一般から支持されていたと言える。これはなぜなのだろうか。

例えば、地方自治を専門とする経済学者・大石嘉一郎は以下のようにまとめる。

「中央直結」か「反官僚」かが選挙の焦点となり、僅少差ではあれ「中央直結」を唱える自民党公認候補が敗れ、「反官僚」で革新と手をむすんだ候補が勝ったことは、県政史上画期的なできごとであった。その背景には、さきにみた地方財政の反動的再編成の進行のなかで中央官僚の地方支配に対して反発する県民感情があったとみられる。また、昭和三一年結成された農政刷新連盟を中心とする、県内全市町村の末端まで影響力をもつ農協組織の集票力が示された選挙でもあった。（大石 1927: 306）

その通りであろう。しかしこの総括を前にしてもなお、疑問は残る。県民感情の内実とはなんなのか、何が県民を反中央・反官僚へと動員したのか。大竹が評価したとおり、斎藤は官僚として相当のポストまで至っているため中央とのパイプが太く、また、後に戦後自民党の幹部として長く活躍することになるだけの高い能力を元に福島県のためになる政治を行えたはずだ。五五年体制初期とは言え、自民党の公認もとっており、中央政界、自民党県連ともに推し、選挙運動を支えていたのだから相当のアドバンテージがあったようにも考えられる。しかし、なぜそれが住民を二分し、結果として落選することになったのか。

3・2　福島県と電力——中央‐地方関係の確立

大竹が、反中央・反官僚を掲げながら官僚出身者を後継者に推し、しかし、その正統な後継者が敗れるという波乱からは何が読み取れるのか。それは、大竹が知事の経験を通して得た圧倒的な中央の力とその重要性、一方で前述のように中央に振り回されていると感じている住民のなかの意識に他ならない。政治的せめぎあいの結果として住民の意識がわずかに勝ったのだった。

ここでは、福島県における電力とその周辺の歴史を見ながらその住民の意識について考察する。

日本ではじめて電灯がともったといわれるのは一八七八年、東京中央電信局の開局式でのことだったが、福島県の電力産業は一八九五年福島町に設立された福島電燈株式会社にさかのぼる。庭坂発電所という地域需要のための一般営業販売用として地元資本が中心に、あくまで小規模発電所として作ったものだった。さらに一八九九年には、郡山市の安積疏水の落差を利用した沼上発電所ができ、その電力は二二km離れた郡山絹糸紡績の工場で利用された。一方、大正期にはそれが変化する。工場動力が蒸気機関から電力へと転換するようになるなかで、大規模発電所が作られる。その代表例として、猪苗代水力電気株式会社がある。これは中央資本の要請により一一年に計画が開始し完成時には、四ヵ所の発電所をもち二二五km離れた京浜工業地帯に大量送電するものだった。一五年には東京田端変電所まで三七五〇〇kwの送電に成功し、長距離代送電を始めたのだった（丸井ほか 1997: 276-277）。

しかし、それは「中央」への「貢献」の構造の構築につながり、地元の工業化は進まず、食糧不足は度々おこっていた。

日清戦争以後は、政府の開発政策の重点は、外地植民地にむけられ、東北にたいしては、蚕糸業の育成と水田整理事業の着手がおこなわれたにとどまり、労働力と食糧の供給源として放置されてしまった。

こうして、低生産力・低生活水準にあえいだ東北地方は、大正二年（一九一三）、大冷害におそわれて惨憺たる状況におちいった。これを機に、原敬を主唱者とする〝東北振興会〟が設立され、「東北振興に関する意見書」を第三七回帝国議会に提出し、国有林解放や東北拓殖会社の設置を要望している。しかし、この振興会は、あまり成果をあげぬうちに解散してしまった。（小林・山田1970: 246-247）

そのようななかで、電力業界は激しい競争を繰り広げていた。明治から昭和初期までに開業した電気供給業者は七〇社にのぼり、その大部分は福島電灯、大日本電力といった相対的大企業に吸収・合併されていった。三六年末の時点で、発電力一〇〇〇〇kw以上の事業者は東北で一三になっていたが、福島県にはそのうち四事業者が存在していた。猪苗代のような発電所に適した山を抱えた地形を生かした水力と常磐炭田を利用した火力がその内訳だった。

しかし、このような競争は電力の普及に短期的に成功したものの、長期的によかったかというと必ずしもそうではなかった。

設備産業たる電気事業は、投下資本は大であるが資本の回転率は低い。従って好況をみこし、かつ競争のため過大な投資をしたときは、需要の伸びの減少に伴い経営は悪化し、その結果、弱小企業は大企業に吸収され、結果的には料金の高騰を招くことになる。（松永 2001: 97-98）

二〇年代より慢性的な不況が始まるなかで、過剰な投資と設備を抱えた各電力会社同士の競争はさらに激化し、業界全体を疲弊させていった。そして、競争の弊害が強く認識された結果、業界内部から業界の「統制」が求められるようになってきた。「極端な場合、同一地域で潮流が逆行する送電線が相並行して建設されることも」あるほどだった。

方針は二つあり、一つは業界団体による自主的統制で二八年に「統制協議会」が作られる。もう一つは国家による統制であり電気事業法の見直しが行われることになっていく（松永 2001: 101-103）。

結局日本は、最終的には戦時下での国家統制をすることになり、そこに向かうこととなる。三二年の電気事業法の改正は「特許事業時代」と呼べる。それは、この法改正が電気事業を特許、あるいは許可事業とし「特許事業は事業自体を国の営むべき事業とし、国がこれを営み得ない事情があり、かつ適当と認めた場合に、その権利を民間に与えるものと」する、さらに、国が事業を買収する権利を持つ、という思想のもとに電気事業がおかれたためだ。

慢性的不況のなかである程度の統制がはじまったが、これは満州事変以降、軍備拡充、赤字公債の発行により景気が上昇し始めると次第に「不景気下の合理化」とはまた違った意味を持つようになってきた。

景気の上昇につれ電気の需要は増加し、余剰電力が消化できるようになった結果、独占をとなえるまでもなく、競争の必要性は減じ、逆に事業の整理統合はほとんど進捗しなくなったのである。このような意味で、電気事業の統制は単に自由競争の結果生じた不備を是正していくという消極的な意味ばかりでなく、積極的に国策に協力して行くための統制へと移行する段階にあったとみることができる。（松永 2001: 111）

つまり、市場介入による調整以上に、国策への貢献が主題となってきたのだった。途中では、自由主義諸国による石油輸出禁止などがあった。その流れは、三七年一二月の閣議でには電力国家管理案が採択され、三九年の日本発送電株式会社の発足、数段階にわたる過程を経て四三年に、現在の九電力体制（＋沖縄一電力）につながる日発九配電体制が作られるまでに徐々に進んでいった。

そして、戦後、事業活動・経営合理化が不活発、責任の所在が不明確という批判も受けるようになった国家管理体制は九つの民間電力会社へと引き継がれることとなる。

このように、福島県における電力の中央に対する貢献とその役割への固定化、さらに背景にある戦時下の国家統制への組み込みが相まって、戦後に続く中央‐地方関係の確立がなされていったことが分かる。平時には不可能なことが、戦時下において達成されたのだった。

であるのだとすれば、「反中央・反官僚」に向かった住民の意識というのも、より立体的に見えてくくるはずだ。戦時下で作られた圧倒的な中央の力、それを信じていたことへの裏切りの後で、「民主化」されたはずなのに、再度中央がやってくる。その既視感のなかでの強い拒絶。それが、住民の意識のなかにあり、選挙の結果につながったと言えるだろう。

3・3 主体性をもった地方の誕生――巨大電源開発プロジェクト

では、戦後になって、電力が国家統制の元から民営化されると、中央‐地方の関係は変容したのだろうか。地方は、統制の手からはなれ「中央への貢献」の役割から自由になったのだろうか。むしろ事態は逆だった。自由になったのは確かだった。そこで自らの意思が認められたのも事実だ。しかし、その結果、自らの意思で「中央への貢献」の役割の固定と強化の中に入っていくようになったのだ。

ここでは終戦後すぐの石原幹市郎県政、次の大竹作摩県政の「地方」と「ムラ」のあり様を振り返りながらそのプロセスを明らかにする。

> 四六年九月、県議会では「連合国最高司令部及福島軍政府に対する感謝決議」を行う。これは、終戦による混乱と未曾有の食糧難による飢餓に対する適切な措置と援助への感謝だった。（福島県文書学事課 1972: 68）

事実、福島県の荒廃はひどかった。戦時下において、そこが疎開先にもなったように、ほとんどの時を「非戦時下」として過ごしていた時とはまた違った惨事だった。それは食糧という生存の問題に他ならない。

戦後、日本全国で、満蒙開拓団のような植民地や兵役からの帰国者が出るなかで、都市では多くの人が職にあぶれ、農村では農地に向かない土地への開拓も増えていた。全国で食糧が不足し、政府の統制を逃れてヤミ米・ヤミ野菜を求めにムラに人があふれていた。それは一見ムラに富をもたらしたようにも思えるかもしれないが、摘発も多く、また特定の作物（例えばネギ）の自らで消費した分の余剰を現金にかえても、それを他の必要な作物（例えば米）に替えられるとは必ずしも限らない。

そのようななかで、やはり福島県の初代民選知事にあたる石原幹市郎にとっての知事としての仕事の最大の課題は食糧の増産と供出だった。石原は当時三六〇余りあった町村を自ら回り対策を講じた。

そして、「中央」のエージェントとしての官選から「地方」に選ばれた民選の知事へとなった石原は、「中央」と対峙するようになる。

> 石原知事は強行態度で臨んだ。「食糧問題について、作況調査その他の実態調査を中央でやり、供出を割当てて、供出だけ県にやらせ、生産資材の割り当ても一切中央で握るのでは余りに虫がよすぎる」（『福島民報』）と極度に不満の意をもらし、「もしも農林省が既定方針を押し通す場合には、供米事務を一切中央に委せる」という強行態度をとっていた。官選時代とちがい地方自治に根ざした「民選知事」の効果はてきめんであった。（高橋 1988: 399）

ここに、官僚出身知事のもと、という点では中央から生まれ出た鬼子に他ならないが、戦時下のようにただ統制の対象となりそれに抵抗を示すというわけではない、自ら主体性をもち「中央」に働きかけていく「地方」が誕生したということができるだろう。この「地方」は戦後の社会を規定していく。それは五五年体制を支える基盤がまさに「地方」への再分配であったことに象徴される。詳細はまた後でふれる。

そういった主体性を持った地方としての初期の福島県政にとって、食糧と同様に重要であったのは「只見川電源開発」だった。只見川電源開発とは、戦後の電力の大量需要期を見越して、現在の福島県桧枝岐村などを通る只見川を電源として開発しようという計画だ。GHQも協力し、電力の確保、雇用創出、文化施設などの建設という、米国におけるニューディール下での国家プロジェクトとしての地域開発であったTVAをモデルとして四六年から計画がなされた（安田・小林 1995: 415; 小林・山田 1970: 250）。

これは、戦後日本にとって大きな意味をもっていた。戦後は他のエネルギー源の枯渇と家庭ならびに産業界の需要の増加で電力は極度に不足しており、その急速な増量はわが国の経済自律を目指す産業復興の鍵となっていた（安田・小林 1995; 小林・山田 1970）。

この背景には、日本経済再建の牙城としてあった経済安定本部の方針がある。傾斜生産方式や既存大工業地帯再建のための資源開発計画を戦後すぐにたて、実行の機会をうかがっていた（小林・山田 1970: 250）。しかし、それは日本の再軍備化を懸念し原子力開発や航空機の生産を許可しなかったGHQによって、一時は止められていた。

終戦後の福島県は全国と同様に停電、節電が頻発して、生産は停滞し、家庭生活もしばしば乱された。映画館は自家発電も思うにまかせず、交通、通信も乱れがちで社会不安の原因となった。二〇年一〇月東久邇終戦内閣のあとを受けて幣原内閣が誕生し、荒廃した日本の復興は電源開発にあるという大方針は打ち出したものの駐留軍(G・H・Q)の軍政下にあって思うにまかせなかった。(松坂 1980: 27)

この「思うにまかせなかった」状況を変えた動きは二点ある。

一つは五〇年の国土総合開発法の制定だ。とは言っても、国土総合開発計画を制定したからGHQが折れた、という話ではない。重要なのは、国土総合開発計画という名の元に、表立って打ち出せない電源開発を実現していった中央とGHQの駆引きだ。つまり、電力だけでなく、重工業、化学工業、精密機械工業のように軍事産業に転換可能な産業を抑制されるなかで、治水、利水、山林・農業振興、交通整備などといった表向きのなかに、副次的に電源開発をすることがこの法のなかで定められた。そして、GHQによる抑制が弱まるなかで五二年の電源開発促進法、五七年の特定多目的ダム法といった電源開発を促進するための法律が作られていくことになった(田中・水垣 2005)。このGHQの裏をかいたような動きは、当然戦後改革からポスト戦後改革へと、つまり民主化・分権路線から再軍備・集中路線へと転換する動きと共鳴する形であったと捉えることができるだろう。

もう一つにそれ以前から「地方」からの強い働きかけがあったことがあげられる。戦後の福島県における電源開発について四九年までの議論をまとめた『日本再建と配電公営』には、四六年に行われた県電力対策委員会における石原知事の発言が以下のようにある。

本日実に第一回福島県電力対策委員会を開催するにあたり一言ご挨拶を申し述べ委員各位の絶大なるご協力をお願いいたしたいと存ずる次第であります。敗戦によって徹底的にうちひしがれた我国の産業を再建し、再び平和国家、文化日本として立ち上るためには、其の根本問題として電化政策を取上げねばならないと考えます。即ち電力の振興こそ、産業再建、祖国復興の鍵であると思います。

ご承知の如く本県は全国屈指の電力県でありまして、現在既に東北六県を優に賄いうる電力を供給しており、尚且相当の未開発の資源を残しておりますので、将来賠償の対象として火力発電設備の大部分が撤去されますことを予想致しますと、益々本県の電力会に於ける地位は、その重要性を加えることを思われるのであります。

この意味に於いて県内水力発電地点の開発促進対策が要望されて参ったのであります。（田中・水垣 2005: 5）

さらに、東北六県知事会議では、当時県議会議長であった大竹は以下のように「地方連合」とも言うべき協力について語る。（なお、この次期は電力会社を「県営」にするというアジェンダが存在しているが、中央に開発を求めているという点で共通している。）

戦後の復興に源泉産業である電気の力に負うところの大いなるは言うまでもない。発電力に恵まれている東北が電力の開発に大なる関心を持つのはそのためである。六県はあって電力委員会を組織し新潟県にも呼びかけ開発のために調査を続けていたのであったが、偶々公職追放などがあって委員会の活動も停頓の已むなきにいたったのである。然るにわが福島県に於いては再びこの電気県営問題が取上げられ県民の実現要望は一途をたどっている。この問題は是非を通り越し実行に入ったのであるからことに改めて其の必要性を説くことを避けるが、六県は従来の行き掛かりもあるから歩調を合わせて目的達成に進みたいと考える。（田中・水垣 2005: 7）

只見川電源開発は、四七年からの石原県政、五〇年からの大竹県政を通して強力に中央に働きかけられ、五三年に実現に至ることになる。中央への働きかけが重要だったことを象徴的に示すエピソードとして大竹県政下での本流案採択の経緯がある。

当初、開発プランは、新潟県の主張する分流案と福島県の主張する本流案の二案に分かれていた。新潟案が通ってしまうと福島側の開発は大幅に削られることになる。どちらの案をとるかという綱引きは電力会社や中央を巻き込んだものとなっていく。そこでは「タダ飲み川」などと揶揄されるほどの接待が行われたが、野党との協力や地元新聞も巻き込んだ戦いが繰り広げられた（松坂 1980: 193）。

当時を知る者のエピソードがその熱狂を物語る。

大竹知事を先頭にたて、県議会も一丸となって、何度も東京、新潟まで出かけて本流案実現のため奔走したが、東京電力は財力でまさっており、また電力の鬼といわれた松永安左衛門翁ら有力者が新潟、東京電力側を押しているため、運動は容易でなかった。私は只見川筋ただ一人の県議だったので、負けてなるものかとがんばった。（松坂 1980: 298）

本流案か分流案かで只見川電源開発が大モメのとき、福島民友新聞社が、福島県内の電源地帯を空から見て認識を高めたいという企画を打ち出され、旅行会の仕事をしていた私にご相談があった。斬新な企画であり、電源開発にも役立つことなので、私は欣然としてお引受した。（松坂 1980: 299）

そして、地元メディアによるキャンペーンによって、只見川開発は住民を巻き込んでの大きな運動となっていくのだった。

当時私たちは、山深い只見の里にとてつもない大きなダムができて、戦後の復興と経済の再建に貢献し、これから大いに発展するんだ!!と肩を抱き合って喜んだ。
本流か分流かをめぐって騒然としていた時、調査団一行を迎えた会津方部では、沿道に黒山の人垣が延々と続き、おそらく天皇陛下のときよりも人数がおおかったと、今でも語り草になっている。私などもフロック・コートを着て調査団員の案内をしたほどである。巨大なエネルギー源が只見から送られて日本の産業をささえている現実をみるとき、当時の苦しさはいっぺんに吹っとんでしまい〝ああ、これでよかったんだ〟と感無量の思いだ。（松坂 1980: 265）

最後に勝負を決めたのは中央政界とのコネクションだった。例えば、吉田茂首相との出会いがそれだ。

二四年一一月一一日石原知事は大竹県会議長と本流案推進について相談した結果、仙台市で東北六県知事、議長合同会議を開き、東北開発の口火を切る意味で、本流案に協力を要請したところ異議なく受け入れられた。会議の終わりごろ、当時の自由党幹事長廣川弘禅（福島県出身、故人）から電報ですぐ上京するようにとの要請があり、石原、大竹が上京すると、廣川幹事長は直ちに吉田首相に引き合わせた。その席上、吉田首相は極秘と前置きして「個人としては本流案が正しいと信じているが、それには新潟県側を納得させる裏付けが必要だ。そこで米国のウエスチングハウス会社から二人の技師を招聘して調査した。だから福島県はムダなカネは使わないようにしてもらいたい」と意中を打ち明けたという。（松坂 1980: 64-65）

吉田は、自らのコネクションのなかから財界に顔が利く白州次郎を東北電力の会長とし、本流案をバックアップした。白州の存在は大きく、福島県が求めた本流案が決定した際には「まず、本流案が通って開発が進んだのも吉田首相と白州会長のおかげです」と評価することになった（岡部 1991: 110）。当然、新潟側も戦前から電力業界で広く活躍し「電力の鬼」と言われていた松永安左エ門をはじめ中央へのコネクションをもち活動をしていたわけだが、結果として、その駆引きにおいて福島が上回ったということができるだろう。これは後の五五年体制で明確になる中央政界から地方への利益誘導のモデルの原型とも位置づけられるだろう。

この結果、経済安定本部は四大工業地帯再建に着手することが出来ることとなった。特定地域開発が戦後成長のはじまりのきっかけとなったと言えるだろう。このように「中央」での調整と「地方」の参加の歯車がかみ合い、計画は実行に移された。再軍備・集中化と「地方の主体化」のなかで、地方は中央とは関係のない自律した動きをするどころか、むしろ地方が自ら中央の元へと組み入れを求めていくようになったのだった。

そして、「反中央・反官僚」の選挙戦へと突入していき、地域開発への切迫感、中央とのコネクションの重要性を認識し官僚出身の斎藤を後継者に指名した大竹は「反中央・反官僚」から一見「転向」しているかに見えるが、他でもない、「県の発展の待望」という点において一貫しながら、斎藤に福島県の発展を託そうとしたのだった。

本節では「地方」のレベルにおける「中央」との関係の変化、そこにあった地域開発への期待の高まりを確認してきた。「地方」は、戦後の貧困と相対的な未開発のなかで自らの発展を望むがゆえに国家の体系のなかでの主体性を獲得していったのだった。そして、それは佐藤善一郎が掲げた（1）官僚政治への反対（2）「中央とのつながり」への懐疑（3）党派より「県政」の優先というスローガンとは矛盾することがないどころか、むしろ、地方が自ら他の地方と競うように中央への貢献を始めることにもつながると言えるだろう。

このような原子力ムラの前史の上に原子力ムラが誕生するということは、決して理解しにくいことではないはずだ。その詳細は四章で見ていくとして、本章では最後に原子力ムラの成立に向けて起こり始めた変化について検討していく。

4　変貌するムラと原子力——原子力ムラ誕生への準備

原子力ムラの成立の条件は既にその一部が整ってきたようにも見える。それは、端的に言えば、戦後成長の開始とともに始まったムラ・地方の側からの成長への欲望と能動性だ。

本節では、その欲望と能動性がいかに原子力へと接続していくのか、簡単にいくつかの重要な変化のあり様を取上げることとする。

4・1　中曽根康弘と正力松太郎——中央の政治・メディアにおける原子力と戦後復興

原子爆弾が広島・長崎に落ち日本の戦後は始まった。その後兵器としての原子力は人類のだれも人類に向けて使ったことがなく、しかし、戦後の世界を強く規定している。原子力は、終戦後の日本社会においても存在した。法的には五五年の原子力基本法に明確だが、そこにだけあるものではない。原子力ムラの前史においてどのように位置づけられるだろうか。

まず、原子力の導入について見ていこう。原子力という悲劇の象徴は戦後の日本社会にいかに入り込み今にまで至るのか。一つの手がかりは、戦時下にある。

すでに本章一節で触れたとおり、日本は戦時下、原爆開発を行っていた。それは、「ニ号研究」と「F研究」と呼ばれる二つの研究だった。

ダワー（2010: 65）によれば、日本の原爆研究はある程度時期が重なるが四つの部分に分けることができるという。

（1）四〇～四二年の軍部による予備的調査

（2）四二年七月～四三年三月の海軍主導の専門家委員会によって行われた実現可能性評価研究

（3）四二年末～四五年四月の陸軍支援のもと東京・理研の仁科芳雄を代表に行われた「ニ号研究」

（4）四三年半ば～海軍の後援のもと京都帝国大の荒勝文策を代表に行われた「F研究」

だ。

ここではその詳細に立ち入ることはしないが、言うまでもなくこの開発計画はほぼ何も成果を出さず失敗に終わった。一方、アメリカはじめ、イギリス、ドイツなどではある程度形になっていた。*3 日本がそこに肩を並べられなかったのはなぜなのか。

一つには、すでに検討したとおり、資源の問題があるだろう。植民地、国内、同盟国のいずれも必要な資源を得る場とはならなかった。二つには、「学」の戦争協力についての「士気」の問題だ。戦時下においては、あらゆるものが総動員された。当然、学術研究者たちも戦時への協力を求められ、それに応じていた。しかし、少なくとも、原爆開発については協力する形をとっていたものの、原爆を本気で作り上げようとする志向は極めて弱かった、つまり面従腹背の状態にあったということができる。それは、研究者たちが原爆について完成するか否か以上に大切にしていたものがあったからだ。

若手の研究者にとって、実験室で戦争遂行の任務に従事することは、人文・社会科学系の研究者には望みえない自己保存の道となった。年配の研究者にとっては、より高度なレベルの組織で協力することは、戦死の可能性から若い同僚を救うための手段となった。（ダワー 2010: 54）

戦時下においても、研究に勤しむ理由付けとして、原爆研究が利用された。そして、多くの研究者が近い将来に日本で原爆ができるとは考えていなかったのだ（ダワー 2010: 55）。つまり、そこには「軍」「学」の利害対立的な乖離があった。しかし、戦後、状況は一変する。

■二元体制的サブガバメント・モデル

戦後の変化として、まず現在に続くあまりに先進国のなかでは他に類を見ない強固さをもった原子力に関する構造の形成が指摘できる。それは、先にも触れた吉岡（1999）によって「二元体制的サブガバメント・モデル」と言い表された、特異な協調的原子力推進体制の確立だ。

「二元体制的サブガバメント・モデル」とは何か。それは、「原子力開発利用の推進勢力が二つのサブグループに分かれ、それぞれが互いに利害対立を調整しつつ事業拡大をはかってきた」二元体制のもとで、サブガバメント・モデル、すなわち「二つのサブグループからなる原子力共同体が、原子力政策に関する意思決定権を事実上独占し、その決定が事実上の政府決定としての実行力をもち、原子力共同体のアウトサイダーの影響力がきわめて限定されてきた」体制が確立していることを示す（吉岡 1999: 20）。

ここではその詳細を省くが、二元体制とは、具体的には電力・通産連合と科学技術庁グループを指す。前者は商業段階の事業を担当し、後者は商業化途上段階の事業を担当する。なお、戦前の主要なアクターであった「学」、つまり大学系研究者はこの二つのグループを補佐する立場にすぎず第三勢力を形成するわけではなかった、と分析される。この中央省庁における「産」を推進する主体と「学」を推進する主体（「学」そのものではない）、つまり「官」における二大推進主体が協調的に原子力を推進する体制が、戦後日本の原子力政策の根幹にあったと言ってよい。

しかし、これが何か特別なことを意味するのか。他の政策において形成される推進体制と何が違うのか。

それは、推進する側と抑制する側という対立が起こり難いという点にある。例えば、ある新規事業をめぐってその成長を推進する主体（経産省）と暴走を抑制する主体（消費者庁、公正取引委員会）といった対立構造のもとで、常にその不正、弊害がチェックされる状況ができる。当然、原子力についてならば、原子力推進側に対して、例えば環境の観点から、長期的な地域振興の観点から、あるいは学術の観点から、それを抑制する主体をそこに対峙させることにより、この緊張関係と健全な推進体制を作ることができる。二元体制的サブガバメント・モデルのなかではそれが不可能だ。そして、それは例えば経産省のもとに資源エネルギー庁、原子力安全・保安院という、抑制する主体であるはずの機関が位置づけられていることに象徴されるように、現在の体制にも引き継がれてきている。

この体制の形成は五〇年代後半にさかのぼることができる。五六年一月の原子力委員会発足の頃はまだ日本の原子力体制の輪郭は曖昧だったが、五六年五月に科学技術庁が生まれ、五七年に日本原子力発電株式会社が設立されると、上記の二元体制モデルが姿をあらわし今につながる。そこにおいては、制度上はそれらの「官」に対峙する形になっている国民から選ばれた「政」における諸機関、つまり内閣における電源開発調整審議会（二〇〇〇年に廃止され後述の総合資源エネルギー調査会に組み込まれる）、原子力委員会、通産大臣の諮問機関である総合エネルギー調査会（経産省における総合資源エネルギー調査会）といった機関（吉岡 1999: 23-27）、また先に述べたように「学」も、事実上「官」の方針に追従するしかない体制にある。結果、「総動員時代から敗戦後の統制経済時代にかけての名残であり、先進国では日本だけが、こうした『社会主義的』体制を現在もなお引きずっている」状態につながってきている。

■政治的アクターとしての中曽根

原子爆弾の開発から五〇年代までの原子力の政治・経済的なあり様を考える際に、ナショナルレベルの二元体制的サブガバメント・モデルと並び、もう一点、重要なのが原子力についてのグローバルな秩序の変化だ。

終戦の後、GHQはまず原子力研究の全面禁止を指示し、研究機材も処分させられることとなる。これは、ここまでも見てきたとおり、軍備解除化のなかでなされたことであった。しかし、講和条約発効後、原子力研究の禁止が明確化されないなかで、日本の原子力研究再興の兆しが生まれてきた。観点のとり様は色々あるだろうが、ここでは中央における二人の人物の動きに注目したい。

一人目は中曽根康弘だ。中曽根は原子力政策について二〇〇〇年八月の時点でのインタビューで以下のように語っている。

私は昭和二〇年の広島原爆のときに高松におってね、それで朝、多分それが原爆雲だったと思うんだが、午前八時頃、大きな雲が舞い上がった。火薬が爆発したと思ったんだけど、どうもあれは原爆雲ではなかったかと。私はその前から海軍省軍務局におって、日本も核兵器をつくるかつくらないかという話は多少は聞いていた。私の家内の父親が理学博士で、割合そういう面は詳しかった。そういう意味で、原子爆弾や原子力には興味を持っていた。核というものを非常に頭の中で考えてきた一人だ。（外岡ほか 2001:587-588）

中曽根は五一年一月に後に国務長官になるジョン・フォスター・ダレスが来日した際に、航空と合わせて原子力の研究についての自由を求める書簡を送っている。それが直接的な影響を与えたかは別にして、結果として講和条約までに原子力の研究が禁止されることはなかった。しかし、学術会議において原子力研究開始の是非についての議論が繰り広げられるが結論が出ないまま時間がたっていった（吉岡 1999: 57-62）。

そのようななかで五四年三月、国会において原子力予算が成立する。これは原子炉築造費、ウラニウム資源調査費、原子力関係資料購入費などの本格的な原子力の研究開発の初期費用を予算化したもので、中曽根をはじめとする議員が提案したものだった。学術会議は反対の意志を議員たちに示したが、受け入れられることはない（吉岡 1999: 64-65）。結果として、戦時下とは違い、原子力に関する主導権は「学」の手から離れていったということができるだろう。

そして、この五四年という年に、学術会議も議論を取りまとめないままに反対をするほど唐突に、原子力予算が立てられた理由は、五三年の一二月にアイゼンハワー米国大統領による「atoms for peace」の演説が行われ、原子力についてのグローバルな秩序の変化が起こったことが大きい。この秩序の変化とは、米国が禁止の政策から管理の政策へと転換したことを指す。

当初、終戦時に原子力開発の最先端にあったアメリカは他の国の原子力分野での伸張、とりわけ日本やドイツの原子力の研究を抑えようとしていた。しかし、ソ連が四九年に原爆実験、五三年八月には水爆実験に成功し追いつかれてきた状況のなかで、原子力を禁止するよりも、自らの技術を積極的に同盟国や途上国に提供し共同研究・開発を行うことを目指すようになった。その第一の理由としては、その国がソ連陣営に取り込まれることを防ぎ、またその国が独自開発に成功し新たな勢力として台頭することを防ごうとしたということだ。第二の理由としては、水力発電に続く巨大輸出産業としての原子力発電がGEとウェスティングハウスという米財界の大勢力によって認識され、その輸出ルートの確保が図られたということがある。米国は「原子力発電の経済性」についての文書を日本政府に送ることもしてきていた(有馬 2008: 45-46)。そういった米国にとっての利害実現のための大義名分が「atoms for peace」つまり、「原子力の平和利用」という方針だったと言える。ここにおいて、原子力の軍事利用と平和利用という、前者を陰・野蛮・非人道的……、後者を陽・文明・人道的……と人々に認識させうる二項対立的枠組みが形成されたのだった。

その「大義」は有効に作用し、五五年一〇月やはり中曽根が委員長となって原子力合同委員会が誕生し、民主党・自由党・左派社会党・右派社会党の四党が平等にポストを分けあう、挙国一致体制のもと、五五年一二月には原子力基本法が制定されることになった。

グローバルな秩序の変更のなかで、中曽根をはじめとする一部の政治家による日本の原子力研究・開発への志向が国をあげての原子力導入へとつながっていったのだった。

■マスメディアと正力

しかし、二元体制的サブガバメント・モデルを作った「官」あるいは「産」、その導入期に活躍した「政」、さらには戦時と違いそれらの後塵を拝することになった「学」だけでは、計画はできても、実行はできない。実行をするには、中央の見えやすいアクターだけでは足りない。すなわち、ここまで政治・経済的な要素としてきたものを越え、文化的な部分、中央の「政・官・産・学」のなかでは名も声もないような民衆まで含めた挙国一致体制の形成を見極める必要がある。

そこで見落とせない重要さを持つのが、マスメディアの役割だ。ここに二人目の日本の原子力研究再興に動いた人物として正力松太郎を振り返る必要がある。

正力は、戦前から戦後にかけて警察官僚、読売新聞社主、日本テレビ初代社長等を歴任。そして五五年二月には衆議院選に出馬し当選している。その際に掲げたのが「保守大合同の実現」と「原子力の平和利用による産業革命の達成」であり（佐野 2000: 234）、これは同年一一月の保守合同と一二月の原子力基本法、翌年一月の原子力委員会初代委員長就任にてすぐさま形となった。

この裏にあった政治的意図については、その生涯を追ったノンフィクション作家の佐野眞一『巨怪伝』（2000）や近年公開されたＣＩＡ機密文書から政財界での振る舞いや米国との交渉を明らかにした社会学者の有馬哲夫『原発・正力・ＣＩＡ』（2008）が詳しいが、ここで重要なのは、正力が「atoms for peace」の戦後日本への定着に大いに関与したということだ。

被爆国の日本で原子力の研究開発を進めることは容易ではない。日本学術会議も、原子力の研究が軍事目的に使われるようなことがあってはならないと決議したほどだ。このような姿勢を変えるとすれば、メディアの力が必要だった。また、当時の日本の経済力と研究状況では、アメリカの援助なしに原子力の研究開発を進めることは難しかった。誰かアメリカから援助を引き出せるような強力なコネを持った人物が必要だ。そこで浮かび上がってくるのが、メディアとアメリカ・コネクションをもった正力だった。（有馬 2008: 46-47）

正力が読売新聞上で行った原子力導入へのキャンペーンはその象徴だ。例えば、五三年正月の紙面を飾った「水爆を平和に使おう本社座談会」では

このほどアメリカに水爆が完成しこれが試験に成功したことが伝えられ、しかもこの水爆の威力は広島、長崎における原爆の百ないし千倍ということがいわれておりますが、原爆の洗礼を受けた日本としては非常にこれに関心を持つとともに原子力を平和的に使うということに大いに心を寄せているのであります。軍事的に大きな力のあるものを平和のために使うことができますなら、これはわれわれにとって、いや全世界の人々にとって誠にこの上もない幸福をもたらすに相違ないと思う。こういう趣旨でお話を進めていただきたいと思います。（読売新聞 1953）

と始まり、以下のような見出しが並ぶ。

まず大発電所建設　日本中の建物にスチーム
船にはこうして使う
副産物のお湯を利用
デパートに原子売場？
月世界の征服近し　音速三〇倍のロケット
行くなら金星
木星を打ち砕いて第二の地球造る
台風を自由に操る　上陸させずにアメだけ
ガン治療や洪水予報

ここにあるのは原子力が「夢のエネルギー」としてナイーブに描かれる姿に他ならない。それは、九〇年代半ば以降のＩＴ化の初期において、未知のＩＴにやたら鮮やかな未来が投影される一方でその弊害やもたらされる社会構造の変化が表面化しなかったことと同様に、日本社会での評価が未だ一定のものを持ってはおらず、そこにプロパガンダとしてのメディア展開がなされていた状況があったと見ていいだろう。

もちろん、この時期に原子力の負の側面が全く認知されていなかったというわけではない。広島・長崎の原爆がそうであるし、五四年三月の第五福竜丸事件は社会に大きな衝撃を与え、既に触れたとおり、後に映画『ゴジラ』の制作へとつながっていく。しかし、それをも飲み込む形で「戦争の道具を平和と夢のために使う」というメタな社会的意味づけが、戦後日本における原子力の導入期においてなされていた。同年、米軍の核兵器持ち込みが国会で取上げられる一方、原水禁運動の始まりの兆しも見えるなかで、読売新聞は八月一二日から一一日間に渡って新宿・伊勢丹で「だれにでもわかる原子力展」を開催した。そこでは、第五福竜丸の被曝した船体を会場に展示する（有馬 2008: 52-54）という原子力の負の面をあえて表に出すことで、一見わかりずらい高度な科学技術としての原子力に対して世間の耳目を集めるとともに、逆にそこに平和利用推進の象徴として位置付けとして大盛況となった。そして、「原子力平和利用推進キャンペーン」の成功は、「原子力による産業革命」の公約を掲げた選挙での勝利へと直結し、原子力を正力自らの政治的野心の達成にとっての重要な手段としていくのだった。

それは五五年以降も、原子力の日本社会での実現に向けて重要な役割を果たしていく。当時ソ連が友好国への援助をちらつかせながら行っていた「原子力平和利用博覧会」を模した形で、五五年一二月、米国と正力によって「原子力平和利用博覧会」が読売新聞主催で開かれた。会場となった日比谷公園の二〇〇〇坪の敷地には連日長蛇の列ができ、三六万五六六九人の入場者数があった。そしてこれは三年間に渡って全国二〇箇所を行脚しながら世論を喚起していったという（有馬 2008: 120-123）。

ここで、中曽根と正力の違いをあえて鮮明にすることを試みるならば、正力には原子力に対する興味はなかったということだ。当然政治的な手段としての興味としてはあったことは間違いないだろうが、科学技術としての関心はなかったと考えられる。それは「小型の原子炉を購入したいので、今すぐ手配

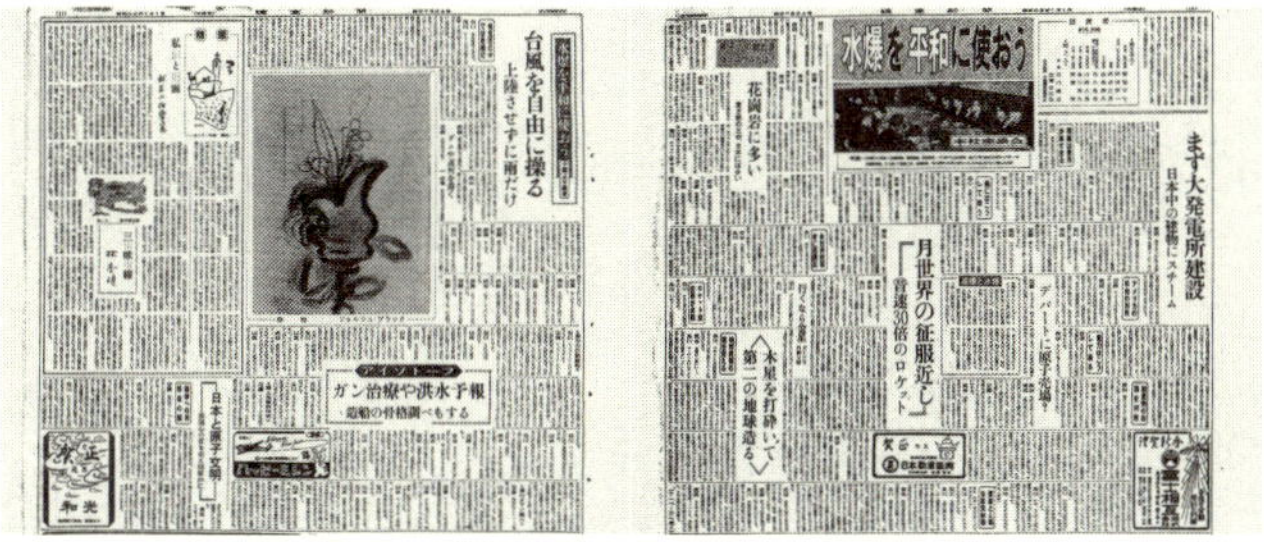

画像 10　「水爆を平和に使おう」座談会
（『読売新聞』1953 年 1 月 1 日朝刊）

しろと言った」（有馬 2008: 124）「原子力委員会委員長になるのを前に科学技術庁設立準備の会合に出席した際に、核燃料をガイネンリョウと発音するなど、余りにも原子力の基本的な知識が不足し周囲に助けられっぱなしだった」（佐野 2000: 243-241）というエピソードにあらわれる。

しかし、それでも、「資源のない日本を復興させるためには原子力の平和利用しかない」（佐野 2000: 234）という口癖は、正力の個人的利害とは別に社会的な支持を得ることにつながっただろうし、確実に戦後日本の成長の文脈に原子力の芽を植えつけた。それは、もう一方で、より大きな国際的利害をも踏まえた中曽根の国家的野心、すなわち、後に自らが防衛庁長官となった際に「日本は核をもたない。あれは業の兵器だ」と発言しつつ、秘密裏に「日本に核兵器を持つ必要ありや」という研究を進めていたというエピソード[*4]に象徴されるような、大衆が原子力に見た「夢」とはまた別の、戦後日本の「夢」と共鳴しつつ、「原子力の平和利用」というパッケージのもと大衆に受けられていったと言える。

原爆によって始まった戦後日本は、必然的に原子力に強いスティグマ、負の象徴を見出しながらも、それは戦後復興の機運のなかで、一方ではグローバルな秩序と、他方で国内の大衆との間で、平和利用としての原子力という象徴へと反転していった。そして、そこにおいて原子力は、中曽根・正力に夢を見せるのみならず、読売新聞が描いたような大衆にとっての戦後復興の先にある世界をも見せる夢のメディアとなっていったと言える。その夢が、今日から見れば幻想にすぎないものだとしても、ビッグバンを起源とした宇宙の如く、原子爆弾を起源にもった戦後日本社会を、再び国民国家として一本の糸でつなぎ合わせていったのだった。

4・2 ムラの変貌――「村の女は眠れない」

五五年体制が整うといよいよ高度経済成長がはじまることとなる。それは、「核の傘」のなかに入り経済成長に集中する過程であったが、その元には「平和としての原子力」「軍備としての核」というような切り分け、つまり「核＝原子力」という当然の結びつきが「核／原子力」＝「軍事利用／平和利用」という分化を経て、原子力が日本社会に受容されていく動きもあった。しかし、まだ原子力は「ムラ」にやってきてはいなかった。いよいよ原子力ムラの成立が迫るその直前において「ムラ」はいかなる状態であったのか。ムラはすでに変貌をはじめていた。それが原子力ムラの成立にとってかかせない条件となっていったことは言うまでもない。ここでは、原子力ムラも位置する阿武隈高地の山村で農林業に従事しながら詩や評論を遺した草野比佐男の文章からその状況を追ってみる。

草野比佐男は二七年に生まれ、原子力ムラの北側にある福島県立相馬農蚕学校を卒業し、同じく南側にある現在のいわき市に住み続け〇五年に七八歳の生涯をとじた。草野を一躍、「中央」において、有名にしたのは詩集『村の女は眠れない』だった。七二年に出版されることとなった同詩集は、本来個人的に書き溜めていたものであり、それがＮＨＫでドキュメンタリーとして取上げられたことで、出版することとなったのだった（草野 1972=2004: 181）。

この詩集の内容、そして草野の他の作品の底に通じるものは、他でもない、高度経済成長のなかで変貌する農村の姿であり、その精神の変化だったと言える。

なぜ「村の女は眠れない」のか。それは、成長のなかで露呈してくる農業という産業の衰退とともに深まる出稼ぎ、若者の流出と過疎・高齢化、そしてムラの文化の崩壊のゆえだ。

：：

村の夫たちよ　帰ってこい
それぞれの飯場を棄ててまっしぐらに眠れない女を眠らすために帰ってこい
横柄な現場のボスに洟ひっかけて出稼ぎはよしたと宣言してこい
男にとって大切なのは稼いで金を送ることではない

女の夫たちよ　帰ってこい
一人のこらず帰ってこい
女が眠れない理由のみなもとを考えるために帰ってこい
女が眠れない高度経済成長の構造を知るために帰ってこい

帰ってこい　自分も眠るために帰ってこい
税金の督促状や農機具の領収書で目貼りした納戸で腹をすかしながら眠るために帰ってこい
胃の腑に怒りを装填するために帰ってこい
装填した怒りに眠れない女の火を移して気にくわない一切を吹っとばすために帰ってこい
女といっしょに満腹して眠れる日をとりもどすために帰ってこい
たたかうために帰ってこい

帰ってこい　帰ってこい
村の女は眠れない
夫が遠い飯場にいる女は眠れない
女が眠れない時代は許せない
許せない時代を許す心情の頽廃はいっそう許せない
（草野 1972=2004: 32-34）

すでに触れてきたとおり、戦前には、農林漁業や製紙・製糸のような軽工業を中心に営まれてきたムラは、戦時下から国家の体系に取り込まれる形で、中央の要請のもと食糧の増産や工業化を進め、戦後、ますます強化されていった。戦後の地方自治制度は、一時は民主化・分権化の方針のもと地方の利害が優先される動きもあったが、自治体が中央官庁の直接の監督を受ける機関委任事務が設けられ、五四年に設置された地方交付税制度は地方から中央への依存を強めた。五四年に自治体警察制度が、五六年に教育委員公選制度が廃止され、一方で五三年に施行された町村合併促進法が市町村数を三分の一にすることとなり、五〇年代後半には、効率的に中央の意志によって地方からムラの末端まで統制が利きやすい条件が整っていった。六〇年、池田内閣による所得倍増計画は、すでに始まりつつあった地域開発を加速させ、地方の中央志向、あるいは中央依存とも言える状況を深化させる。それは、六九年に定められた新全国総合開発計画がすでに過疎・過密、地域格差の解消を打ち出していたことに象徴されるように、成長のためにある地方やムラの切捨てを生み出していくことと表裏の関係にあった。

農業にとって高価な肥料や農耕機器が必要になり、その借金を背負いながら働き手は出稼ぎのために一年の大部分をムラから離れることも少なくなかった。出稼ぎ先では安全ではない肉体労働に従事することも多く事故も少なくはない。子どももムラを離れるがムラには戻らずに都市で就職することも多く、ムラの高齢化も進んでいった。日本が「成長」すればするほど衰退するムラの現実。そこにかつてあったものが中央の成長によって揺らいでいく。

中央はここ

東京を中央とよぶな
中央はまんなか
世界のたなそこをくぼませておれたちがいるところ

すなわち阿武隈山地南部東縁の
山あいのこの村

そうさ　村がまさしくおれたちの中央
そもそも東京が中央なら
そこはなんの中央
それはだれの中央
そこで謀られるたくらみが
おれたちをますます生きにくくする

そんな東京を
きみはなぜあがめる
そんな東京に
きみはなぜ出かける
葉のない鉄骨になぜヘルメットの黄の花を咲かせる
所詮は捨て苗のかぼちゃに如かない
花のあとにはうらなりの実も残らない

まぼろしの中央に唾して
本来の中央に住め
⋮
東京をかりそめにも中央とよぶな
僭越な支配がめあての詐称を許すな
（草野 1972=2004: 156-157）

これまで、本書では自律性を確保しつつ営まれてきたムラが戦時・戦後を通して国家の体系のなかに組み込まれてきた過程を分析してきた。それは、草野が指摘するように、本来は「中央」であった「おれたちがいるところ」が知らぬ間に周縁へと押しやられ、その変化がムラを「生きにくくする」とした主張と通じるものだ。草野は、「こんにちの農業の混乱や衰退による個々の貧窮は、すくなくともぼくのせいではない」「生活苦をかわすための出稼ぎや兼業もしくは転業は、とどのつまり理不尽を許容することとです。」「ここで責任の所在を曖昧にすれば相手は増長して、さらに無理難題を推しつけてくるのが必定です。」（草野 1972=2004: 185）と語る。
中央との接合が深まるとともに、ムラはその依存の度を深めざるを得なくなり変貌していく。それがこの戦後から五〇年代、六〇年代はじめの急激な構造転換の中で生まれてきた変化だった。

本章では、原子力ムラが成立する以前の段階において、特に中央－地方－ムラという枠組みにおいて、いかなる関係性を形成してきたのか確認した。それは、現在の原子力ムラが未だそこに原子力の姿を明確にしないながらも、国家の体系のなかで開発をされる可能性をもちながら、自らその開発を望む主体性をもち、一方で、農村が戦後成長のなかで後進性・周縁性を持った存在として食糧、労働者、そしてエネルギーを中央に出す存在として固定化されるものだった。

すでに原子力ムラが成立する条件の大部分は整ったと言える。次章では、原子力ムラがいかに形成され、それが確立していくのか検討していく。

第四章　原子力ムラの成立——一九五〇年代半ば〜一九九〇年代半ば

本章では、原子力ムラの成立の過程を検討していくこととする。

前史の検討によって明らかになったムラの変貌を通して、最も原子力ムラの成立に影響を与えたものをあげるとするならば、それは国家の体系のなかにおけるムラの自己相対化、あるいは自己差異化だったと言える。

かつてムラは自らの維持を関心の中心に存在していた。例えば、どれだけ作物が豊作か、漁獲物が大漁かという生産、あるいは子孫がムラで落ち着いて暮らしていけるかという再生産への関心がそれだろう。しかし、そのような要素を残しつつも、戦時から戦後へと移行してくるなかで、大きな変化が起こってくる。それは、国家のなかの「部品」、「構成素」としてのムラの自覚だ。

ムラはかつてとは違い、「国のために」とムラの変化を厭わず、ムラ自身を国家に寄り添わせながら存在するようになってきた。そこにおいて、ムラは国家という鏡を見ながら、自らを変え、国家の戦争や成長にとって自身の身に不完全な部分、「欠如」があるのならば、その「欠如」を補おうと懸命にもがく存在となったと言える。

成長期において、ムラは鏡を見て自らの容姿を確かめながら、自らの後進性や周縁性を自覚し、そこから逃れ中心に近づこうという作動を見せるようになる。その作動のエネルギー源となったのが、三章でみてきたような種々の事例であり、原子力ムラにとっての原子力であった。国家という鏡のなかで、中央との関係において自らを相対化し、あるいは差異化していったのだ。そのことは、厳密な論証を待つまでもなく、戦後成長にとって不可欠なことだったと言えるだろう。五五年体制をはじめとする戦後の長い期間を支えてきたシステムは、その作動に不可欠なものとして横たわり成長を実現してきた。

しかし、それが、かつてムラが欲した中央への接近を実現したのかというと、違うといわざるを得ない。確かにムラはかつてのような、生々しい飢餓からは逃れたかもしれない。だが、中央との関係における貧困あるいは相対的剝奪のなかで、高齢化・過疎化、あるいはモノカルチャー化がますます進んでいる。そして、少なくとも成長期を終えた今日においては、成長期に語られた地域開発による発展やバブル期のリゾート開発による一発逆転などは幻想であることが明らかになるとともに、かつてその幻想を描くのに役立った成長する国家という鏡は、もはや容易に突き破れないただの硬い壁として目の前にたち現れてきているといってよい。そして、今日において、ムラはより大きくなっていく「欠如」を自覚し、自動的かつ自発的に服従をしながら、自らを逃れようのないaddictionのなかにうずめていっていると言える。

本章が検討すべきことの最も重要な点は、いかなる条件が原子力ムラの成立を可能にしたのかということだ。それは、一つには、中央とムラとの接合の具体的な状況とその状況への抵抗が抑えられていく過程、もう一つは、それを受け入れていく側であるムラの側の欲望への注目によって明らかにされる。さらに、そこで明らかにされた原子力ムラの成立は、〈原子力ムラ〉、すなわち中央における閉鎖的・硬直的な原子力をとりまく集団、アクターとも共鳴しながら、戦後日本と原子力の関係を確立する。

前章末でも述べたとおり、もはや原子力ムラが成立する土台の大部分は整った。ここでは、その土台の上に、いかなる具体的なアクターの動きがあり原子力ムラが成立していったのか、大きな流れに触れていくこととする。

1　反中央であるがゆえの原子力

三章で見てきたとおり、戦時下から戦後にかけてムラは急激な変貌を遂げた。その変貌はただ表面的な政治制度や経済状況の変化にとどまらず、ムラと中央や地方との関係性を根底から変え国家の体系自体を大きく転換させるものだったと言える。そこでは、地域開発における中央と地方とのつながりが重要な役割を果たしていた。当然それは原子力による地域開発にも連続するものだった。まずは、その連続を追っていくことで、原子力の成立の過程を明らかにする。

1・1　「地方への」から「地方からの」への転換――原発誘致のエージェント

三章で触れた只見川電源開発を再度振り返れば、貧困にあえぐムラを豊かにするであろう、その開発を進める上で最も重要だったのは、例えば、民選二代目知事・大竹と吉田茂の関係のような、地方と中央のつながりであり、それは大竹が中央との強いコネクションをもつ斎藤を後任にしようとしたことにもあらわれる。

実は、この中央‐地方関係には、もう一本重要な伏線があった。それは、民選初代の石原が知事を辞めたのは参議院補欠選への出馬のためだったということだ。四九年一一月に県選出で参議院議長を務めていた松平恒雄の急逝により、知事の石原に補選出馬の白羽の矢が立った。すでに「知事・石原‐議長・大竹」が軸となり只見開発に向けて新潟の分流案との戦いが始まっていたなかで、松平も中央において早期開発を目指して運動していたが、その後を引き継ぐ役割として石原が出馬したのだった（岡部 1991: 59）。つまり、「知事・石原‐議長・大竹」という只見開発への布陣を「参議院議員・石原‐知事・大竹」という「中央‐地方」関係へと拡大した。これは「県の中央での動きは新潟と比べて相当劣勢であった」（107）なかで、どうにか開発の主導権を新潟から取り戻そうという動きだったと言える。

もちろん、官僚出身であるという点で中央からの強い要請があったという側面はある。しかし、石原には知事辞任の演説の際には、戦後改革のなかで中央から突きつけられる無理難題に超党派で対抗してきた県議会の仲間たちからは涙ながらに送られた（岡部 1991:60）というエピソードも残るとおり、それは「地方のエージェントの中央への送り出し」の側面を強く持っていたと言える。つまり、「中央のエージェントが地方に送り出されてくる」という官選知事制度等の明治以来の地方統治を支えてきたシステムが反転し、「地方のエージェントが中央に送り出される」状況があったのだ。

後に石原は、五九年に成立した岸内閣で佐藤栄作蔵相、福田赳夫農相、池田勇人通産相、中曽根康弘科学技術庁長官とともに、国務大臣（自治庁長官・自治大臣）に就任する（岡部 1991: 61）。この高度経済成長から、所得倍増計画への勢いの最前線にあった内閣の面々のなかに地方自治の長として顔を並べるということが、石原が中央で少なからぬ影響力を持っていたことを物語る。それは、只見川開発をはじめ、新産業都市の指定、原発の誘致等、福島県に大規模開発をもって行く際に重要なルートとなっていくのだった。例えば、六五年の選挙公報では以下のように述べている。

県民の皆さん、私は皆様方の暖かいご支援により中央政界に出まして今日まで、県土の発展と国政の進展のために努力してまいりました。この間、初代の自治大臣に就任する光栄に浴し、お蔭様で中央政界にも一段の発言力をもちうるようになりました。（岡部 1991: 75）

このときすでに大竹の役割が、「中央政界における一段の発言力」が中央から地方への再分配にとって重要なものであることが大竹にとっても県民にとっても自明のこととなっていたと言える。

初代民選知事として只見開発などの戦後初期の県土開発の方針をつけた石原、それを引継ぎ新潟との駆引きに勝利した大竹、そして、それを実行していた佐藤善一郎が急逝したのは六四年のことだった。その際に、後任知事の決定を先導したのもまた、すでに自治大臣を経験していた石原だった。佐藤善一郎の通夜が一段落した席で「次は木村さん、あんただよ」（岡部 1991: 73）と指名がなされ、当時、参議院議員だった木村守江が知事となったのだった。

原発が福島県に誘致された時期に知事だったのは佐藤善一郎だった。そして、その「地方のエージェント」となったのは木村だった。

まず、この「知事・佐藤善一郎（地方）－参議院議員・木村守江（中央）」体制において、原発と同様に大きな実績となった六四年の常磐・郡山地区への新産業都市指定に触れる必要がある。

新産業都市とは、六二年の全総によって定められた拠点開発方式、つまり、後進地域に拠点を置いてそこを中心に地域を開発することによって国土の末端まで成長を促そうという方式を具体化したものだ。新産業都市の指定にあたっては、全国で一〇ヵ所を指定するとした政府の方針に対して全国で四四ヵ所の地域が名乗りをあげ霞ヶ関、永田町に空前の陳情合戦を引き起こした。この陳情合戦は、地域の実情とは関係なく、より多くの国家プロジェクトを、中央のカネ・モノをいかに地域に取り込むかを自治体が意識するきっかけとなり、地方（知事・地元財界）－地元選出国会議員－官僚というルートを通した分配の政治の最初のきっかけとも言われる（本間 1999: 22-24）。

福島県はすでに只見開発において、このルートの実践を積んでいたこともあり中央への陳情を優位に進め、結果として、当初の枠一〇は五個増えて「四四分の一五」の一つとして常磐・郡山新産業都市の指定を受けることに成功した。

実は、この常磐・郡山新産業都市というのは、他の指定をうけた都市のなかではいわくつきだった。と言うのは、常磐と郡山の間は山岳地帯であり、距離も離れている。本来は拠点であるわけだから、「一件の複数指定は絶対にありえない」（岡部 1991: 155）という前提があり、一地域に絞らなければならない。にも関わらず、二つの地域を強引に一つのものとして押し通そうとすることから「メガネ」「ヒョウタン」と揶揄されながらも話を通してしまった。それは、やはり、中央とのつながりが強かったゆえのことに他ならない。

例えば、先述の通り参議院議員になっていた石原と木村は、当時、自民党副総裁だった大野伴睦を常磐・郡山地区の指定に動かそうと、地元の視察の際には、事前にその内容を伝えずに、常磐にて二〇〇

○人の市民を集め新産業都市指定獲得総決起大会を開き驚かせた。その場で大野は以下のように語る。

国会が忙しくここ二、三日あまり眠っていないので、福島県にくるのをやめようかと思ったが、親友の木村守江君や石原幹市郎君からぜひ来てくれといわれ、また、佐藤知事からも、去年からスカイラインを見て一句詠んでくれとなんどもいわれていたのでまかり出た。

ところが平駅に降りて、すさまじい歓迎に驚いたね。いったい、なんだろうかと思ってきたが、木村君にタネを明かされたわけだ（満場爆笑）。しかし、石原県連会長にもいっておいたが、新産都市問題についてはノーコメントだ。

実は池田総理との協定で、総裁と副総裁は一切関係しないことにしたのだ。ところが池田総裁は陳情団に会わないでもすむが、わしは大衆政治家なのでそうはいかない。（爆笑、拍手）。…大ていのことなら胸を叩いて〝おれにまかせておけ〟といえるが、総理との協定もあるのだから、そういえないわしの心境をわかってもらいたい。（笑い）

しかし、諸君、悲観することはない（満場拍手、大野さんも笑う）。もっとも楽観されても困るがね。（爆笑）まあ、以心伝心と言うわけだ。（爆笑、拍手）常磐地方の条件はいいし、それに、わしは同志からいわれれば、いやといえない性格でね。（後方の知事、木村、石原氏を振り向きながら）わしには直接の権限はないが、帰京したら、さっそく八人の関係大臣にないしょで、常磐・郡山地域のことについて聞いてみてやろうと考えている。（拍手）…（岡部 1991: 157-158）

翌日には郡山で、同様に三〇〇〇人あつめ、「わたしに指定の権限はないが、一運動員として全力をあげる。まあ、わたしくらい有力な運動員はなかろう」と言わしめる。明らかな山岳地帯のなかを通る常磐から郡山への移動の際には電車の窓を覆い隠し「山がない」という演出をした上で、「これ丘です」とごまかしたという冗談か否かわからないようなエピソードも残るが（高橋 2001: 336）大野の心が動いたのは確かだったに違いない。

実際は、大野が言うように、大野に直接的な権限はなかったが、新産業都市の指定は最終的には閣議で選定される以上、大きな影響力はあった。無論、このような情に訴えかけるやり方だけでなく「金権」もあったかもしれない。しかし、そうであるとしても、知事、地元選出国会議員、そして住民を動員したであろう地元政治家、地元財界人が総力をあげて陳情にあたっていた。さらに、郡山では、市長が社会党員だったが、新産業都市獲得のために社会党を離党し（福島民有新聞社編集局 1976: 448）、また、福島民報、福島民友新聞の地元二紙も只見開発の時と同様、競うように早期獲得の論陣を張った（木村守江 1984: 188）。政治は党を超えながら、地元メディアも一丸となって県土の開発に夢を見て、それを欲し、盛り上がっていったのだった。この当時、地方にとってもムラにとっても、県土開発をいかに呼び込むか、ということが最大の問題だった。

そのようなかで、「知事・佐藤－参議院議員・木村」の協力によってなされたのが原子力発電所の誘致だった。

日本で最初の原発は日本原子力発電株式会社によって茨城県東海村に作られたわけだが、これは正力松太郎が一〇〇万坪の用地確保の必要性と茨城県選出の大久保留次郎代議士との友好関係のなかで個人的に決めたとされる（有馬 2008: 156）。しかし、正力は五六年ごろには早々に原子力政策の主導権争いから退場していた。

東京電力は関西電力と競う形で最初の原発建設を進めていた（橘川 2004: 164）。そのなかで、福島の現在の原子力ムラに原発がきたのはなぜか。

それは、木村が「ある時、私はふと、この地を利用するには原子力発電以外にないのではないかと考えた」からだった。木村は五五年八月にヘルシンキで開かれた万国議員会議に参議院議員として参加した際、たまたま原子力会議と博覧会を目にしたのが「原子力に関心を持つ切っ掛け」だという。

自らの選挙区である双葉郡は、平坦地が少なく農業は困難な上、海岸線は絶壁で利用価値がない。郡民からは何とか工場誘致をしたいという陳情を受けていた。そして、当時の東京電力社長の木川田隆一が同じ福島県出身だったと言うこともあり相談をはじめた。構想は、まず支援者の前で五七年正月に発表された。しかし、「聴衆の中には原子力発電など知る人もなく、あんな大風呂敷を拡げてよいものか」と一笑に伏されたという。

この当時の原発の状況で押さえるべき点は二つある。一つは、この五七年というのは、まだ東京電力も原発について本格的な計画を打ち出せないでいたこと、もう一つは、原子力基本法に向けた読売新聞でのプロパガンダこそあったものの、住民が原子力で発電ができてそれが地元にくる、などということは想像できないことであり、危険性についてなどはなおさら認識されていなかったということだ。

なお、六三年三月の新聞によれば、六三年が「第二次原子力ブーム」だとすると、「第一次原子力ブーム」は五四年前後にあったという認識が提示されている。この二つについては、第一次原子力ブームは、政治家や学者、技術者による専門的かつ抽象的な議論であり大衆にはそれほど伝わることがなく、一方第二次原子力ブームはやっと電力会社も具体的な方針を出すようになり、立地地域の選定等も進んできたがゆえのブームと区別できる（読売新聞 1963）。

このことから考えると、木村がはじめて原発の誘致を意識した時、原子力というのは、そもそもその危険性はもちろん、存在としていかなるものなのかもよくわかっていない状態にあったと考えられる。そして、五七年ということは、木村が本当に最初期に、他に競合する自治体がいないようななかで原子力誘致に手をあげたと考えられる。この早さが他でもない、福島県双葉郡が原子力ムラになった理由の一つだろう。そして、根回しは着々とすすめられ、六一年に福島第一原発の立地地域である双葉・大熊の両町議会で誘致の意志が示されることになると、残りの問題は土地の確保だった。正力が東海村を選定する際にもそうだったように、広大な土地をスムーズに手に入れることは原発立地にむけて不可欠だったのだ。

しかし、土地の問題もすでにある程度めぼしはついていたと考えられる。それは、先にも触れた堤康次郎率いる国土開発が戦後の払い下げによって手に入れ、塩田としていた土地が手に入ることが見えていたのではないかと言うことだ。ここにも、「地方からのエージェント」の中央における活躍が生きる。木村は計画が具体化してきた時期を回想して以下のように語る。

当時、元衆議院議長の堤康次郎氏と会う機会が多かったので、同氏が所有していた双葉海岸の長者ヶ原という荒廃していた製塩場跡（飛行場になったこともある）が、太平洋に面し、敷地も広く、人

家も少なかったから原子力発電所によいと判断し、その話をすすめた。（木村 1963: 216）

また、知事を引退した後、衆議院議員になっていた大竹の当時の秘書羽柴魯九郎は以下のように振り返る。

麻布の堤康次郎のところへもよく寄った。堤さんとは、古くからのつき合いのようで…大竹さんが衆議院議員のころ［六〇～六三年］、堤さんから相談がありました。「君の県の浜通りに、塩田があるのだが、今はもう塩は海水から直接取れるようになったから、要らなくなった。君なら、長い手形でいいから引き受けてくれないか」ということでした。今の大熊町の、原子力発電所になっているところです。

大竹さんは、そこが原子力発電所の予定地として、東電が、ボーリングや調査をしていることを、木川田一隆さんから聴いて知っていたから、知らん顔して引き受けていれば、大した利益になることは明白でした。ところが「実情を知っていて、あんたから買うわけにはいかん」と断った。しかし盟友のことだから「実はあそこは……」と実情を教えた。そこは利にさとい堤さんのことだから、「それはよいことを教えてくれた」と大いに欣んだそうです。（松坂 1980: 223）

これらから言えることは、事前に実現可能性を高めた上で一気に計画を進めるための用意周到な根回しと、中央における極めて私的なコネクションの網のなかで地域開発を確実にしようとするプロセスの存在だ。このようにして福島第一原発はスムーズに計画実行にいたったのだった。

そして、六四年木村は福島県知事に就任する。木村は早くから中央で培った経験と、政務次官をつとめたことがある建設省・通産省などを中心としたつながりをもとに、他の自治体に先駆けて中央から予算を持ってくることに力を見せた。その政治姿勢は「後進県からの脱出をめざし、何が何でも東北一になろうと、道路、建設、開発などの公共事業を中心とした高度経済成長制作を積極的に取り続けた」ものであり、県庁の土木部職員以上に道路に詳しい「道路知事」とも呼ばれていた（木村 1990: 713）。その後、木村は四選することになり、全国知事会長に東北からはじめて選ばれるが、そのころには県庁内で「天皇」から「神様」とまで言われるほどのカリスマ性なのか、あるいは独善性なのか、少なくとも、特異な力を持つことになる。そのような仕事のはじまりが、新産業都市と原発であり、特に知事就任後は原発を中心に動き「原発知事」とも評されるようになっていた（読売新聞 1975; 朝日新聞 1976b）。

1・2 原子力イメージの連続と断絶・原子力ムラの成立

しかし、福島県を一大電力生産県にすることを目指して滑り出し順調だった原発誘致も順調には進まなかった。六〇年代半ば以降、徐々に原発に対する社会からの風当たりは強くなっていく。それは、六〇年代後半を通して徐々に露呈し、七〇年代に爆発することになる、公害論争、環境運動への自覚のなかで起こってきたものだった。ここで、原発のパブリックイメージについてまとめておこう。

ここまでも触れてきたとおり、原発のパブリックイメージは、「夢」とともに語られるようなポジティブなものとして始まった。それは、一方には、未だ害も効用も抽象的なものでしかなかったこと、もう一方には軍事利用と対置させる形での「原子力の平和利用」というイメージ設定が成功したことがあった。その結果、五二年から連載が始まっていた『鉄腕アトム』は六三年から六六年にかけてテレビでも放送され人気を博し、六九年から連載がはじまった『ドラえもん』は原子炉を動力として動いているという設定がなされたのだった。

しかし、六〇年代後半になると、一方では学生運動をはじめとする政治的な社会運動が極値点に向かうなかで、後にその衰退と入れ替わる形で大きな波となる「新しい社会運動」の萌芽が生まれる。その大きな軸となる環境運動に集約されるような関心が徐々に現れてきたのだった。

例えば、最も早い時期に原子力と公害の関係に言及した部類に入るであろう、「原子力発電にも公害論争」という新聞記事は六七年一〇月に出たものだ。「発電所から出る温水と放射能が漁民の生活を奪わず〝水俣病〟を起こさないという確証がないかぎり反対」という漁民の声とともに紹介されるその記事からは、やはり水俣病など、当時徐々に社会的関心を集めていた高度経済成長の暗部が見て取れる。この頃から新聞紙上では「核アレルギー」という言葉が登場し、それまではなかったような、大衆の反原子力意識について、いくつかの記事が出はじめる。[*1]

ただしこの時期の反原発のイメージはまだ明確ではなかったことも指摘しておく必要がある。例えば、「原子力発電急ピッチ　公害で火力きらわれ」が六九年一月に、「高速増殖炉　〝夢の原子炉〟着工へ」が七〇年一月に、出ていることから、純粋な「夢」としての原子力のイメージは七〇年前後までは残っていたと言える。一方で七〇年代初頭になると、それまで態度を曖昧にしていた社会党・共産党はじめ左派政党や政治団体が相次いで反原発の立場を明確にすることになる。[*2] ここにパブリックイメージの断絶を見ることができるだろう。そして、それ以降に、現在の放射能汚染・被曝といったことと結びついた「悪」の原子力のイメージが出てきたと言うことができる。

木村は、六四年から七六年まで知事を務めることになるが、このような原子力イメージの変化のなかで、原発誘致・立地政策を実行していった。それは、「県が笛をふいて地元町村がおどった」（山田 1980: 123）といわれるほど極めて順調だった福島第一原発の導入とは極めて対称的な、福島第二原発、浪江・小高原発誘致計画の過程にあらわれる。

この二つの計画は六八年正月に発表されることになる。福島第一原発の土地収用等の事前準備が終わり、六七年に着工したのを受けてのことだった。ちなみに、この前段階として六七年に町議会から県に対して陳情を行っているが「何の工場を持ってくるか一応伏せておいた方がよい」と意識的に町民には原発の計画であることを伏せながら町議会での議論が進められているが（福島原発訴訟原告団・福島原発訴訟弁護団 1983: 378）、これも原子力イメージ悪化の真っ只中にあったことが影響しているだろう。

結論から言えば、福島第二原発は紆余曲折を経ながらも立地が実現し、一方浪江・小高原発は立地が実現できず、今日に至る。ここではその細かい過程を追うことはしないが、その正反対の結果がなぜ生まれたのかを簡単にまとめる。

まず、立地失敗した側の浪江・小高原発については、その失敗の理由を（1）非党派性と（2）中核的指導者の土地所有を軸とした運動に求めることができる。

浪江・小高原発の反対運動の中心にいた棚塩原発反対同盟では、全員が原発立地予定地内の有力な地権者であった。反対同盟のリーダーである舛倉は「第一原発が着工したころは、漠然と『危険かな』と感じていた程度だった」（朝日新聞いわき支局編 1980: 326）と言うが自らの土地への原発立地計画を知るや反対の意志を明確にした。その後の推進側である国・県・電力会社の攻勢について以下のように語る。

舛倉　きいてみると、どこも同じで、やはり金に困った人からやられていって、いよいよ最後に残る人は、わたしんとこと同じような経路をたどるようだね。だけど、最後まで何十年もやっていると、こうすれば勝てるんだというものがあるよね。それをなくしたくないと思ってやっているんだけどもね。

……

舛倉　そう。共有地の大面積があるということは反対していく上で大きいから、わたしんとこだけでなくてどこでもこういう条件だったら、みんな反対するんじゃないかと思うんだよね。（恩田 1991: 225-226）

さらに、重要だったのは特定の党派性を避けたということだった。

社会党とか共産党とか、いろんな先生方の話を聞いて、いままでやってこられたことがよかったと思うね。社会党か共産党に入っていれば、一方からしか誘いが来ないけど、わたしはどっちにも入っていないから、両方から誘いが来るものね。よけいに話しが聞けるから、よかったと思う。どの人たちも「俺のところへ入れ」とも言わないしね。その点、本当に自由にできてよかったと思う

	反対運動	結果
東京電力・福島第一原発	なし	設置できた
東京電力・福島第二原発	あり	設置できた
東北電力・浪江・小高原発	あり	設置できなかった

表7　反対運動と設置の関係

ね。（朝日新聞いわき支局編 1980: 232）

この方針は、「県、町、電力会社とは一切話し合わない」という方針（朝日新聞いわき支局編 1980:135）と合わせて堅持された。つまり、「中央」やそのエージェントとしての「地方」と、自らを切り離すことによって「ムラ」は自らの意思を守り通したのだった。

ちなみに、計画発表から四〇年たった現在でも、東北電力はこの浪江・小高原発立地計画を中止してはいないことにしている。現地にいくと、「計画推進」のための事務所があり（画像11）、近隣のイベントを扱った広報誌の発行などを行っている。終わりなき計画のために三〇人の職員が働くというこの事務所にはかつての戦いの激しさと電力会社の執着が伺える。

一方、福島第二原発はその（1）（2）を明確にできずにいた。既に二章で触れた、当時、社会党議員として福島第二原発の反対運動グループを率いていた岩本は以下のように語る。

「（住民が）家を建て替えることがわかると、料亭に呼んで『賛成して承諾書にハンを押せば金を貸す』と言ったり、また山田町長は、最終的には土地収用法をかけて強引にとも考えていたようだ。県に土地収用法の適用の申請を

するなど町側は強い姿勢を崩さなかった」（朝日新聞いわき支局編 1980:337）
県からは企業局長が富岡町に張りつき、町長をはじめ町の有力者は「原発促進協議会」をつくり、優良な農地があり、土地売却に最も抵抗を示していた毛萱地区から嫁をもらった者をメンバーにいれるなど、あらゆる切り崩しを行い七一年三月までに土地の買収が完了していった（朝日新聞いわき支局編 1980:336）。その後、双葉地方原発反対同盟を結成して反対運動は継続するが、それは社会党、地方労、日農といった既成政党・労組を軸としたものだった（朝日新聞いわき支局編 1980:339）。「どうしても偏った見方をされてしまう」と岩本が語っていたとおり、大きな運動となることも、また小さくもならず、計画に対して具体的な打撃を与える存在とはなりえなかったのだった。

特にそれがもっとも明確になったのは、七三年に原子力委員会が主催する「原子炉の設置に係る公聴会」においてだった。この公聴会はそれまで、一方的な押し付けを基本にしていた原子力の設置については、全国で初めてのものであり、当然その背景には、この時期に高まり始めていた公害への意識があっただろう。その際、岩本の社会党系のグループ以外にも、「公害から楢葉町を守る町民の会」など各地域の党派を問わない住民主体のグループが集まった原発・火発反対県連絡会ができていた。しかし、公聴会に参加するか否かという点について、社会党系のグループは建設のためのステップに過ぎないから参加しない、原発・火発反対県連絡会は自らの主張のなかに住民参加型の公聴会を開けという主張があったこともあり参加するという方針を決める。その結果両者は分裂することになる。後者のリーダーである早川が「向うのグループが集会を開くときは我々には一言もありません。でも私たちは案内状を出しています。意地を張らないで呼びかけだけはきちんとやろう、と」と語るように、同じ原発反対に向かうべき両者の対立は感情的なものとなり、推進側の切り崩しのなかで計画が進んでいったのだった。そのようななかで木村はこれまで以上に意識的に原子力開発を主導していった。

> 私は昭和三九年五月、知事就任以来、原子力発電所の建設には、県民の代表である知事として、地域の理解と協力を得るため関係町村はどこでも、私自身出向いて説得に努めた。
> 一方、県内での反対者、特に県議会での反対、批判の質問には、原子力に関する限り、詳細にわたって私自身がこれに当たり、部課長にはまかせなかった。（木村 1984: 275）

七三年の公聴会のほかにも、七二年には訪米し、二〇日以上に渡って米国をまわりながら原子力施設の見学などを行い、それは地元紙「福島民報」に連載された（木村 1973）。そこでは、高度で安全な科学技術であり、人類にとって今後不可欠なものとしてあることが強調された。ここでも、やはり、只見川開発、新産業都市指定の時と同様に、マスメディアを通した原子力の安全性、将来性への展望を協調したキャンペーンによって、まだ具体的な知識を持ち合わせておらず、一方で公害や放射性物

画像 11　40 年間ここにある浪江・小高原子力準備本部

質の危険性への批判が全国的に高まるなかで不安感を持ち出した住民を動員していったと言える。
福島第二原発と浪江・小高原発の計画実行プロセスにおける差異、そして、六〇年代にはなかったそういった抵抗の動きの中で訪米や公聴会という住民を巻き込んだ動きを見せたこの時期の木村県政のあり様は、「原子力ムラの成立」が完遂する上で極めて重要なことだったと言えるだろう。ムラにおける計画実行という「足もと」において丁寧な対応をしつつ、曖昧な表象としてあった原子力に県土開発の決め手、あるいは高度な科学技術として再度「夢」を映し出しながら、原子力ムラが成立していったのだった。

本節では、中央とムラとの接合の具体的な状況とその状況への抵抗が抑えられていく過程を追ってきた。この過程をいかに総括できるか。見方によっては、「金権政治のもとで、中央に懐柔されていく地方」という人もいるのかもしれない。しかし、そのような単純な「中央へのとりこみ」というより、これはやはり大竹作摩・佐藤善一郎という戦後の福島県政が保ってきた「反中央」の動きの連続として捉えるほうが適切だと言える。例えば、木村は失敗に終わった浪江・小高原発について以下のようなエピソードを語っている。

福島県は東北電力の配電下にあった。それなのに東京電力にのみ原子力発電所建設の許可を与えることは不公平だ、との議論もあり、半面、東北電力の原子力発電への立ち遅れが将来東北電力の大きな損失となり、引いては本県の不利になることを憂慮し、わざわざ仙台に東北電力の平井寛一郎社長を訪ね、「東北電力もこの際、双葉郡浪江町から相馬郡小高町にわたる棚塩地域（現在東北電力がすすめている地区）に原子力発電の適地があるから、今のうちに計画してはどうか、電力需要の将来を考え、早急に立ち上ってはどうか。今なら地元も同意し県も総力をあげて協力できる。時機を逸すると、だんだんむずかしくなろう」と、すすめたのであった。

ところが平井社長、何を勘違いしたのか、「東北電力は本社が仙台にあるので宮城県につくらずに福島県につくるわけにはゆきません」との答えであった。

…

私も、宮城県をさしおいて、福島県に投資をしてくれなどと「けち」な頼みに来たのではなく、東北電力のため、とわざわざやってきたのだ、と少々腹立たしくなって引き上げたのであった。

その後、東北電力は盛んに、浪江‐小高地区にお百度をふんでいるようだが、どうなることか、東北電力のために早期解決を念願してやまぬ。（木村 1984: 275-276）

このエピソードが示すのは、いかに地方が、能動性をもって地域開発を望んでいたかと言うことだ。「早期解決を念願してやまぬ」という言葉とは裏腹に、「福島県に投資をしてくれなどとけちな頼みにいった」のが本音であろうし、東京電力と違い、利害の一致があるのにも関わらず、瑣末なこだわりから話にのってこず、結果として半永久的に原発設置を実現できなくなる事態に陥った東北電力を皮肉っているとも読んでいいだろう。

以前から変わらないものであるが、ここでいう「反中央」とは、当然「中央や国家をつぶしてやろう」というあり様ではない。そうではなく、中央‐地方の圧倒的な力量差の中にあって、ただ無条件の服従をするのではなく、あえて自らの主導のもとで地方の側から中央に対峙する関係性をつくっていこうとするあり方だ。

中央にとっては地域開発などはどうでもよく、原子力開発がメインだったのかもしれない。しかし、地方にとっては、一方で農村の開発が立ち遅れ、他方で三割自治と言われる地方自治の自由が限定されているなかにおいて、原子力開発だろうが他の手段であろうが、いかに地域開発を持ち込むかということこそが重要であったと言える。そのために、中央とのコネクション、利害の一致を懸命に探しながら自らの欲望を実現していった。これが、他の「地方」のアクターにも見られた、ここで言う「反中央」のエートスと言えるものに他ならない。

先に触れた「原子炉の設置に係る公聴会」は、中央の主導で、当然反対派には不満が残るようなもので（朝日新聞いわき支局編 1980: 345-346）「ガス抜き」だったとも言えるが、一方で県はこれを機に東京電力と「原子力発電所の安全確保に関する協定書」を取り交わす（木村 1990: 834）。つまり、反原子力の機運の高まりを利用し、中央から条件を引き出したわけだが、やはりここにも、ただ単純に中央に服従するのではなく、いかに自らに有利な状況をつくれるか、ということが優先されていたことが見て取れる。

また、結果から見れば、「木村ははじめから原発が危険であることを知っていたにも関わらず、それが金になるということで誘致したんだ」という見方もあるだろう。確かにそういう部分もあっただろう。しかし、正力もそうであったように、自らの政治的な理想を実現するための手段、つまり、木村においては、日本の高度経済成長の文脈にしっかりと食い込むことで、公共投資を誘致し後進性・周縁性から脱却してやろうという思いを実現する手段としてたまたま原子力があった、という捉え方のほうが適切であろう。それは、ここまで見てきたように、福島県に原子力がやってくる過程が、人との偶然の出会いの流れを軸にして話が進んできたことにも明らかだ。また、訪米も、政治的パフォーマンスの側面と同時に、自ら視察を果たして、自信を深める必要性から行った、すなわち、「自分が持ってきた原子力というものが思いのほか危ないものらしいけれども、そうではないんだ」と自らを納得させるためのものだったと考えられる。実際、「原子力問題は、アメリカ視察以後は、専門家もおどろくほどの知識を導入、放射能に対する細かな数字をあげて説明した」（木村 1980:246-247）というエピソードがある。ただのパフォーマンスだとしたら全く必要ないほど、過剰に専門的な話を駆使しながらつづられる『訪米日記』（1973）がそれを象徴する。やはり、それもまた「反中央」のあらわれだと言える。

無論、ここでも、木村の政治家としてのリアリズムを見ていないという批判を受けるかもしれない。つまり、「県を開発したいなんていう公の利益は建前で、本音は私の利益の追求だったんじゃないか」という見方が足りないという批判だ。確かに、それは正しい批判だ。実は、奇しくも佐藤栄佐久が収賄容疑で検察に逮捕された三〇年前の七六年、木村も汚職で職を辞し、逮捕され有罪判決を受けている。これもまた、本書ではその詳細に立ち入ることはしないがカネの問題で県政を揺るがしたことは事実だ。辞職の三ヶ月前の選挙では得票率七六％という絶大な支持をうけて四選目をむかえていた木村は、「知事は電話一本で万単位の票が動かせる」とまで言われていた。中央からの予算獲得に長け、自ら「公共事業をこれだけやれるのは福島県ぐらい」と胸を張り、「県父」と呼ばれることを好むようになっていた。ただ、やはり、少なくとも、他の自治体との競争のなかで新産業都市誘致に成功し、原発はじめ公共事業誘致で相対的に優位に立っていたのは、背景にどういう思惑があったにせよ、木村の力の結果に他ならず、それは木村が中央に対峙する優れたエージェントであったと言うことを示すだろう。それは、当時木村の逮捕が「福島版ロッキード」と言われていたことにも象徴的だ（朝日新聞 1976a）。

そしてこのような成長のなかにおける「反中央」の姿勢、「単純な服従をしていたらだめだ」という志向こそが、自発的な服従を生み出し後につながっていったといってよいだろう。そして、一方でこのようにして確立していった「反中央であるがゆえの原子力」、すなわち地方が自ら中央の体系のなかに入っていく作動が、後に自らを縛りつけていったのだった。

2 原子力ムラの変貌と完成

最後にそのような原子力ムラの成立のなかで、ムラがいかなる変貌を遂げていったのか追っていく。

ここでは、原子力ムラの成立の時期についての住民の口述資料として『原発の現場——東電福島第一原発とその周辺』（朝日新聞いわき支局編 1980）と『共生と共進——地域とともに』（東京電力福島第一原子力発電所 2008）を軸に、「ムラの生の声」を中心に、状況を見ていくことによって、そこに単純な推進する側が想定しがちな「原発によって住民は豊かになって満足しているんだ」という見方、逆に反対する側が想定しがちな「原発は危険で立地地域に強引に押し付けられたもの」という見方のいずれとも違った、リアルな位相があらわれてくることになるだろう。ここでは、福島第一原発を中心に見ていくこととする。第二原発も、隣で経過を見ている分より変動は小さいが、後を追う形で同様のことが起こっていると考えられる。なお、以下では、『原発の現場——東電福島第一原発とその周辺』からの引用については（ページ数）と、『共生と共進――地域とともに』からの引用についてはどのような肩書きからの発言かが重要になるので（［（肩書きと）名字］）としていくこととする。

2・1　原子力がムラにやってきた――わらぶき屋根が瓦屋根へ

ムラと原子力のファーストコンタクトは用地買収に他ならなかった。しかし、すでに述べたとおり、第一原発については、大部分が国土計画興業一社の所有でシンプル、原子力イメージが悪くない、という条件が揃っており「用地買収は電光石火、あっという間」（281）だった。

六〇年に県から原発立地の打診、六一年に大熊町が誘致促進を議決し、県と東電に陳情、六三年に買収開始し、六四年には県開発公社が地権者の承諾を取り付けていたと言うから、お役所仕事にしては、話が最短ルートも同然に進んだことは確かだろう。

六二年ごろには対象地域の住民のもとを「県から頼まれて井戸を掘るから土地を貸してくれないか」という東京のさく井会社が突然現れ、穴を掘り出した。昼間はシートをかけて目隠しをし、夜だけ作業して六三年になると井戸を閉めて引き上げていった。さらに、同年初夏には、東電の社員が何度も案内して欲しいと訪れ、ついに「ここに原子力発電所を作る予定になっている」と初めて聞くことになった。

住民はその時点まで、六一年に町議会で誘致決議がなされていたことを知らなかったという。しかし、住民たちは「広島や長崎みたいになるのか」と東電の「副長」という人に聞いたときに「いや、そんなことはない。大丈夫、地域は発展します。そのうちに町や県から話しがありますから」と言われてそれ以上は大きな疑問は抱かなかった。

「催眠術にかかったみたいだった」「買収のときは、いま（原発を）計画しているところのように知恵をつけてくれる人もいなかったし、原発が出来れば電気代が無料になるべ、なんて考えていたもんだ。原発については無知だったな」（286）

東京電力福島第一原発で、最初に建築された大熊社宅と大熊独身寮の用地を提供した。用地を提供したのは昭和三八年で、東電の担当者と町役場の職員が家に来て、土地提供に関する説明をした。…原発が完成することが地域振興につながるという気持ちで、賛成したと思う。町の発展は一致した願いであった。（小山）

昭和三八年八月に…東京電力が福島調査所仮事務所を構えた。私の父・蜂須賀敏雄は当時の志賀秀正町長から依頼を受け、同事務所と仮宿舎を提供した。…志賀秀正町長が何度も父の元に足を運び、東京電力に貸与するように協力を求め、最後は父母も町の発展のためにと了承したと思う。（六三年から自宅を東京電力に事務所として貸した蜂須賀）

むしろ、問題は、農業をやっていけなくなること、土地を売るとしてもいくらで売るのかということだった。地権者たちは「松の木を植えて十三年になる。買収の話しになってもやられない」「経済豊かになるように買ってくれるなら、売ってもいいっぺ」と話しをしていた。しかし、町長の説得、そして「ほかに候補地があるから早く決めないとよそにもっていかれるよって」「よそにいったんでは一銭にもならない」といいながら買収の話がまとまっていった。（282-284）

一方に、「ここは福島のチベットと言われ、秋になると出稼ぎに行く土地だった。地域が発展するなら、という気だった」という切実さが、もう一方に町役場の奮闘があった。

昭和三七年に東電から福島県が用地買収を委託され、県開発公社が用地買収を手がけたが、県は地元のことはよく分からず、大熊町役場の方々が中心だった。（八七年から〇七年まで大熊町長だった志賀）

昭和三四年に大熊町の臨時職員に採用され、昭和三七年に正職員となった。東京電力の用地交渉が始まった昭和三八年当時は、町役場の交渉窓口となった企画室に勤務した。……新入職員だった私が上司に「この飛行場を何にしようとするのですか」と尋ねると、その上司は「大きな企業が来る」とだけ話し、企業名を明かさなかった。企業名は町三役だけの秘密だったと思う。一年半後ぐらいに東京電力の原発を設置すると聞いたときは、我々職員も驚いた。（町職員から町議員になった山岸）

売却のカネは、役場で二回に分けて渡された。それを受け取った地権者が外に出て行くと待ち構えていた銀行員が取り囲み、マッチ、手ぬぐい、菓子箱、さらに飯坂温泉一泊招待等々を使った営業がなされた。
わらぶき屋根は瓦屋根へと変わっていった。（285）

2・2　東電による雇用拡大と農業の変化・出稼ぎからの解放

ただ、土地で利益を得た者は全体からすればごく一部に過ぎなかった。多くの住民にとってはじめての原子力とファーストコンタクトは「雇用」に他ならない。ムラ財政も、ムラの住民も共に貧しかった。そのなかで雇用先ができるということが何よりもありがたく、すぐにでも欲しいものだった。

原発の建設が決まったときは、消防団分団長などを務めていたが、原発が怖いなどというイメージは全くなかった。大熊町全体が平穏で、一度だけ反対集会が開催されたが、町民の大半は誘致してもらわなければならないという思いだった。
町長がカネを借りてきて、職員に給料を払っていた貧乏な町の現状は切実だった。（元大熊町議会議長の鈴木）

町職員は財政が厳しいことを実感していたので、反対などはなかったと思う。私の入庁前はさらに財政状況が困窮していたので、職員の給料支払いが遅れることもあった。（山岸）

双葉町の細谷地区に福島第一原子力発電所の誘致が決まった時は一九歳だった。私は地権者ではなかったが、タヌキやキツネと一緒に暮らすようなところに大きな会社が誘致されるのは大変よいことだと思った。……
現在の原発構内にも細谷地区内に民家が十数件あったと思うが、小さな田んぼや畑を耕作、自分たちが食べる分だけの米や野菜などを作っていたのだと思う。土も痩せ、潮風も受ける土地だったので収穫量はそれほど多くなかったのではないかと思う。（発電所から最も近いところで暮らす古室）

例え、東電の基準で高齢であっても、町長が掛け合い、どうにか雇ってもらうように頼んだ。妻は寮の賄い、息子は下請けといったように、農業への家族総出が、東電へのそれへと変わっていった。（286）

それは、三章で触れた、減反による農家の困窮、そして「出稼ぎ」からの解放に他ならなかった。

父が提供した土地は山林だったが、私が大事にしていた松の巨木が切り倒されたときは悲しかったことを覚えている。しかし、当時は米の減反政策が始まった時期で、働く場所もなかったので個人的には原発誘致は成功だったと思う。（父が発電所用地を提供した遠藤）

福島第一原発の建設当時は、夫沢三区の地区住民の半数程度が出稼ぎで生計を立てていた。稲作と葉たばこで生計を立てる農家も多かった。戸数は約五〇戸程度で、現在の半数以下だったと思う。

（大熊町夫沢三区行政区長の佐々木）

昭和三六年〜三七年にかけて、現在の旧国道が完成しましたが、完成までは作業員として働く場所があり、かなり良かったのですが、工事の終了とともにひっそりとしてしまい、これとほぼ同時期に出稼ぎも増えた状況となりました。（八六年まで東京電力職員の杉本）

原発誘致当時の大熊町は大変貧しい町で、私も東京都や神奈川県藤沢市江ノ島などに出稼ぎに行った。江ノ島では、東京五輪のヨット競技の会場となったヨットハーバーの建設に携わったが、建設現場では私のほかに一〇人ぐらいの大熊町民が働いていた。当時の私の唯一の楽しみはＮＨＫホールで「三つの歌」という素人参加型のラジオ歌番組に出場することだった。出場し、三曲を歌い終えた時はほっとしたものだった。福島第一原発の誘致、建設が決まってからは私を含めて、出稼ぎに行くことはなくなった。私は独身だったが、年老いた両親がいて、家族と一緒に暮らせるようになったことは本当に幸せだった。（大熊町夫沢一区行政区長の木幡）

結果として、田植えの労賃もあがり人を雇えなくなったため、専業農家が消え、また、労力のかかる葉タバコや養蚕は切り捨てられる。（286）

ムラは原子力に吸い寄せられるように、農業から離れていった。

2・3　ムラの変貌と成長の夢

貧しかったムラはいよいよ大きな変化を見せ始めた。東電社員や下請け作業員を対象にしたドライブインや喫茶店、スナック、民宿が大量につくられる。

今までなかったモノ、ヒト、そしてカネが一気にムラを満たしていく。ムラは明らかにそれまでなかった近代的な要素を持つようになり、住民は、その舞台で演じられる成長の夢のドラマのなかに身を置くようになる。

発電所の建設が進むに連れて、大熊町、双葉郡が変わるのを感じた。大熊町は職員に給与も払えない一割自治の町だった。私は財政が安定してきた時に町長になったが、町民は一家族と思い、政策を実行してきた。（志賀）

当時、町役場には公用車は一台のみ、宿直室には木炭の炉、家庭には乗用車はなく、バイクが一台あった程度の時代。山間部の地区は、全世帯一斉にテレビがやっと入った時期です。出稼ぎもなくなり東電で働けるということで、すごくうれしそうでした。（六九年から〇〇年まで双葉町役場に勤務の倉田）

原子力発電所一号機の工事が進むにつれて、テレビ局のインタビューに父（志賀秀正町長）が映る。

発電所内のインタビューの中で、父が「町にお金が入る」と言うと、東電社員の中には「あの町長は何を言っているのか」という話もあった。東電社員からすれば「東京に公共の電気を送るという使命感があった」と思うが、父は収入役などを務め、町財政に苦労していたので素直に話したと思う。家庭で父が仕事の話をしたことはなかった。ただ、「これからは町がよくなるぞ」と希望に満ちていたことは事実だった。父は毎日のように東電社員を接待していたと思うが、相手には迷惑だったかもしれない。（志賀）

今考えると、私だけでなく、多くの町民が大熊町に原子力発電所ができるという意味をよく分かっていなかった時代だった。…最初はおおきな建物が珍しく、圧倒された。完成した1号機を見た時は大した建物だと感心したことを思い出す。あの当時、町のため、東電のために提供したことはよかったと思っている。（小山）

先輩からは「これからはよくなるぞ。給料が遅れることもなくなるぞ」と言われたことを覚えている。その後、原発の恩恵を受け、生活道路や下水道の整備が急速に進み、他の隣接町の職員からうらやましがられた。スクールバスや公用車の導入もいち早かった。…

原発の建設が進むと…大熊町だけでなく、双葉郡内全体が活気にわいた。JR大野駅前の飲食店は午後五時をすぎると、東電や東芝、鹿島などの作業着を着ている人たちでにぎわった。当時は農業が主で、農閑期には出稼ぎをしていたので、東電という職場の存在はおおきかった。東電で得た

収入で新たな農機具を購入することもできたので、農業面へのよい影響もあった。（山岸）

地域住民は働く場所ができ、多くの家庭で出稼ぎに行くこともなくなったので、大熊町全体が明るくなった印象を受けた。客を呼ぶために商店街も改築ラッシュを迎え、夜の一〇時、一一時になっても商店街に灯りがともり、大勢の人たちが歩いていた。当時は大野駅前に映画館の大和劇場やパチンコ店などもあり、一日中にぎやかだった。当時を思い出すと、どうしてもあの時の活気をもう一度戻したいという思いは強い。（元東電社員の長沼）

夫沢三区の住民の多くが福島第一原発で働くようになり、生活は豊かになったと思う。下宿屋なども満員の状態で、地域経済への影響は大きかった。働く場所ができて、東電に助けられたという思いが強く、文句を言う人はいなかった。毎日現金収入を得ることができるようになったことは住民生活にとって本当によかった。（佐々木）

調査事務所から準備事務所と名称が変わり、東電の人からは「今後は社員が増えるので魚屋は忙しくなるよ」と言われたものだった。建設が進み、高度経済成長期と重なったことで商店街は大いににぎわった。町民は、大熊町がいわき市に次ぐ、大きな町になるという夢を持っていた。商店街は東電の社員にどのように買ってもらえるかを常に考えていた時期だった。（大熊町商工会長の川井）

昭和四五年の一号機が臨界するかしないかのときはすごく緊張した。臨界に達すると居並ぶ社員全員でバンザイをした。多くの社員、GE社員も来ていて活気にあふれていた私は事務所にいたが、臨界したときは振る舞い酒があり、乾杯した。（志賀）

原発の運転が始まると、学校の移転や役場庁舎の新築など公共施設の整備が行われた。大熊町に少しずつお金が入ってきたことが目に見えて分かる時代だった。郷土が少しずつ変貌していることを実感（鈴木）

当初は古い木造建築の建物が多く、役場や県立大野病院が老朽化していた。福島第一原発の建設や運転開始など徐々に「原発のまち」として整っていくと、役場や病院、学校なども新築になり、公園、道路なども次々と整備された。ユニークな話としては、当時、町内には新婚さんが大勢暮らしていた。私の夫は鹿島建設に勤務していたが、原発建設関連企業の社員の大半が古い町営住宅で暮らし、家族ぐるみで付き合った思い出がある。隣近所の奥さん同士が華道や絵画などを勉強したり、会社のスキー旅行やクリスマス会を開き、和気あいあいとした雰囲気だった。（大熊町婦人会会長の鈴木）

ムラのなかでは新たな産業が生まれ様々な繁盛記が生まれた。食堂、弁当屋、ホルモン屋、結婚式場、葬儀屋、「原子力運送」と名づけた運送会社。ムラに流れ込んだカネは広く波及していった（289-305）。

原子力によってムラにもたらされた「中央」は、ムラにとって夢がいつまでも現実化するかのような感覚を与えていたのかもしれない。

例えば、大熊町議会では六九年、原発を観光資源としようという計画が持ち上がる。大熊町観光開発調査特別委員会の設置の理由書のなかには以下のような記述がある。

本町夫沢地区に建設中の東京電力福島原子力発電所を始めとして、当地方は我国の一大原子力産業地帯に開発されようとしております。

この世紀の建設工事を見学する観光客とを結びつけ本町の開発を図るために町内にある玉の湯渓谷あるいは小塚、三森、その他埋もれている観光資源を開発調査する目的のために付託調査ならびに審査せしめるものとする。（大熊町史編纂委員会 1985: 431-432）

「原発が観光産業になる」という、現在から見れば、いささか理解しがたい「夢」が真剣に議論され、実現に向けて動き出していた。原子力はムラを変貌させながらムラに成長の「夢」を見せ続けていたのだった。

2・4　中央から来る「近代の先端」に映る自画像

ムラの財政が急速によくなるのが、原発が稼動する前、工事の段階からはじまるのは二章でみたとおりだ。それは後に、電源三法ができることによってますます強化されていった。ただ、原子力と共にやってきたのはカネだけではなかった。それは、中央からやってきた大企業・東京電力であり、すでに原子炉建設で米国において実績のあったＧＥだった。

「福島のチベット」と呼ばれていたこの地に、ＧＥの人や東電の人がやってきた時、何か異質な人が来たという印象でした。東電職員には違和感を感じたと言うより、尊敬、すごいと言う感じでした。（倉田）

私は東京から来る東京電力社員のイメージをつくっていて、測量などの際は私よりも脚力が劣ると思っていたが、山歩きなどは思ったより速かった。東電社員は水力発電の際に山歩きをしていたので健脚だったと思う。私も土木のノウハウはなく、面倒を見ていただいた。着々と工事が進む中で、日本の素晴らしい技術力を目の当たりにし、感心、感動した。（志賀）

中央からやってくる、はじめて見る東電エリート、外国人技術者がもたらす「近代の先端」は、ムラと積極的に触れ合いながら、ムラに対して、少なからぬ驚きと戸惑い、そして、それまでにはなかった喜び、すなわち、中央と自らの差の実感のなかにあるある種の欲望を生み出していったと言えるだろう。

昭和四六年に行われた一号機の運転開始式典も思い出深い出来事だ。東京から当時の通産大臣が主賓として「急行ときわ」のグリーン車を貸し切って、大野駅に到着した。東京から回送した高級ハイヤーが大野駅で到着を待っており、大臣を式典会場まで送迎した。黒塗りのハイヤーが十数台連なって走行する姿は忘れられない。式典には、地元住民も出席したが、タキシードか、燕尾服の着用が義務づけられていたため、服を探すのに大変苦労したという話しを聞いている。（大熊町行政区長会長の根本）

発電所が双葉町に来るという話は昭和三九年に東京都にいたときに聞いた。当時の逸話として、東電の木川田一隆社長が旧双葉町役場に正式に訪問する際に、町長をはじめ役場職員が緊張し、テーブルクロスやいすのカバーなどを新調したという話しを聞いている。（〇七年から町議会議長をつとめる清川）

地区内に発電所ができたことで、周辺の道路も立派に拡幅、舗装され、便利になった。所員との交流も徐々に深まった。六月の地区運動会の際には大勢の所員が参加し、玉入れやリレー競争、輪投げ、パン喰い競争、ソフトボールなどに活躍している。地区住民も所員を特段に意識することなく、和気あいあいと触れ合っている。（佐々木）

中学校の入学祝いに事務所の人たちからお祝いに万年筆を一〇本くらいいただいた。当時、万年筆は高級で、友達に自慢したと思う。また、田舎では珍しいコーラを飲ませてもらうなど、他の人にはできない体験だった。（六三年から自宅を東京電力に事務所として貸した蜂須賀）

父は東電の守衛として採用されたが、クリスマスにはケーキ、正月には新巻鮭が配給され、子供として感激した思い出がある。高校生だった私は、郷土に大企業が誘致され、原子力発電所という未来エネルギーが完成するという思いがあり、時代は急速に流れていることを実感していた。……「原子力＝鉄腕アトム」という時代だったので、鉄腕アトムの時代到来と言う思いもあった。…東電の社宅が次々と建築され、町が活気づき、徐々に町が近代化した。毎年新しい建物が完成し、双葉町そのものが変化した。（〇五年から大熊中学校校長の原中）

一号機の建設も始まり、昭和四〇年代末頃だったと思うが、建設に携わったGEの人達が住んでいたGE村が今の展望台入り口付近に作られており、子供もたくさんおり、学校、教会もありました。当時はこの地域で外人さんを目にするのは大変珍しい時代です。町民大会にも家族で参加していただき、地域住民とよく交流をしてもらった情景が思い出されます。（六七年から町議会議員・議長を務めた渡部）

思い出に残るエピソードとしては発電所の敷地内にあった「GE集落」がある。所内に学校や教会もあり、GE社員の米国人の子息が通っていた。季節になると「GE集落」に盆踊りのやぐらを組み立て、地域住民や所員、GE社員が和やかに交流した。私は「焼きイカ屋台」を担当したが、各課がさまざまな屋台を担当し、にぎやかな祭りだった。行事は町民も待ち望んでいた。（東電OBで

大熊町議会議長をつとめた吉田）

GE社員はアメリカ人が大半で、皆家族で赴任していた。彼らは福島第一原発内に設けられた通称「GE村」と呼ばれる宿舎で暮らしていた。…GE村内には一戸建ての日本家屋が一家族ごとに提供され、敷地内には小学校やテニスコートなど設けられた。GE村内はアメリカ人の子どもが多く、地元の幼稚園に通園する子どももいた。母親たちは日本語がわからなかったが、子どもたちの方が日本語を早く覚え、買い物などの際は母親と店員の通訳を務めていた。

GE村ではアメリカ式のパーティーは頻繁に行われ、招待された東電社員や地域の住民と親交を深めた。GE村の運動会には、大熊町夫沢地区の子どもたちも大勢参加していた。GE村の子どもたちも地域の稲作や養蚕などを体験するなど、GE村は原子力発電所と立地地域とを結ぶ「橋渡し役」だった。（元GE社員で、現在関連企業を経営する名嘉）

クリスマスやハロウィンなどホームパーティーも思い出が深く、当時私は肉が食べられなかったが、GE村でのパーティーの影響で肉を食べられるようになった。東電所員のバンドグループをGE村内に招いて、演奏してもらった。GE社員が世話になった地元の方々もパーティーに招待して、交流を深めた。（大熊町出身で福島第一原発建設の際に通訳をしていた元GE社員松本）

仕事の合間にGEの外国人の子どもたちと遊んでいた時、当時のGEの所員は私が子どもたちと遊んでいる姿を見ても怒らなかった。そのような出来事の度に日本と外国との仕事に対する考え方の違いを感じたものだった。（GE宿舎の調理師を務めた遠藤）

東電の社長、タキシード、万年筆、コーラ、クリスマスケーキ、外人さん、ハロウィンの肉……

「都会」が原子力を媒介としてムラにもたらされ、ムラはそこに写る自らの姿を確認しながら夢をより大きなものへと変えていった。

2・5　変貌の影の露呈

しかし、原子力に見えた夢も長くは続かなかった。

七二年結成の双葉地方原発反対同盟が作った「原発落首」は当時の状況を描く。

このごろ、双葉にはやるもの　飲み屋、下宿屋、弁当屋
のぞき、暴行、傷害事件　汚染、被曝、偽発表　飲み屋で札びら切る男　魚の出所聞く女。
起きたる事故は数あれど　安全、安全、鳴くおうむ
形振り構わずばらまくものは　粗品、広報、放射能　運ぶ当てなき廃棄物　山積みされたる恐ろしや。
住民締め出す公聴会　非民主、非自主、非公開
主の消えたる田や畑　減りたる出稼ぎ増えたる被曝

避難計画つくれども　行く意志のなき避難訓練　不安を増したる住民に　心配するなとは、恐ろしや。(334)

増えた店の半分は、地元の人が始めた店ではなく、外部から来た人がはじめた店だった。バーやスナックでは、地元の客より、大枚をはたく外部の者が喜ばれた(288)。

東電はじめ、中央からやってきた者は、やはりムラの者とはなりきらず、住民との間に溝を作っていった。

商店街は東電の社員にどのように買ってもらえるかを常に考えていた時期だった。農家の人も新しい就労の場ができたことにたいする期待は大きかった。しかし、所員が家族とともにバスを仕立てて仙台市に買い物に行った時期もあり、それは大変残念なことだった。(大熊町商工会長の川井)

昔の第一原発の所員は一緒に酒を飲むと、「俺は東電の社員」だという自負を語る人が多かった。所員の方には良い意味での誇りを忘れないでほしい。(大熊町長の渡辺)

そして、同じ七〇年頃から、科学技術としての原子力の安全性への批判と公害への関心は反対運動となってムラにも訪れる。

所員時代の思い出としては、昭和四〇年代後半に日本教職員組合や社会党の関係者による反対運動が盛んになり、警備員として対応に追われたことがある。当時は反対運動が全くなかっただけに、大変だった。（東電で総務部防護管理グループ警備長をしていた斎藤）

当時は徐々に反原発の団体が来るようになり、老若男女が正門前で座り込みをしたり、太鼓を鳴らしたりした。彼らは「所長に会わせろ」「所内に入れろ」などと要求し、対応するのが大変だった。太鼓のようなものを叩いたり、正門前で線香をたくなど行為もエスカレートしたが、正門からサービスホールまで誘導した。ムシロ旗を掲げた方もいたことが思い出される。（東電ＯＢで大熊町議会議長を務めた吉田）

昭和五二年に県職員として大熊町の福島県原子力センターに赴任した。…

当時のエピソードとしては、原子力センターの前を通る住民が「下を向いて足早に通り過ぎる」ことが印象に残っている。不思議に思い、先輩に話を聞くと、原子力センターからは放射能が出ているので、息をしないで通り過ぎるということだった。また、東電の寮や社宅が高台に建設されていたので、「放射能は低いところに集まり、高い所には行かない」との話しを聞かされ、思わず笑ってしまった記憶がある。（七七年から〇二年まで福島県職員として原子力行政に携わった高倉）

その動きは、七九年のスリーマイル島、八六年のチェルノブイリへとつながっていく一方、八〇年代は、一時の熱狂が徐々にさめていくなかで、冷静にポスト原子力が自覚されていくことになる。成長の夢は幻想と化し、そこに残ったのは先にも触れた国や東電への「信心」とも言っていいような願望だった。

県議会全員協議会でプルサーマル問題で呼ばれたときに「絶対に安心で、日本を代表する会社が自分を滅ぼすことはしないだろう」と説明したが、平成一四年八月の不祥事もあり進展せず、隠し事をしたということも残念だった。……

任期中最後まで東電への不信感はなかった。東電の関係で苦労したところはない。……

発電所の寿命もあるので今から廃炉の問題も真剣に考えてほしい。町としては廃炉の期間中に財政的な問題が出ないような対応をお願いしたい。（志賀）

議員在職当時は、原発のトラブルもなかったので町長や執行部には「東京電力が頑張っているのだから、町も町長も頑張るしかない」と話ししたものだった。議長を務めていたころ、視察に来た他の自治体の訪問団に「鈴木議長は原発が怖くないのか」と質問された時、「これだけ頻繁に往来している自動車の事故に対する心配のほうが大きいのではないか」と答え、訪問団の方々が納得して帰られた思い出もある。（鈴木）

東電のかかわりの中で一番思い出に残っているのは平成一四年の不祥事で、電力業界のリーダーである東電が地域や社会を裏切ることはないという思いがあった。それだけに、当時は衝撃を受けた。（〇七年から大熊町長の渡辺）

ここまでの第一原発建設計画から運転開始以後まで、常に工場誘致を模索していたが、原発と違い、どれも形にはならなかった（大熊町史編纂委員会 1985: 458）。それは、オイルショック以降の低成長化の中でますます顕著に感じられることとなり、七六年九月の定例議会では、社会党所属議員から「ポスト原発について」という「ポスト原発」という表現が町議会の記録に残る形で初めて用いられることになった（大熊町史編纂委員会 1985: 476）。

高度経済成長を通じて、原子力ムラとして変貌したムラは、もはやかつてのムラに戻るわけにもいかず、かといって他の地域振興策もないなかで、原子力への信心を持ち続ける他ない。

以上見てきた、住民の声から見られる原子力ムラの成立の過程は以下のようにまとめなおすことが出来るだろう。

ムラへの原子力の訪れは突然のもので、まずは、用地買収、そして建設工事への雇用を通してムラから大量の人員を動員することになる。その結果、ムラの生活の中心にあった生産性の低い農業、あるいはそれを補完していた出稼ぎからムラは解放される。

工事が進むにつれて、ムラは大きく変貌を遂げる。それは、中央からムラにもたらされたカネによる経済的な要素以上に、ヒトやモノによる文化的な要素によるところが大きい。東電社員やGE村との交流が、ムラを外部へ開かれたものとしていった。しかし、ムラの内部から新たな産業がおこるなかで、負の側面が露わになってくる。それは、かつてのムラだったらありえなかった秩序悪化であり、中央とムラとの溝、反対運動の到来といった形で表面化する。

しかし、それを経てもなお、もはや後戻りできないムラは、原子力への信心を持っていくしかない状況になっていったのだった。ここに原子力ムラの成立が完遂したと言えるだろう。

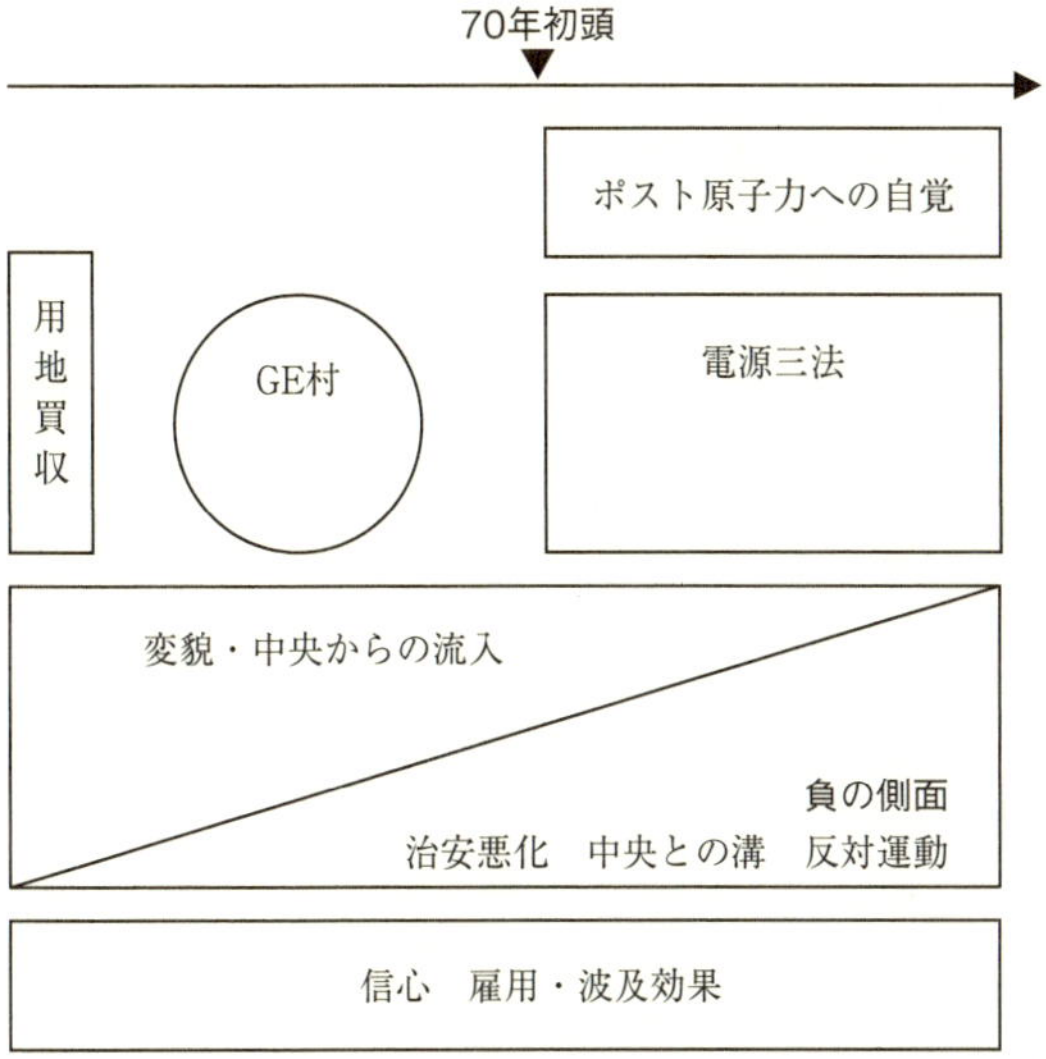

図8　原子力ムラの変貌

3　原子力ムラと〈原子力ムラ〉――メディアとしての原子力

最後に、ここまで何度かふれてきたものの、全体像を総括できずにきた〈原子力ムラ〉についてまとめることにする。

本書が主な対象とする原子力ムラとは、原発・その関連施設の立地地域をさすために、これまでの農村社会学等の蓄積を踏まえ「ムラ（自然村としての農漁村）からの変貌」を捉える上で設定した概念だが、一方で、中央における〈原子力ムラ〉という概念も設定した。

〈原子力ムラ〉とは、特に原子力業界の関係者の間で、閉鎖的かつ硬直的な原子力政策・行政を揶揄する言葉として使われてきたものだ。そのように、すでに概念としてある程度成立しているにも関わらず、それとはまた別の意味で（〈原子力ムラ〉に対する）原子力ムラという概念を設定するのはなぜか。それは、この一見全く関係ないように思える二つの「原子力ムラ」が、実は対称的に扱われるべきであると考えるからだ。

本書では、ここまで、中央とムラが全く違う論理を持ちながら、例えば、中央は世界有数の原子力技術の確立を望んでいる一方で、ムラはそのようなことには関心はなく、むしろ中央にとっては関心が二の次であるムラの維持・発展を考えている、というような論理の差を持ちながら、その両者が接続する過程をみてきた。

つまり、いかにしてそれが接続するのか、中央にある〈原子力ムラ〉と地方にある原子力ムラが共鳴する様を見てきたとも言い換えられるだろう。この二つのムラは「中央」と「地方」と、存在する位相こそ違うものの、どちらも共に閉鎖的かつ硬直的な性質を持っている。なぜそのような閉鎖的かつ硬直的な両者が共鳴するのか。それが筆者のなかの一つの小さな問いであり、その答えのなかに本書の目的として設定した大きな問い、あるいは解き明かすべき近代化の根本にある原理を理解する上でのヒントが隠されていると考えられる。

ここで指摘したいのは、原子力ムラが原子力に地域開発の「夢を見ていた」のと同様に、〈原子力ムラ〉も原子力に大きな「夢を見ていた」という点だ。

原子力ムラが見てきた夢とはここまで追ってきた「子や孫のため」という言葉に象徴されるような愛郷の実現への夢に他ならない。それはかつてとは形を変えながらも今日に持続しているものと言える。一方〈原子力ムラ〉が見た夢とは、核燃料サイクルによって自国内での資源確保を擬似的に達成する、ということに象徴される。もしそれが実現すれば、エネルギーを他国任せにせず成長が安定する。これは、例えば第二次世界大戦における石油禁輸措置が日本敗北への大きな転機だったことに象徴されるように、日本の近代化のなかで常に認識されてきた、極めて大きな夢だといえる。

原子力に夢を見てきたという点以外にも両者に共通する点がある。それはどちらの夢も幻想であったことが、時間の経過とともにますます明らかになってきたということだ。核燃料サイクルも、ムラの永続的な発展も、現実的には難しい。にもかかわらず、原子力を通すことによってそれは実現可能であるかのように思えてしまう。原子爆弾で始まった戦後社会にとって、原子力とは超越的な存在に他ならない。原子力ムラ・〈原子力ムラ〉双方にとって、その超越性は、近代化の極値を見させてくれる媒体となっている。換言すれば、原子力というメディアによって、原子力ムラ・〈原子力ムラ〉は自らを「近代の先端」へと向かい合わせてきたと言える。そして、それらは幻想にしがみつき続けるがゆえに「前近代の残余」としての閉鎖性・硬直性といったムラ性、現代的かつ特異な「ムラの精神」を保持し続けながら今日にいたっているのだ。

理論的整理を試みれば、以下のように言えるだろう。

「原子力」とは原子力ムラ・〈原子力ムラ〉に「近代の先端」を描かせる、あるいはコミュニケーションさせるメディアだ。つまり、「原子力」によって二つの原子力ムラは「近代の先端」を描きだし＝communication、それがそれぞれのムラ社会＝communityを成立させ、維持させてきたのだ。すなわち、戦後日本におけるメディアとしての原子力は、近代化の中の共同体communityを形成・維持する機能を果たしてきたと言える。

そしてここで明らかになるのは、この両者は「前近代の残余」として、つまり、それは戦時体制的な中央集権体制であり、地縁・血縁的な共同体をベースに成り立つムラの田舎性を根底に抱える存在としてあるのであり、そうであるがゆえに「近代の先端」を自らの駆動のために欲している、ということだ。

それを踏まえて、〈原子力ムラ〉についてもう少し考察を深めてみよう。

〈原子力ムラ〉のアクターは、狭く捉えれば、官（通産・科技or経産）と産（電力会社・メーカー）だろうが、より広く捉えることも可能だ。具体的には、政（立地地域選出議員・族議員、電力系労組に支援されている議員、反対派議員）、学、マスメディア、反対運動を加えたものとなるだろう。（おそらくこれ以外の要素となると

「その他の専門的な関心が無い層」という定義しかしようのない「その他」の部分になってしまう。）

〈原子力ムラ〉をそのように広く捉えることにより、メディアとしての原子力の特性をより具体的に見ることが出来る。例えば、「政」は、田中角栄に象徴的なように、分配による地元振興と民衆からの絶大な支持を得るためのメディアとして原子力を見る。「学」は、推進する立場からは、原子力技術の国際的優位性の獲得とエネルギーの自給自足を、反対する立場からは、地域や環境を踏まえたあるべき近代社会を原子力にみる。〈マスメディア〉もその時々に応じて、時には原子力の平和利用による鉄腕アトムのような万能的な科学を、時には経済成長の起爆剤としての原子力の利用をというように理想的な処方箋を原子力に見出し、それは世論形成にもつながっていく。

このように、戦後の日本にとって、各アクターの利害の中で、極めて大きな、超越的な理想を描くためのメディアとして原子力が機能してきたのだ。そしてそう捉えた時に、原子力ムラ・〈原子力ムラ〉に一つの共通する流れを見出すことができる。

それは、戦後、夢のエネルギーとして始まった原子力が、七〇年代初頭から八〇年代にかけて「安定」に向かうことだ。

七〇年代初頭とは、反原子力の動きが明確になった時期であるから、この分析は一見不可解に思えるかもしれない。しかし、ここで言う「安定」とは、現在の原子力を規定するカードが出揃った状態のことを指す。

例えば、それまでの核燃料サイクル計画に関する議論の具体化として、国内初の高速増殖炉「常陽」の着工が七〇年。そこから核再処理の制限撤廃の日米合意が出来るのが八一年であり現在まで続く核燃

アクター	夢→幻想
官（通産・科技 or 経産など） 産（電力会社・メーカー） 学（推進）	原子力技術の国際的優位性の獲得とエネルギーの自給自足
政（立地地域選出議員・族議員）	後進地域の発展、それによる権力維持
原子力ムラ	後進地域の発展
政（反対派議員） 学（反対） 反・脱原発運動	環境主義、地域主義を実現した社会
マスメディア（→世論形成）	鉄腕アトムのような夢の未来、経済成長の起爆剤、CO2 削減の実現、チェルノブイリのようなディストピア

表 8　原子力ムラのアクターが見てきた幻想

料サイクルの大筋ができる。

また、反対派の確立も同様に捉えられる。それまでの危険性の不明確さと無邪気な夢という両面性をもっていた原子力に対して、六〇年代から徐々に不信感が高まるが、まだまとまった形で反対運動は確立していない。しかし、七一年五月の米国ミネソタ州議会への原子力停止法案に端を発して世界的な規模で原発建設反対運動が起こるようになり、日本でも社会党・共産党も反原発の方針を明確にし大きなうねりとなる（中村 2004: 28-29）。ところが、日本においては、それがある種の均衡状態に向かっていく。すなわち、五五年体制が安定化し、自民党と社会党の力関係が固定化すると、反原発勢力は、情報開示の請求や新設計画の抑止など細かい軌道修正はできるが、それ以上のこと、例えば既設原発やすでに計画が大きく進んでいる原発を止めることは出来なくなっていた。

表は既存原発の誘致開始時期をまとめたものだが、その全てがこの七〇年代初頭までに計画がもちあがったも

アクター	高度経済成長	オイルショック→低成長	ポスト成長
官（通産・科技 or 経産など） 産（電力会社・メーカー）	方針の模索	核燃料サイクル	維持
政（族議員、電力系労組、反対派議員）	方針定まらず	推進、反対の明確化と力関係の固定化＝結果として修正されながらの推進	維持
学（推進・反対）	理工系としての研究＝基本的に推進	理工系＋人文・社会科学系＝反対派も出てくる	維持
マスメディア	安全か否か不明確	危険性踏まえながらも推進	維持
原子力ムラ	形成開始	成立	維持

表9　〈原子力ムラ〉（＝中央における原子力ムラ）のアクターと変化

のである、逆にいえば、七〇年代初頭以降の計画は極めて実現困難な状況になったということができる。これは、既存のものを活用することに集中した推進派、新しいものを止めることに成功した反対派、両者にとってある面では満足の行く結果であろうし、ここに安定があるということもできる。そしてこれは現在まで続いているといってもよい。

学においても、既に見たとおり、それまで理系に独占されていた原子力に対して、七〇年代から、人文・社会科学系の参入により、現在の形が出来た。また、マスメディアについても、それまでの、一方で夢の科学技術、もう一方に国際・外交問題としてあった原子力が、七〇年代には安全性、地域・環境の問題として捉えられ出してスリーマイル島、八〇年代のチェルノブイリを通して、現在の危険性を認識しつつも、必ずしも切り捨てられない、というような論調が確立されることになる。

つまり、以上のことから言えるのは、「原子力ムラの成立」にあたるこの時期に、中央の側の閉鎖的・硬直的な原子力に対する体制としての〈官・産・政・学・反対運動・マスメディアを含んだ〉〈原子力ムラ〉も形成されたということだ。さらに、戦後成長との関係で言うならば、高度経済成長のなかで用意されてきた条件によって、七〇年代初頭からの低成長は、原子力ムラ・〈原子力ムラ〉を成立させ、その強固な構造を保ちながら、ポスト成長期である現在に至っているということができる。

ここに、原子力というメディアを通した、地方と中央、あるいは中央のなかの各アクターの、それぞれが自律しながらも、結果として全体で協調して原子力を推進する体制の確立を見て取ることができる。すなわち、推進派のみならず、反対派も、官産学政や反対派、マスメディアも含めて、それぞれの意図はそれぞれにあろうとも、意図せざる結果として原子力が安定的に社会と共生していく条件が出来たと言うことだ。こう見ることによって、いかに原子力が強固に戦後成長と結びついてきながら今に至ったかということがわかるだろう。

本章では、原子力ムラの成立の過程を検討してきた。

それは、一方では 地方の「反中央」であるがゆえの自発的な服従の形成のなかから、他方では、貧しいムラの「都会」への欲望のなかから可能になった。その生産により、原子力ムラは addictional な自己の再生産を始めることとなった。そして、ちょうど同じ時期に、中央の原子力に関わる各アクターも閉鎖性・硬直性をもった〈原子力ムラ〉と呼べる集団を確立する。結果としてこの二つの原子力ムラが、原子力推進に抵抗する勢力もうまくからめとる形で、現在の「原子力推進体制」を確立する共鳴をはじめたのだった。

		誘致開始年	運転開始年
泊発電所	北海道電力	1967	1989
東通原子力発電所	東北電力/東京電力	1965	2005
女川原子力発電所	東北電力	1967	1984
福島第一原子力発電所	東京電力	1960	1971
福島第二原子力発電所	東京電力	1968	1982
柏崎刈羽原子力発電所	東京電力	1969	1985
東海第二発電所	日本原子力発電	1956	1978
浜岡原子力発電所	中部電力	1967	1976
志賀原子力発電所	北陸電力	1967	1993
敦賀発電所	日本原子力発電	1965	1970
美浜発電所	関西電力	1962	1970
大飯発電所	関西電力	—	1979
高浜発電所	関西電力	—	1974
島根原子力発電所	中国電力	1966	1974
伊方発電所	四国電力	1969	1977
玄海原子力発電所	九州電力	1968	1975
川内原子力発電所	九州電力	1964	1984

表 10　既存原発の誘致開始と運転開始の時期一覧

以上で、二章から進めてきた各時代の歴史的条件を洗い出す作業は終わった。いかにして、現在の、国をあげての強固な保守性をもった原子力推進体制ができてきたのか、ということが明らかになった。

次章からはこの歴史的分析を踏まえながら、戦後社会を大づかみにしてその根底にあるものを見出したい。

第Ⅲ部

考察

第五章　戦後成長はいかに達成されたのか——服従のメカニズムの高度化

前章まで、原子力ムラの歴史的検討を進めてきた。本章と次章では、その上に立って再度理論的な検討を深める。ここまで進めてきた議論は、戦後成長において中央に翻弄される地方を描くなかで、そのあり様を明らかにしてきた。その上でなされるべき理論的な観点は二つある。一つは戦後成長が地方をいかに変化させてきたのかということ、もう一つは戦後成長のなかで変わらずに地方に作用してきたものは何かということだ。まずは、本章において前者、戦後成長がいかに地方やムラを変化させてきたのかを検討していくこととする。

ここまでの議論をまとめて、その変遷を端的に示せば、それは次のような段階に分けて捉えることができる。

（1）**中央とムラの分離**：明治以来、日本は中央集権体制確立を目指して、官選知事を中央のエージェントとして地方に送ることによる統治を目指していたことに象徴されるような、直接的な統治を目指していた。しかし、それは一方で地方－ムラの側に自生的に存在してきた秩序、権力構造と対峙することになり、地方の側の自律性・独自性を完全に切り崩すことはできなかった。例えば、中央から地方に送られた官選知事は短い期間で移動させられ、ムラの利害を代弁する地方政治家や地元メディアを前に強い権威を持つこともできず中央集権は不明確なものとなっていったのだった。

（2）**中央とムラの接合**：しかし、戦時下から戦後改革にかけて、新たな形の中央集権体制が形成される。それは、一方が「総力戦」、もう一方が「民主化」という一見相反する目標を掲げつつも、ともに地方やムラを「国のために」と国家の体系のなかに動員することをすすめていき、そのなかで形成された体制だと言える。ここにおいて地方やムラは、中央の必要性に応じた変化を、必ずしも一方的に強制されてではなく、時には自ら望みながら遂げていった。例えば「なんかすごいけど、よくわからない」原子力を進んで受け入れていったのだ。

（3）**中央とムラの再分離**：九〇年代以降、一方に経済成長の鈍化、他方に新自由主義的な政策があるなかで中央とムラの関係は新たな段階を迎える。確かに、地方の中央に対して自発的に貢献をしていく状況は今日も続いている。しかし、今日においては、それが自動化していると言える。それは本書で「地方」としてきた、植民地政策でいうところのコラボレーター（協力者）の役割をしてきた中間集団が、ムラにとって必要ではなくなったということを示す。ここにおいてムラは自動的かつ自発的に服従する存在へと変化したと言える。原発をおきたい中央とおかれたいムラが共鳴し強固な原発維持の体制をつくったのだ。

この変化は「中間集団の縮減」の過程だと言える。中間集団とは、「個人および第一次集団と国家ないし全体社会との間にあって、両者を媒介している自発的結社や職業集団のこと」（濱嶋ほか 1977: 432）

をさす。本書で設定した「地方」は、「ムラ」やその住民にとって「中央」に接続する際の中間集団だ。また「ムラ」自体も住民にとっての中間集団だと言える。

戦時までの「地方」には、上からおりてくる中間集団（中央）と下からあがっていく中間集団（ムラ）という二層の対立、つまり「地方」が中央からのエージェントとムラからのエージェントの二項対立のもと成立していた。上から押しつけられた官選知事とムラの代表で構成される県議会がそうであったように、その二項対立はしばしば膠着状態に陥り、結果として効率的な国家の体系への地方やムラの位置付けを困難なものとした。しかし、戦時から戦後にかけて「ムラ」からのエージェントとしての「地方」が「中央」に自ら働きかけに行く体制が作られ、それは五五年体制を経て日本の成長を実現していった。ムラの側から中央に寄ってくる体制ができたことにより、日本の隅々まで統制が機能する体制が作られたのだ。

ところが今日においては、この「地方」は必ずしも不可欠なものではなくなり、「ムラ」と「中央」が直結するようになった。それは「地方」がコラボレーターの役割を果たさずとも、「ムラ」が自動的かつ自発的に「中央」の方針に共鳴するようになったためだ。

これが、本章ですすめる考察の見取り図だ。

以下では、いくつかの切り口から、時間の変化に合わせて生じた構造的な変化、連続と断絶を見極めながら考察をすすめる。まずは、本書の軸たる枠組みである「中央－地方－ムラ」という関係性のあり様を振り返っていく。次に、そのなかでも特に重要なムラの状況を整理し、最後によりマクロな時代的背景を探りながらここまでの歴史社会学的分析をまとめることとする。

1　中央‐ムラ関係におけるメディエーター（媒介者）としての地方

ここまで行ってきた歴史分析から、本書の問いである地方の自動的かつ自発的な服従の解明に接続していく上で、中央‐ムラの関係を整理していくことが重要だ。戦後成長の過程における、この二者関係とその間にある「地方」の役割の変化を通してそこにいかなる傾向、一つの指向があるのか見定めることができる。本節では、「地方」を中央‐ムラの間にあるメディエーターとしてとらえ、その質がいかに変化してきたのかを踏まえながら考察を深めていく。

■原発誘致前

まず、ムラが原発を誘致するまでの変化を振り返る。

明治以来、国民国家として、近代化を強力な力で進めていった中央にとって、前近代性の残る地方は国家の体系のなかに組み込み、近代化を進めていくべき対象だった。例えば、初期においては薩長を中心とした新政府出身者を、後に官僚制度を整えて内務官僚を、中央のエージェントとして全国の地方に配置していった。しかし、かならずしも、それだけでは地方の近代化は十分ではなかった。自然的条件を生かし中央へのエネルギー供給地となるようなことを除けば、農業や軽工業を中心に自足的に地方は成立し続けていた。それは、中央からやってきては短期間で去っていく官選知事と県議会や地元紙との葛藤につながった。すなわちそれは当然合理的な地方統制手段として成功していたとは言えないものだった。

しかし、その「地方統制の失敗」とも言える状況に変化が訪れることになる。それは、戦時から戦後改革を経て高度経済成長をはじめるまでの間に起こった変化であり、近代化を強力に進めようとする中央と地方が葛藤から調和へと向かう流れだといえよう。

戦時下においては、エネルギーの増産・国家の一元管理化、軽工業の軍需への再編などがなされるなかで総力戦体制がすすめられ、文化的・思想的な面でも「国のため」へと住民を動員していった。それは戦後、生々しい軍国主義自体は解毒されつつも、民主化・分権化が進む戦後改革のなかでも維持され、続く再軍備・再集権化のなかで変質しても継続していったと言える。

五〇年代になると、福島県は「反中央であるが故」に、地域開発政策を積極的に受け入れていった。すなわち、戦時には中央の示すとおりに総力戦に協力したが敗戦に終わり、戦後の激動のなかでは中央の政策に翻弄され、結果として財政的に疲弊した地方が、中央から自律し、自らで自らを支えるためには自らの発展を実現する必要性を感じており、そのために中央が示す地域開発政策を利用しようとしたのだった。それは五〇年制定の国土総合開発法による只見特定地域総合開発、六二年制定の全国総合開発計画における新産業都市への磐城・郡山地域の指定といった巨大国家プロジェクトへの、地方政治・経済・マスメディアをあげた、「福島も都会になるんだ」という県土発展の「夢」の追求としてあらわれた。

なぜ、県（「地方」）をあげた「夢」の追求を行う必要があったのか。それは、中央とムラとの間にあ

戦前	**中央**		**地方に送られた中央のエージェント**		**地方**
	内務省	―命令→	官選知事	→対立←	県議会議員

戦後	**中央**		**中央に送られた地方のエージェント**		**地方**
只見開発［国土総合開発法（50）］	吉田茂 白州次郎	←取込―	石原幹市郎	←協力→	大竹作摩
常磐・郡山新産業都市［全国総合開発計画（62）］	大野伴睦	←取込―	石原・木村	←協力→	佐藤善一郎
原子力発電所	堤康次郎 木川田一隆	←取込―	木村守江	←協力→	佐藤善一郎

表 11　中央 - 地方関係の転換

る本質的な断絶といってもいいような、溝の存在による。すなわち、中央の論理とムラの論理には相容れない差がある。ムラにとっては、中央が描くような「日本の輝かしい経済成長」よりも、ムラが自らを成り立たせ続ける「愛郷」の精神のほうが重要であり、中央の「夢」をそのまま持ち込んだところでムラは動員されることはない。そのようなかみ合わない二つの歯車の間に入り両者を駆動させるメディエーターとなったのが「地方」に他ならない。県知事・地元選出国会議員らは中央とのコネクションを強化させながら陳情や接待に動き、一方で地方財界・地方マスメディアは地域開発の誘致キャンペーンをはり、両者を接合していく役割を果たした。「近代の先端」を目指す「中央」にとって、克服すべき「前近代の残余」としての「ムラ」は、植民地論で言うところの「コラボレーター」としての「地方」の誕生によって、戦後成長の重要な要素に組み込まれていくことになったのだった。

また、中央は、戦時下においては他国に比べて遅れた原爆研究への反省の上で、体制を組みなおして戦後の原子力研究開発再開へとつなげていく。それは、戦時下では軍・学がそれぞれの利害の上で対立し成果を残せなかった状況から、官・産が協調しあいながら研究開発を推進していく体制の構築としてあらわれた。

そして、そのような時代背景のもと、福島第一原発建設計画は「東北のチベット」と自称しながら困窮に悶えるムラの発展をかなえる「夢」としてムラに提示されることにつながっていく。

■六〇年代の原発誘致後から九〇年代初めまで

六一年になされた福島第一原発の誘致決議から実現に向けての動きは極めてスムーズに行われた。それは、その土地の大部分が既に戦時に強制徴収されていたものであり、用地買収が容易だったこと、まだ原子力のイメージの良し悪しが明確に定まっていなかったことがあげられる。その裏では、国会議員・木村守江‐県知事・佐藤善一郎という原子力導入の際の中央‐地方関係に象徴されるように、再分配を地元に持ち込む強固なルートが作用していた。

原発の誘致が成功した後には大量のヒト・カネがムラの経済を潤し、土建業や運送業、さらに民宿・飲食店などができて、それまでの農漁村は原子力ムラの体裁を整えていく。GE村に象徴されるような、文化的な変化もそれを刺激していく。その結果、ムラには喜びとともに原子力発電所や関連施設が自動的といってもいいほどに出来上がっていく。

しかし、六八年に発表された福島第二原発と浪江・小高原発の誘致は第一原発とは違い、スムーズにはいかなかった。それは、一方で強引な土地買収など、急激な開発による問題が、もう一方に公害や放射能汚染への認識の変化など、これもまた開発の進展とともに明らかになってきた問題が露呈してきたからだった。結果として、第二原発の土地買収は難航し、後に運転差し止め訴訟が起こされることとなり、一方浪江・小高原発は今日に至るまで着工できない状態にある。

ところが、その影響は部分的なものだったと言わざるを得ない。既に原子力ムラとなっていた第一原発に対する影響は少なく、むしろ政治・経済・文化といったあらゆる面で原子力への依存を深めていったし、第二原発も、ひとたび原子力ムラとなってしまえば同様の路をたどっていったからだ。原発立地地域としての税収はもちろん、新たな産業の成立をはじめ、その波及効果が原子力をより求めていく作用を持っていた。そして、その背景にあったのは、その内向性・保守性からこれもまた〈原子力ムラ〉と揶揄されることもあった原子力を推進する強固な行政システム(=二元体制的サブガバメント・モデル)と、それを指示する五五年体制の安定化があった。すなわち、中央の側に用意されていた〈原子力ムラ〉に共鳴する形でムラの側に原子力ムラが形成され安定していったのだった。

八〇年代以降、原子力ムラはもはや原発なしでは財政が成立しない状態になり、また、政治的・文化的にも原子力ムラとして固定化されていくようになる。七〇年代まではムラのなかで認識されていた「ポスト原発」の時代をいかにするか、という視点も、九一年の双葉町の増設誘致決議に象徴されるように、失われていく。addictional に原子力を求める体制が確立したといえよう。

■九〇年代半以降

addictional に原子力をもとめ、自らを再生産する原子力ムラは、財政が厳しくなるほど原子力を求めるシステムとなった。しかし、その強固な原子力のシステムを揺るがす動きが生まれた。それは、かつてコラボレーターとなって原子力をムラにもたらした「地方」によるものだった。

東京電力や関連省庁による相次ぐトラブル、約束不履行等のなかで、福島県は原子力政策に関して、中央との対決姿勢を強めるようになる。八八年から福島県知事を務めていた佐藤栄佐久は、九八年には全国で始めてプルサーマル計画に事前了解を表明していたが、〇一年には一転プルサーマル受入れを凍結した。

これは「保守本流であるがゆえの反原子力」であった。すなわち、揺らぎ続ける中央の言うがままになっていては地方はその揺らぎによって翻弄されて衰退せざるをえないという信念が反原子力への方針転換をさせた。これは、かつて「地方」がとった判断である「反中央であるがゆえの原子力」と表向きは正反対に見える。しかし、その根底には同様のもの、すなわち中央に翻弄されることなく、地方・ムラの維持を最重要課題とする思想があると言える。

しかしながら、この動きに対しては、中央からの圧力はもちろん、ムラの側からの困惑も見られた。かつてとは違い、原子力ムラはすでに原子力なしには成り立たなくなっているがゆえだ。原子力ムラは原子力を求めずにはいられない状況にあるのだった。それはCO２削減に効果があるという点での「エコな原子力」という中央による議題設定やグローバルな「原子力ルネサンス」の機運と同時に進行した。

そして、特捜検察による佐藤栄佐久知事逮捕によって反原子力の動きは突如頓座する。現在では、中央によってしかれた元の路線に回帰し、プルサーマルは運転を開始するに至っている。

■メディエーターとしての地方の変化　voice or exit

以上の歴史的変遷から中央－地方－ムラの関係とムラの変化をまとめると以下のようになる。

（1）中央とムラには溝があった。それは中央が望む成長をムラが望むとは限らないがゆえの溝であった。「地方」においてその溝はぶつかり合い、結果として中央による統制が効率的にムラに及んでいたとは言いがたい状況にあった。

（2）しかし、その溝を埋めたのが県知事を始めとする「地方」のアクターたちだった。この時の「地方」はコラボレーターの役割を果たしていたと言える。

（3）その結果、原子力ムラが成立した。一度成立した原子力ムラは自らで、自らが原子力ムラであり続けるようなシステムを形成した。

（4）そして、かつてムラに原子力をもたらした「地方」が原子力への方針を変えても、原子力ムラは自ら持続的に中央の原子力政策の実現に貢献するようになった。

ここにおいて中央－ムラ関係におけるメディエーターとしての「地方」の役割は

（1）（意図せざる）ノイズメーカー：中央の意図をムラに届ける、あるいはその逆の際に、その流れの抵抗となりノイズを与える存在

（2）コラボレーター：中央による統制の意図を、ムラの欲望と照らし合わせて調整し実現していく存在ということができる。

では、（3）（4）の現象についてはどのように分析できるか。

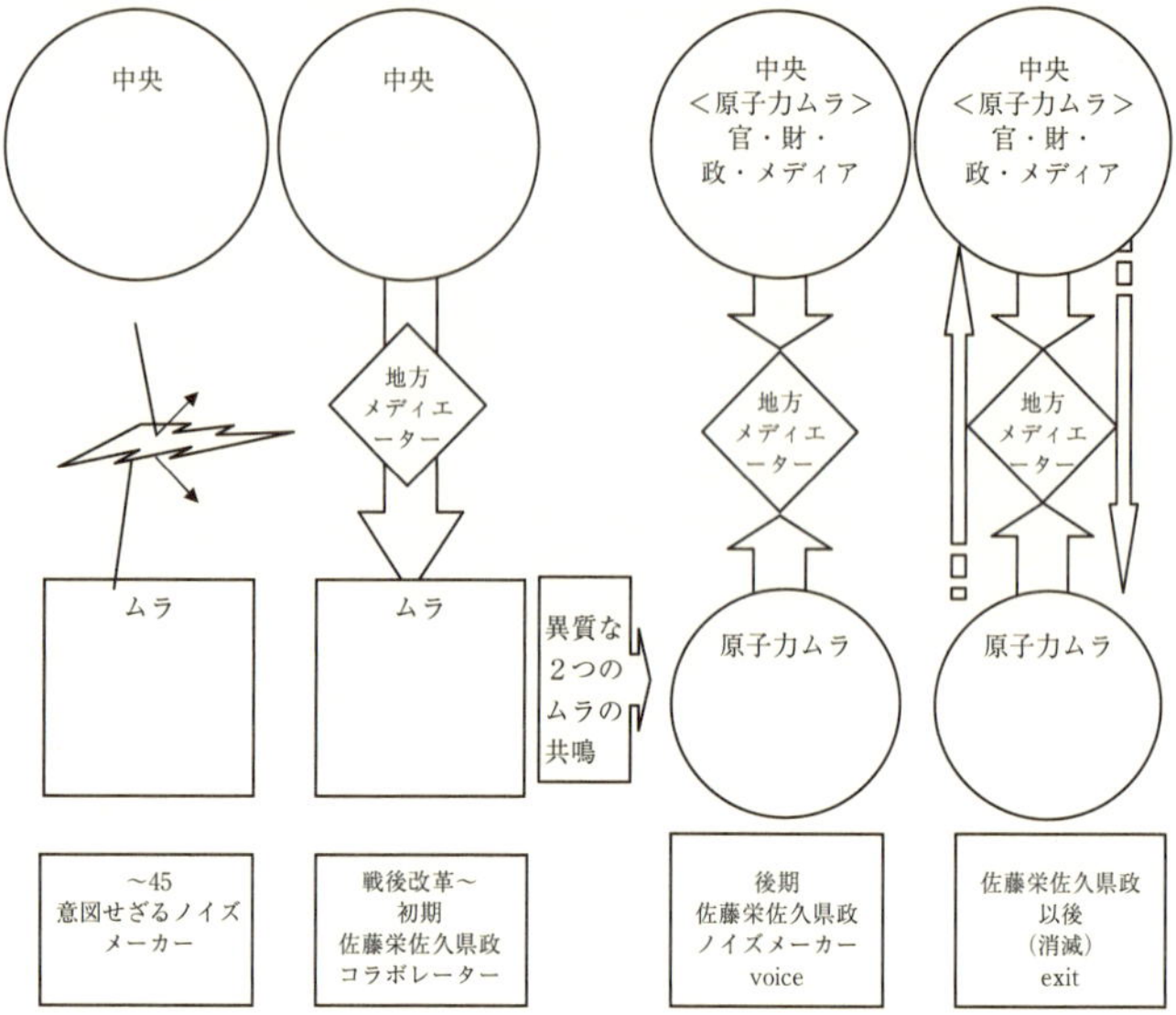

図9　メディエーター「地方」の転換

ここまで見たとおり、九〇年代半ばから、五五年体制の崩壊に象徴されるとおり、コラボレーターを用いた「中央からムラへの再分配による政治」の有効性がゆらぎはじめた。その結果生じた社会現象は二点ある。一つは、メディエーターとしての地方が中央とムラの挟撃にあったということ（佐藤栄佐久県政）、もう一つが、メディエーターなしでも中央とムラが共鳴しあう状況を見せたということ（ポスト佐藤栄佐久県政）だ。両者に共通する背景として、原子力ムラが中央に自動的かつ自発的に服従するシステムを内在しているということが指摘できる。

これは、先にあげた（3）（4）のなかで生じた現象だ。

この現象を、政治的・経済的組織における業績悪化からの回復メカニズムを整理したアルバート・ハーシュマン（1970=2005）の「voice / exit」の枠組みで捕らえることを試みると以下のようになるだろう。

ハーシュマンは、現状への不満に対する行動として、「発言」や「告発」と訳される「voice」、「離脱」や「退出」と訳される「exit」の二つがあるとする。この枠組みで捉えることによってわかるのは、端的に言えば「現状のシステムに対する改善への期待」だ。期待があれば「voice」、なければ「exit」する。

佐藤栄佐久県政からポスト佐藤栄佐久県政への流れはこうだ。「voice」つまり、佐藤栄佐久県政による「意図的なノイズメーカー」としての抗議・交渉の試み、という改善への期待がある故の行為が裏切られた時、「exit」つまり、その議論からの離脱・退出という改善への期待がないがゆえの変化があらわれた。ここにおいて、少なくとも原子力政策についての「改善への期待」を地方が失うなかで、中央 - ムラ関係は直結し、メディエーターとしての「地方」の役割は消滅したと言うことができるだろう。それは、「中央の都合より地方自治が重視されなければならない」という憲法や地方自治法の理念に反す形で、地方やムラが中央との間で純粋な主従関係、支配 - 服従の関係に至ったと見ることもできるだろう。

そして、その関係を支えているのは自動的かつ自発的な服従をする原子力ムラの存在に他ならないのだ。

2　ムラの変貌と欲望

では、ムラはどのような変化をしてきたのだろうか。

かつて、ムラは中央との関係において、自律していた。それは、国家による統治のための区分＝「行政村」を与えられつつも、必ずしも「国のために」という国家の体系にとりこまれることなく、農漁業を中心にした産業と地縁・血縁的な地域権力構造による統治によって成立していたことをさす。しかし、明治以降の近代化のなかでそのような前近代的な「純粋なムラ」は徐々に変貌し、戦時体制はそれに大きな変更を迫っていった。それは現在の原子力ムラが戦時下には土地収用されて軍用飛行場や塩田として利用されたことに象徴的なように、ムラを明確に国家の一部としていく過程だった。

さらに、それに追い討ちをかけたのが、戦後の急速な成長に他ならない。産業が発達し、農業の近代化が求められるなかで、相対的に劣位にあるムラは困窮していった。そして、内発的発展を目指す間もなく、大規模な産業と財源を抱える中央からの再分配に依存していく。原子力ムラも例外ではなく中央の示す巨大プロジェクトへの依存を深めていくことになる。その依存は、原子力ムラを捉えて離さないものとなり原子力ムラは addictional にその作動を繰り返していくことになった。この戦時から戦後の成長への流れを通してこれまで分散していたムラは、戦争や成長のなかにおいて「国のため」という思想のもとに集中していったのだった。

ところが、地方分権のなかで、再自律が求められる。当初の予定通り原発からムラへの税収は減り、一方で新自由主義的な政策のもとで地方への財源が削られる。福島県と電力会社の約束が反故にされたことの背景には、これまで確固たる体制を築き、戦後日本を牽引してきたかのように思われてきた巨大企業にも経営改善が求められだした状況があった。

そのようななかで、これまで中央に依存していたムラはムラ同士の競争のなかに放り出されることになる。それは、一方には佐藤栄佐久県政が見せたような中央との対峙として、もう一方にはポスト佐藤栄佐久県政において露呈した、中央の方針への適応としてあった。この競争は、今後、他の原子力ムラや原子力ムラ希望者も含めて、プルサーマル受入れ、原子炉の増設・リプレース、再処理施設・廃棄物保管施設の誘致合戦へと発展していくだろう。さもなくば、ムラは急速な高齢化・過疎化、財政不健全化のなかで衰退してしまうからだ。これまで「地方」という中間集団を通して中央の元に集中していたそれぞれのムラは再度分散していった。

まとめると、ムラ‐中央の関係は「自律→依存→再自律」、ムラ同士の関係は「分散→集中→再分散」していったと考えることができる。

では、そのような環境の変化のなかでムラの側の能動性はいかなるものとしてあったのだろうか。ムラは何を欲望し、それはムラをどのように変えたのか。

かつて、ムラは「生存への欲望」を持っていたと言える。土地は農業に向かず、食料の生産も安定しない一方、大規模な工業・商業も成立しにくい。そのようななかで生活苦から自由になることを望んでいた。そのために、中央からの分配を自ら望み受けることを厭わなかった。

しかし、戦後の成長のなかで「生存への欲望」の様相は変わっていく。生存に必要な最低限のモノが充足してくると、道路、文化施設、スポーツ施設などの「モノへの欲望」が生まれてくる。そこには「原発がくれば仙台みたいになれる」という住民の言葉に象徴的なように、都市化への志向がある。後進性・周縁性のなかにある田舎にとっては、急速な成長のなかで輝く都会の存在を通して相対的な「欠如」の自覚が芽生えていった。その欲望のもとに原子力はやってきて強固な原子力ムラのシステムをつくっていった。

ところが、九〇年代に入って成長が鈍りだすとこの様相は変わる。過疎、高齢化、原発による収益構造の陳腐化のなかで、財政再建団体に指定されるムラも生まれてくる。単純なハコモノではない、ムラに「コト」として残るものとして、東京電力からJヴィレッジが贈られる。生存に必要な最低限のものは揃い、一方で、ハコモノは無駄な維持コストとともに十分なものとなった。物質から情報へ、つまり「コトへの欲望」がムラを動かす原理となった。そして、コトへの変化は、ムラから原子力を追い出すどころか、その隅々にまで原子力が浸透しムラのアイデンティティを規定する状況を招いている。欲望がムラを動かし、そして、ムラをかつてムラ自身が必死に逃れようとしていた「欠如」の中に固定化したと言える。

ムラの固定化の根底にあったのは、戦後成長のなかにあった日本を映し続けたマスメディアだ。成長の初期において巨大地域開発政策の誘致キャンペーンで描かれた「夢」は、地元の政治家や財界人のみならず、地元新聞を通して多くの県民に共有された。六〇年代初頭には、開拓地をはじめそれまで電気が通っていなかった地域にも電気が通るようになると同時に、テレビを見る家庭も増えていった。当時は電波の状況も悪く、地元局ではなく東京の電波を拾いながら「息子達は『ひょっこりひょうたん島』や『東京オリンピックなども見た』」といったエピソードが残る（広野町史編さん委員会 2006: 725-727; 東北電力企画室広報課 1968: 223）。電気だけでなく、電話や道路、水道といった基本的なインフラが通り始めたばかりのムラにいても、マスメディアを通して日本の成長が実感されるようになった。新聞・ラジオ・テレビという「ムラにもたらされたマスメディア」が、スポーツ、博覧会など、国をあげた成長を描き戦後日本を一つの共同体にまとめ上げていったのだった。その後の原発建設によるムラの急速な変貌は、「ムラにもたらされたマスメディア」上で展開されている成長のドラマに、自らを重ね合わせるのに十分な勢いをもっていただろう。

それは当然今日まで引き継がれるものであるが、一方で、新たなムラとマスメディアの関係も出現している。それは、成長の時代が終わったなかであるがゆえにあらわれた「ムラにもたらされたマスメディア」とは違った、「マスメディアがもたらすムラ」とも言える変化だ。

それは、奇しくも福島第二原発を抱える双葉町と隣接し、一応現在も浪江・小高原発の候補地となっている浪江町山中にある「DASH村」（福島民報 2006: 23）に象徴的だ。

DASH村とは、日曜夜七時から放送されている『鉄腕DASH』というファミリー向けの番組のなかの一企画であり「仮想の田舎暮らしができる村」で実際に人が住み込み農作業等をするこ

画像 12　DASH村の風景（http://www.dai2ntv.jp/player/index.html?item_id=NtvI10003887）

とを内容としている。そこで描かれるDASH村は、自然の厳しさのなかにありつつも牧歌的で、生き生きとした風景として描かれる。そして、当然、そこが原子力ムラに隣接していることは触れられない。つまり、田舎として理想化・純化されたムラがマスメディアを通して再現される。

番組のWEBサイトを見にいくと、カルガモを用いた稲作、炭作り、山羊の飼育など、分かりやすい「田舎要素」がインデックス化され、定点カメラを通してリアルタイムでDASH村の状況を見ることもできる。社会の情報化がますます「マスメディアがもたらすムラ」を先鋭化させる。

同様の番組として、同じく日本テレビ『一億人の大質問!?笑ってコラえて』内の『日本列島ダーツの旅』（九六年放送開始）、『田舎に泊まろう！』（〇三年放送開始）などが、九〇年代後半から〇〇年代にかけていずれもゴールデンタイムで長期間放送されている。

この「マスメディアがもたらすムラ」に象徴されるものは、現代社会において失われた田舎へのノスタルジーへの想像を喚起するが、それは同時に、そこにもはやそのような理想的なムラは存在せず、むしろ過疎化、高齢化、抜き差しならない困窮という現実を覆い隠す。ただでさえかつてのような成長への欲望を持つことが不可能になった今日において、田舎は田舎のままに固定されるのだ。

ムラは戦後成長のなかで自らの「欠如」を認識し、それを埋め合わせることを欲望し、原子力ムラとなっていった。しかし、逆説的にも、そのことが「欠如」をより大きなものとし、ムラが容易に社会移動できない構造のなかに固定化してしまったと言える。

3　戦後成長とエネルギー

これまで、繰り返し見てきたとおり、成長とエネルギーは表裏の関係にあるものだと言える。それは、戦後成長のみならず、対外膨張を軸にした植民地主義的な成長においても、例えば第二次世界大戦において、四一年の日米開戦に向かう大きなきっかけが日本への石油輸出禁止措置であったこと、あるいはポスト冷戦における少なからぬ戦争・紛争の背景にエネルギー資源との関わりが指摘されることからも成長とエネルギーの関係が密接なものとしてあることは確かだ。

かつて、明治・大正期における電力は大部分が民営企業による自由競争のもとで供給されていた。しかし、大量の資本が必要なため電源開発が滞ったり、度重なる電力会社の買収・合併によって複雑で非合理的な配電体制になることも多く、結果として、しばしば停電になることも多かった。それは、エネルギーの利用が電力に頼らない、すなわち、蒸気機関や光源や熱源として燃料をそのまま利用するような場合はまだ問題が少なかったが、工業化が進み、一般の生活のなかにも電気が浸透するとエネルギーとして電気の利用率が上がっていった。そして、戦時になると、総力戦体制のもとで発電・配電・電源開発が国家によって一元管理化されるようになった。

その国家統制による電力供給体制は、戦後の九電力会社民営化の後も事実上続き、電力の安定確保につながった。そのなかで、原子力による発電の確保は戦後、最重要なものとして位置づけられてきた。

ところが、九〇年代に入り、経済が成熟・縮小の段階に至ると、電力消費量の伸びが頭打ちになっていくなかで、単純に考えれば電力確保がより安定しそうに思えるのにも関わらず、電力供給は新たな不安定化を迎えている。それは、一方にはグローバルな規模で起こっている電力の自由化やエンロン事件に象徴される金融商品化の影響、他方には佐藤栄佐久県政に見られたような発電所立地地域との衝突といった変化があったためだ。この不安定化を推し進めているのは新自由主義と呼ばれるような世界規模でおきている大きな構造の変化に他ならない。表向きの「分権化」は合理化、低コスト化としてあらわれ、求められる自生的秩序は激しい競争とそれによる疲弊を生み出す。

これまで戦後成長と表裏一体の関係にあったエネルギーは、新自由主義の進展のなかで大きな転換を迎えていると言うことができるだろう。

では、そのような転換からはいかなる社会理論、社会の捉え方が導き出せるだろうか。例えば「受益圏‐受苦圏」論を手がかりにしてみたらどうか。七〇年代以降表面化してきた公害は社会と環境、あるいは地域や科学との関係についての見方を大きく変えることを私たちに迫るものだった。八〇年代、環境社会学者の梶田孝道によって生み出された「受益圏‐受苦圏」論は、新幹線開発や種々の迷惑施設を事例としながら、受益と受苦を区別しその範囲のあり様を検討することでそこにある社会的不公正を明らかにしていった。この理論は、他の産業化・開発といった現代社会と切り離せないものから生じる負の事象を捉える他の理論とならび、非常に多くの業績を生み出してきた。

しかし、ここまで見てきた状況を踏まえればこの「受益圏‐受苦圏」論を再検討しなければならないかもしれない。それは端的に言って、「受苦」という概念が八〇年代に設定された環境主義や地域主義の前提から判断したものであると見ることができるからだ。

確かに、国家や巨大資本による強引な開発、少しでも抵抗すれば「地域エゴ」という批判すら受けるような不公正な状況を成長は内在してきた。それは、現在における歴史にあらわれていないものも含めれば膨大な抑圧と深刻な軋轢を環境や地域に生み出してきただろう。それは「受苦」に他ならない。

しかし、本書では、従来の環境や地域に対する前提を自覚的に括弧にいれ、少し視点を変えてみることにつとめた。それは、本書の冒頭で設定したとおり、「地方」・「ムラ」の能動性、すなわち、地方の側にある欲望を見定めるということだった。そして、その結果見えてきたことは、「原子力ムラは addictional なまでに原子力を求めている」という事実だった。

日本語で「嗜癖」と訳される addiction とは、ただ依存的になるというのみならず「本当はよくないとは思いながらもやってしまう」という前提がある。実際、原子力ムラの住民からは「なければそのほうがいいんです。でも……」という言葉がささやかれる。

原子力ムラの住民は原子力を持つということによって苦しんでいるのは事実だ。しかし、それは貧困あるいは都市と比較しての「欠如」というより大きな苦しみから逃れるためのものに他ならない。つまりそれは、仮に電力を欲する中央のためにムラが抑圧されているという「受益 - 受苦」関係を壊してもムラは苦しさから逃れるどころか、（ムラにとって）より大きな苦しみの体系に組み込まれなおすことを意味する。

信田さよ子（2000）は臨床心理学の立場から addiction を「行動の悪習慣」と定義づける。そして、アルコールやＤＶへの嗜癖が、その問題を起こす者（アルコール依存者、ＤＶをふるうもの）のみの問題としてではなく、その者の周辺の人間関係（家族、近隣、職場、治療者）も含めた全体的なシステムに問題があることを示す。

原子力ムラ、そして、今日の地方の問題も同様のこととして扱っていくことが可能だろう。中央‐地方、中央‐ムラ間の単純な支配／被支配、抑圧／被抑圧、加害／被害という二項対立のもとに問題を認識することは、それぞれ前者の項を批判し、後者の項を都合のいい表象（例えば無垢な被害者）のなかに固定することに終始し、問題の核にあるものを見誤り解決を遅らせるどころか、むしろ問題の傷口を広げることになりはしないか。少なくとも、今日の原子力ムラの住民が「原発は危ない」と騒ぎ立てる中央のマスメディアや反・脱原子力運動に戸惑っていることに象徴されるように、環境や地域が自覚的にとりあげられはじめた八〇年代から九〇年代の捉え方では十分ではないことは明らかだ。すなわち、これまで「受苦」と指摘されてきたようなものを単純な苦しみ、と捉えることは困難になっている。

より全体的なシステムとしての受益‐受苦関係を見定める必要がある。そして、本書で進めてきた議論はわずかではあるが、その必要性に答えることができただろう。

今日における「受苦」は、かつての一時的にわかりやすく大きな被害を出すようものではなく、ウルリッヒ・ベックが言う「リスク」のような、一見危険性や被害がわかりにくく、貧困に対する富の提示のなかにリスクが入り込むといったことに特徴付けられるより重層的なものへと変質している。

新自由主義的な弱肉強食の競争のなかに放り出された地方にとって、「受苦」の原因とされてきた原子力は、明らかに、ムラが生存するための他に変えがたい手段となっている。だとすれば、受苦圏を捉えなおし、例えば競争に生存するための苦を選んでいる受「生」圏と、あるいは「選」苦圏と言い換えるべき状況にあるのかもしれない。システムの一方に「益」を受ける圏域があり、他方に自らの選択を通したそのシステムへの組み込みによって競争のなかでの生存を確保する圏域が成立しているという見方だ。

つまり、「受益圏‐受苦圏」という前の項から後の項への一方的な抑圧ではなく、「受益圏‐受生圏」あるいは「受益圏‐選苦圏」ということもできるであろう、前の項と後の項の相互作用のもと、共鳴しあいながら支えあう、小手先の解決策によっては避けがたい構造ができているという観点で見ていく必要が出てきていると言える。

4　内へのコロナイゼーション

本章のここまでの流れをまとめると以下のようになるだろう。

- 戦時下に作られた総力戦体制はそれまでにない形で地方を国家のシステムのもとに組み込み始めていた。それは、戦後のゆらぎ（＝GHQによる改革……）のなかで形を変えつつも、むしろ民主制の上でメディエーターを利用し、ムラが中央の利害の元に編成される仕組みを作っていった。（例えば五五年体制）
- その背景にあったのは、成長を望むムラの欲望に他ならない。中央から示される開発の計画、他のムラと自身のムラとの比較、マスメディアが映し出す成長の華やかさ、そういったものがムラの欲望を支えていった。

・そして、差異化をほどこされていない欲望のもとに「権力が欲望の諸効果を生み出すために滑り込む」（スピヴァク 1999: 10）ように、ムラが自動的かつ自発的に中央に服従し、国家のシステムのなかに組み込まれるようになった。
・この地方の自動的かつ自発的な服従は、グローバル化と新自由主義のなかでますます明確なものとなり、ムラを固定化している。

最後に、これをコロニアリズムとの関連で整理しなおすとどのように考えられるだろうか。すなわち、それは明治維新から一九四五年までの日本で明確に打ち出された植民地主義と、ポストコロニアル期におけるその延長をとらえることで国民国家としての日本の近代と近代化を位置づけなおす試みに他ならない。

一八九五年の台湾総督府設置に始まり、一九四五年の終戦に終わる日本の植民地主義は、後発近代国家としての日本が、成長を対外膨張、つまり、外部の国家システムへの取り込みによって達成しようとした「外へのコロナイゼーション」の動きと言える。ここでいう「コロナイゼーション」とは、成長に不可欠な種々の資源や経済格差を求めて「植民地化」を進めていく過程をさす。

この成長に向けた国家の膨張の力は一九四五年を境に、消えてしまったのだろうか。本書の考察を踏まえ、あえてそこにコロニアリズムを見定めようとするならば、そこには「内へのコロナイゼーション」が生じたと言えよう。「核の傘」のもとでの急速な成長を対内的な地方の統制＝中央にとっての「植民地」化、つまり、内部の国家システムへの取り込みによって達成しようとした一九四五年の終戦から一九九五年の地方分権推進法までの期間は、敗戦と同時に失った植民地を通して得ようとしていた資源とエネルギーを、国内に見出し、成長のために用いようとする志向のもとにあった。そのなかで地方は翻弄され疲弊している。

さらに、現在少なからぬ地方が、本書でみてきた原子力ムラと重なる状況、すなわち新自由主義のもとでの競争に放り出された状況にあるのだとすれば、この四五年からの五〇年間にわたる大きな政府のもとでの再分配を軸とした「内へのコロナイゼーション」は、小さな政府のもとでの「自動化・自発化されたコロナイゼーション」に変化をしているのではないか。つまり、地方への分配が困難になるなかで新自由主義的な政策のもと、それまで必要だった暴力・軍事力やメディエーター無しに、地方が自ら持続的に国家システムのなかに飛び込んでくる状況にあると言える。

この推移は、ある種の国民国家における統治システムの高度化としてとらえられるのではないか。すなわち、

(1)一八九五～一九四五年「外へのコロナイゼーション」における生々しい権力＝軍事力・ファシズム

(2)一九四五～九五年「内へのコロナイゼーション」における間接的・自発的な権力＝再分配・メディエーターとしての地方（自発的ではあるが、再分配とメディエーターによるこまめなメンテナンスが必要であり自動化はされていない）

(3)一九九五年～「自動化・自発化されたコロナイゼーション」における権力＝新自由主義的競争（ムラの秩序が安定するとともに社会的立場は固定化され、自動的な競争が常におこる）

という段階として捉えられるのだとすれば、国家の意思を完遂するために（1）のような常に膨大な手間・コストがかかる割には不完全な統治のあり方が、戦時体制のなかから生まれてきた（2）のような自ら国家の都合のために振舞うアクターを生産した上でそのアクターの協力によって成り立つ統治へ、さらに、（3）のような手間・コストともに極小化されたなかで自動的に体制が再生産される統治へと移ってきたと捉えることができる。

ここに明治に国民国家建設の目標をたてて以来、総力戦体制や新自由主義を通して国民国家化の完遂とよべるような状況を見出すこともできるだろう。つまり、中央‐地方‐ムラという枠組みにおいて、中央の側からムラの側へと権力が浸透していくような過程、具体的に言えば（1）では中央に権力がとどまっていたのが、（2）においては中央‐地方へ、さらに（3）においては中央‐地方‐ムラと、国民国家の末端まで権力が行き渡った状況にあると言える。

無論、以上のことは本書が取り扱った範囲における仮説にすぎず、さらなる研究が求められるだろう。しかし、少なくとも、権力が必要とする服従が、かつて必要とされた生々しい暴力やコストがかかるメディエーターを使うことなしに、自動的かつ自発的にえられる状態へと変化してきた過程がそこにあるのだとすれば、そこには、服従のメカニズムが高度化してくるプロセスがあったと言えることは確かだろう。

第六章

戦後成長が必要としたもの——服従における排除と固定化

1　他者としての原子力ムラからの脱却

前章の考察で議論を深めなければならない点がある。それは、「ムラも原子力を欲していた」という事実だ。

もちろん、ここまでの分析を踏まえれば、それが単純な欲望ではないことは明らかになっている。しかし、そのプロセスを踏まず、単純に字面だけ「ムラも原子力を欲していた」と見れば、「ムラも欲していたんだからいいじゃないか。むしろ感謝するべきだ」という、丁度、歴史修正主義においてなされる「植民地化されて喜んでいる人もいたんだからいいじゃないか。そのおかげでインフラが作られて近代化できたんだ。むしろ感謝するべきだ」という言説と同様の解釈を招きかねない。

確かに、それは一面的に事実ではあるが、そのような見方によって切り落とされる現実があることには正面から向き合っていく必要がある。その点において重要なのは、これまでの原子力を扱う研究、あるいは地域を扱う研究・ジャーナリズムが抱えてきた、一見、抑圧を肯定する立場とは正反対に見える「抑圧の元にあるムラに対する不正を告発し、守り、変革しなければならない」という立場も、一面的な見方による、ムラの側の能動性の切り捨てをしている、という点で同様のものとしてあると言える。

ガヤトリ・スピヴァク（1999）がインドにおけるサティの風習についての考察で向き合おうとしたのはこの点にほかならない。スピヴァクはインドを植民地とした「善き社会の設立」を望むイギリス人と、「失われた起源へのノスタルジア」をもつインドの土着主義者たちの議論を整理しながら以下のように述べる。[*1]

それぞれ「白人の男性たちが茶色い女性たちを茶色い男性たちから救い出している」と「女性たちは実際に死ぬことを望んでいた」というように構築することができる。弁証法的に連動した二つのセンテンスを眼前にして、ポストコロニアルの女性知識人は単純な記号作用からなる問いを問う――〈これはなにを意味しているのか〉と。そして、ひとつの歴史を構想しはじめる。（スピヴァク 1999: 82）

スピヴァクのポストコロニアル研究が自覚的に問題化してきたのは、ヨーロッパ的主体による自民族中心主義的な他者の構成への指向だ。中心‐周縁の関係において、周縁者を他者と構築することによって自らの地位・立場＝positionをうち固めることへの無自覚さを批判した。つまり、より端的に言えば「他者表象による抑圧性」への指摘だ。声を上げられないような立場（周縁）にいる他者を、より高みに立った者（中心）がかってに表象（イメージ）することで抑圧を温存・強化してしまう。それが明確に悪意が意識されないなかで起こってしまうことを批判したのだった。

この批判は、先にあげた、これまでの原子力・地域研究の抱えてきた問題にも接続する。いささか極端な類型化ではあるが、「原発は田舎で受け入れてもらわないと困る。だれかが受け入れなければならない。これまでも原発立地によって色々利益を得てきたんだろ？　それじゃあ受け入れなきゃだめだ。財政が悪いとか言っているけど、なんで折角すすめられているのに受け入れないの。地域エゴは困ったものだ」という立場と、「原発立地地域の住民はかわいそうだ。多大なリスクを一身に負って、言いたいことも言えない状況にある。推進する側と反対する側の葛藤は計り知れないもので地域の和を乱している。強引なやり方をする電力会社や省庁はけしからん。盛り上がりつつある反対運動を大いに支援していこう。原発を離しても生きていけるようにしてあげよう」という立場も、ともに、自ら中心の position にいながら他者としての原子力ムラを勝手に描いている、すなわち positionality に対して無自覚であるという点で同様だ。

本書では、どれだけ成功したかは別にして、この positionality に自覚的に、自らが中央から学の対象として原子力を捉えていることを踏まえつつも、ムラからの内在性、ムラの能動性を中心に歴史を再構築してきた。そこからは、中央の position から描かれた歴史とは違った、声なきムラやその住民の姿が明らかになってきたと言える。では、周縁の側からの歴史の描写の試みのなかからは、スピヴァクがサバルタン性を明らかにしたような、何らかの理論的な抽出は可能だろうか。

本章では、前章で扱った戦後成長による地方の変化という観点に対して、戦後成長のなかで常にあった、不変に作用してきたものを明らかにしたい。

端的に言えば、それは成長が必然的に抱えざるをえない排除と固定化のメカニズムだ。コロニアリズムのもとで明確にあらわれていたそのメカニズムは、ポストコロニアリズムの時代においても、あるいは、グローバルなレベル、ナショナルなレベル、ローカルなレベルといった空間的な階層のレベルにおいても普遍的に存在することだと言える。以下では、ムラの内部の状況を描きながらその状況を論じていきたい。

2　排除と固定化による隠蔽――常磐炭田における朝鮮人労働者の声から

三章で触れたとおり、第二次世界大戦中、エネルギーの増産が求められ、国家主導の元で大量の経済的・人的リソースが割かれていった。しかし、戦局が極まるにつれて徴兵によってそれまでの労働力だけでは賄いきれなくなってきた。

常磐炭田では、他の炭田同様に、新たな労働力として学生・女性とともに、「朝鮮人労働者」と呼ばれる層による労働力の補完がなされていた。ここでは、地元の平和活動グループによって当事者の声がまとめられ年に一回発行されている『戦争と勿来』を題材にその状況を振り返る。

先にも触れたとおり、朝鮮人労働者が特に増えたのは、四一年の米国との開戦以降だとされる。朝鮮人労働者の趙泰久は、一九一〇年朝鮮・慶尚北道善山郡で生まれ四三年二月下関から日本に来た。

〈日本に来ることになった経過についてお話下さい。〉

趙　炭鉱で働くことはわかっていましたが、炭鉱がどういうところかはわかりませんでした。お金を稼げるということで、村からは私が一人だけで、フザンから船に乗って来ましたが途中で逃げるなど、ということは考えませんでした。

〈炭鉱についてからのことについて、教育訓練などの期間はありましたか。〉

趙　ありません。いきなり坑内に入れるのがあたりまえでした。逃げると半殺しにされ、それを見れば逃げません。蛮行ばかりでありません、休む日がないのです。とにかく話になりませんでした。ご飯は量ってくれました。朝飯と弁当と小さなどんぶりに、麦の半分まじったのをこう量って、おかずはたくわん三切れでした。腹が減っていられませんでした。お金はくれないで、売店で使う札をくれるだけです。だから湯本町へ出ても、ただ回ってくるだけで、いくら食べたいものがあっても金がありません。だから腹が減ってしょうがないのです。

はじめは坑内に入ってもうまく仕事が出来ません。班長はいじめるばかりで、話しは口では出来ないですよ、あの当時は。

でもそれはしようがないが、今は朝鮮もああいうようになっているから、こうして大威張りで話せるのです。（サークル「平和を語る集い」1992: 19-20）

このような朝鮮人労働者の境遇は現場の日本人から見たらいかなるものだったのだろうか。朝鮮人寮から炭鉱の坑口までの引率係をしていたという一九二五年いわき市好間生まれで当時炭鉱で働いていた者は以下のように語る。

朝鮮人の大きな騒動が起こり、日本人の一人の犠牲者も出た。排気坑での死亡事故への会社の対応の仕方が事件の原因のひとつではなかったかと思う。…私の仕事は寮から坑口で引き渡しを受けて、人車に乗せて引率し、現場に引き渡すだけであったが、先山には「無理に使うな」「十分注意して」と言うようなことは言ってやっていた。ただ食事などは日本人と違う食事であったようだ。…

朝鮮人とわたしのことについて言えば、私はあまり差別をしなかった。「この人はひどい」と思うような人もいたが、現場でしかも年も若い私らは和気あいあいで仕事をしていた。当時朝鮮人には日本人の事を先生と呼ばせていたのですが、戦後昭和二五～二六年の頃私は仕事で福島から原町、浪江に行くことがあった。そこで金子げんじゅうという人と会った。その人が突然「先生なぜここに」と驚き、「よく来てくれた」と握手を求めてきた。この人はここでパチンコ屋をやっていた。考えてみると当時、朝鮮人を「半島人」と呼んでいたがよく山ノ坊の朝鮮人の寮に行って、朝鮮の歌を教えてもらったり、強い酒を飲ましてもらったりした。…「アーリラン、アーリラン、アーリヤ、アーリランコゲロ　ノモカンダー」いい思い出だった。たまには私も食べ物を持っていってやったり、朝鮮の食べ物を持ってきてもらったりした。（サークル「平和を語る集い」2000: 20）

元朝鮮人労働者が語る苦しみにあふれた風景と、同時代にいた日本人の牧歌的な風景の対比に、どちらかが話しを誇張したり、嘘をついたりしている可能性を見出すのは容易だ。しかし、重要なのは、そのような見解の溝に何があるのかを探ることだ。

炭坑内部で出勤・生産管理をする坑内書記をしていた林三郎と、坑内電灯の管理をする安全灯係をしていた立原みちおは朝鮮人労働者とのかかわりあいを以下のように回想する。

立原　安全灯係りは店員が六人でそのうち四人は朝鮮人。朝鮮人四人は比較的年の若い人らで、日本語も解るし、新聞等も読めました。

あるとき、「どうだい、おめらの飯場ちゃいい所かい」と聞いてみると、「俺も生まれてはじめて飯場に入ったんだけぞ、刑務所というのはああいうところでねえかなあ」というんですね。自由に表に出られるのは仕事に行く飯場との往復だけ、そのほかは外出する時はいちいち担当係りの許可が必要なのです。そしてその許可がなかなかしち面倒らしいんですね。何時に行って何時までに帰ってくる、行く先はどこ何処にいくのだとか。

……

林　飯場はここ（大昭炭鉱）のも、常磐炭鉱のも見ていますが大体監獄方式です。さっき出入りが自由でないといっていたように、窓には全部格子を張ってあったし、入り口も労務係が必ずいる。それ以外の出入り口はない。というようなことは共有していました。

……

〈賃金はどれくらいだったですか。〉

林　賃金は、たとえば日本人労働者が一〇だとすると新米のものは、日本人の場合は九～八となります。朝鮮人の場合は五〜六ですね。そしてうんと働くものは七ぐらいにという差別はつけるんですよ。

……

立原　当時炭坑には一般と違って特配というのがあり、酒とか砂糖とかお菓子とかが支給されたのに朝鮮人にはなかったのです。特配があったとき、「アブジ（年上の人に使う朝鮮語）らも昨日お菓子配給になったっぺ。」というと、「わたしらにはそういう特配というものはありません。」という。

……

〈その他の労働条件はどうでしたか。労働時間とか場所とかは〉

立原　朝鮮人は時間がきてもノルマを達成しないと、坑内にはいってもあげてもらえなかった。日本人の場合はある程度時間が来ればあがるけど、向うの人の場合は皆があがったのに、一時間も二時間もたってからあがる人もいる。それで「なんだ皆あがったのにいまごろ。」というと、「作業量が終わらないうちはあがられないんだ。」とそんなことを云っていましたね。

……

〈朝鮮人労働者の逃亡についての話は聞きませんでしたか。〉

立原　聞きました。私の知っている範囲内では三人か四人だったね。それは植田の駅でもさもさしているうちにつかまってしまうんです。そして連れてこられるとさっき話ししたように、ああいったことをやられてね。寮でリンチのようなことをやられる。そういうことを一回ちょっとみたこともあるし、一緒に働いている人から何回も聞きました。「昨夜こんなことがあった」と。

朝鮮人の平均年齢は三〇歳ぐらいだろうか。くにに奥さんなんかも残してきていることも多い。

……

林　それに着物は逃げたら一目瞭然でした。どこの炭坑にいっても朝鮮人の人には皆同じような服を着せていました。国防色の、ぜんぜん目の粗い南京袋でつくったような服で一般的にいって衣料は粗末な時代でしたが、たいへん目に立つもので、遠くから見ても朝鮮人だということがわかる。逃げる場合でも、外出した場合でも、ちゃんとそういうふうな配慮が、政府なり炭鉱なりのやりかたのなかに、あったんではないでしょうか。そして履いているものも地下足袋だけしか支給されていませんでしたから。

どこにいっても逃げおおせるものでないな、とその当時思いましたよ。（サークル「平和を語る集い」1992: 12-14）

安価で長時間働かせることが可能な労働力が、牢獄のような格子窓と監視の目がついた飯場や目立つ服、長距離歩けない地下足袋といった装置のなかで固定化され、起死回生を目指す国家から求められる石炭増産を支えていた。そして、その現実は、日本人から見たら「飯場はいいところか」と聞いてしまうことに象徴されるように、排除と隠蔽の構図のなかで無意識のなかに封じられていたのだった。

では、「戦時体制のエネルギー」を支えていたのが、そのような朝鮮人労働者の排除と隠蔽の構図だとすれば、その一見巧妙にしくまれても維持が容易ではなさそうに見える構図自体は何によって支えられていたのだろうか。

朝鮮人労働者の管理は飯場を中心になされていた。

立原　最高責任者は中隊長、その下に何人かの係がいて、その一番下にいるのが班長というのがいる。その班長は朝鮮人のなかから選ばれる。その人は多少読み書きの出来る人ですね。班長は通訳みたいなものですね。

林　湯本の坑内では苗字はたとえて言うと植田だとか、佐藤だとかありますね。そのうえで、名前は記号のように一連番号で一郎から十郎まであり、この一〇人が一組となりました。二組ぐらいの単位で班長をおき、班長は日本語も出来るし、読み書きも出来、現場監督の指揮に従って作業をやらせていました。（サークル「平和を語る集い」1992: 14-15）

朝鮮人労働者のなかでも、より日本語や意思疎通に長けた者、すなわち「植民地的主体性」をより獲得した人物を「班長」などとして要所に置きコラボレーターとして利用しながら間接統治を行っていた。植民地的主体の生産は常に朝鮮人労働者の統治にとって重要なものだったと言える。

大山という朝鮮人は「来年は日本兵になる」ということで、訓練を受けていた。軍人勅諭をそらんじることが出来、その日も元気に坑内に出て行った。（サークル「平和を語る集い」2006: 12）

ではこの支配する側にとって不可欠だった植民地的主体とは、支配される側である朝鮮人労働者にとってはいかなる存在だったのか。

「京大出の朝鮮人・張村隊長」のエピソードが鍵になる。渡辺寮という飯場の運営をしていた伯父とともに生活をしながら伯父の手伝いをしていた当時一一歳だった渡辺弘は以下のように語る。

・朝鮮人労働者には、張村隊長、小林副隊長と呼ばれていた人がいた。

・手紙は毎日二～三通きていた。隊長が全部開封した。戦争のことなど書いていると墨でつぶして、検閲した上で本人に手渡していた。湯を沸かして、蒸気で湿らせ、開封するのが私の仕事であった。手紙が来ていたのだから、ここにいたことは朝鮮の家族はわかっていたのではないの。サハリン［石炭増産体制の中でサハリンから常磐炭田に配置転換されてきた労働者が多かった］からではないことは、私も記憶している。

・当時、食糧事情は厳しいときだったが、伯父は「食べさせなければ働けない」といって配給は二合五勺と言っていたが、五合食わせた。ご飯は二つどんぶりで測る、合わせて一つにすると山になる。味噌汁は鍋釜で煮て、スプーンでご飯を入れ混ぜて食べた。五杯から多い人は七杯ぐらい飲んだ。うちでは食い物は他のところより良かったので他の飯場から逃げてくる者もあった。取り返しに来た憲兵がその朝鮮人を殴ったとき寮長は怒って、大切な炭鉱の働き手だからとやめさした。憲兵も日ごろ世話になっているので言うことを聞いた。

・戦争が終わって、最後の帰国者の帰る時には一三の家族三七人がいた。下関まで二日、船で一日

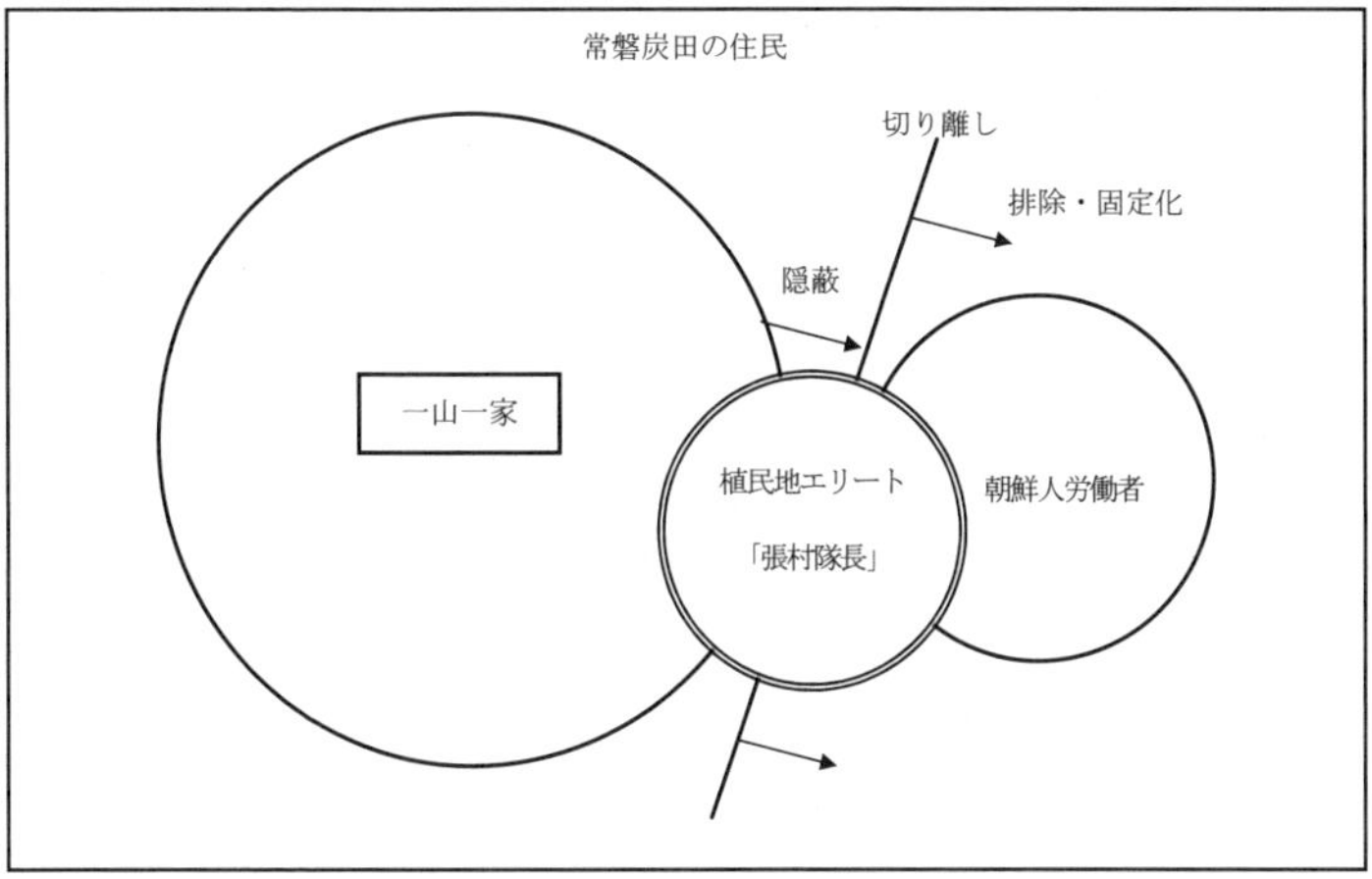

図 10　常磐炭田と朝鮮人労働者

なので四日分、一人五合×四＝二升の計算でそれぞれに二升を持たせた。私がミシンで縫った袋の紐を解いて一升枡で測って入れた。世話になった御礼にと、皆、指輪などをはずして記念に残した。枡にいっぱいになるほどだった。京大出の朝鮮人のリーダー張村隊長は下関から船に乗った途中で仲間により、海中に落とされたという消息がその後伝わってきた。日本人との間に立って、同じ朝鮮人として面白くないこともあったのだろう。（サークル「平和を語る集い」2006: 12-13）

下関 - 釜山をつなぐ船から張村隊長を突き落としたのは、他でもない同じ植民地出身者であった朝鮮人労働者だった。

植民地体制下での、日本人という「中心」と朝鮮人労働者という「周縁」、両者にとって不可欠なコラボレーターとして存在した張村隊長は、終戦とともに植民地主義が解除されたなかで、「名実ともに」と言うことばを当てれば不謹慎ではあるが、植民地的主体としての役割を終えた。

その植民地的主体の役割とは、（1）「飯場はいいところか」と聞き、穏やかな思い出として記憶する日本人の無知に象徴されるような、中心による周縁的な他者に対する「排除の役割」（2）宗主国で高等教育を受け「日本語も字も日本人以上にうまかった」(13) と言われることもあった「エリート」の一員として手紙を検閲し朝鮮人労働者を、合理的かつ隠蔽的に統治したことに象徴されるような、周縁的な他者の「固定化の役割」に他ならない。

日本人が自らの手ではなく、植民地的主体たる朝鮮人エリートに行わせた統治だったからこそ、排除と固定化が可能になったということからは、スピヴァクがサバルタンについて進めた議論に接続しうる。つまり、（1）西洋的主体と植民地的主体による代弁のなかで両者から排除され社会移動困難な存在としてのサバルタンを規定する議論は（2）西洋的植民地主義を内在化した日本と、その日本を内在化した植民地エリートの両者から排除と固定化されることにより成立していた朝鮮人労働者と重ねて考えることができる。

排除と固定化の構図のなかにおかれた朝鮮人労働者に与えられたサバルタン性が、先に掲げた問い、「元朝鮮人労働者が語る苦しみにあふれた風景と、同時代にいた日本人の牧歌的な風景の対比の間にある溝」にあるものに他ならない。第二次世界大戦下で、「近代の先端」を必死に捉えようともがいていた日本の中で、「前近代の残余」としての暴力性は植民地的主体を通して隠蔽されたのだった。

3　成長のエネルギー

では、「戦争を支える石炭」の生産において不可欠だったこの排除と固定化、それによる隠蔽の構図は常磐炭田に固有なことだったのか。

そうではない。例えば、急速な経済成長を遂げる中国では、〇九年だけで一六〇〇件の炭鉱事故がおこり、死者数は二六三一名に達している。原因として、収益を求めて安全確保のための投資が十分になされていないことが指摘される（産経ニュース 2010）が、戦時下や高度経済成長期の日本と同様に今後も続くであろう経済成長を見越しながらエネルギーの増産を進める中国にとって、石炭は不可欠であると同時に、常磐炭鉱と形は違えども、例えば農村住民の炭鉱労働者への吸収や劣悪な労働環境の隠蔽も不可欠なこととして行われていることが、表に現れただけでもあまりに大量の事故・死者数から言うことが出来るだろう。

その排除と固定化の構図は、石炭のみならず、例えば、一〇年八月におきてその救出劇が世界的な話題になったコピアポ鉱山落盤事故に象徴されるように、形は違えども成長と表裏のものとして存在している。コピアポで産出されるのは貴金属・レアメタルと、一見エネルギーに直結するものではないが、これらはとりわけＩＴを支える電子機器に必要とされ現代社会に不可欠なものとされている。これもまた成長にとって不可欠な原動力＝エネルギーに他ならない。さらに、それらは国内で生産され消費された常磐炭田の石炭と違い、グローバルな市場への輸出を前提としている点で、より世界的な規模で普遍性を持っている構図と見ることができる。

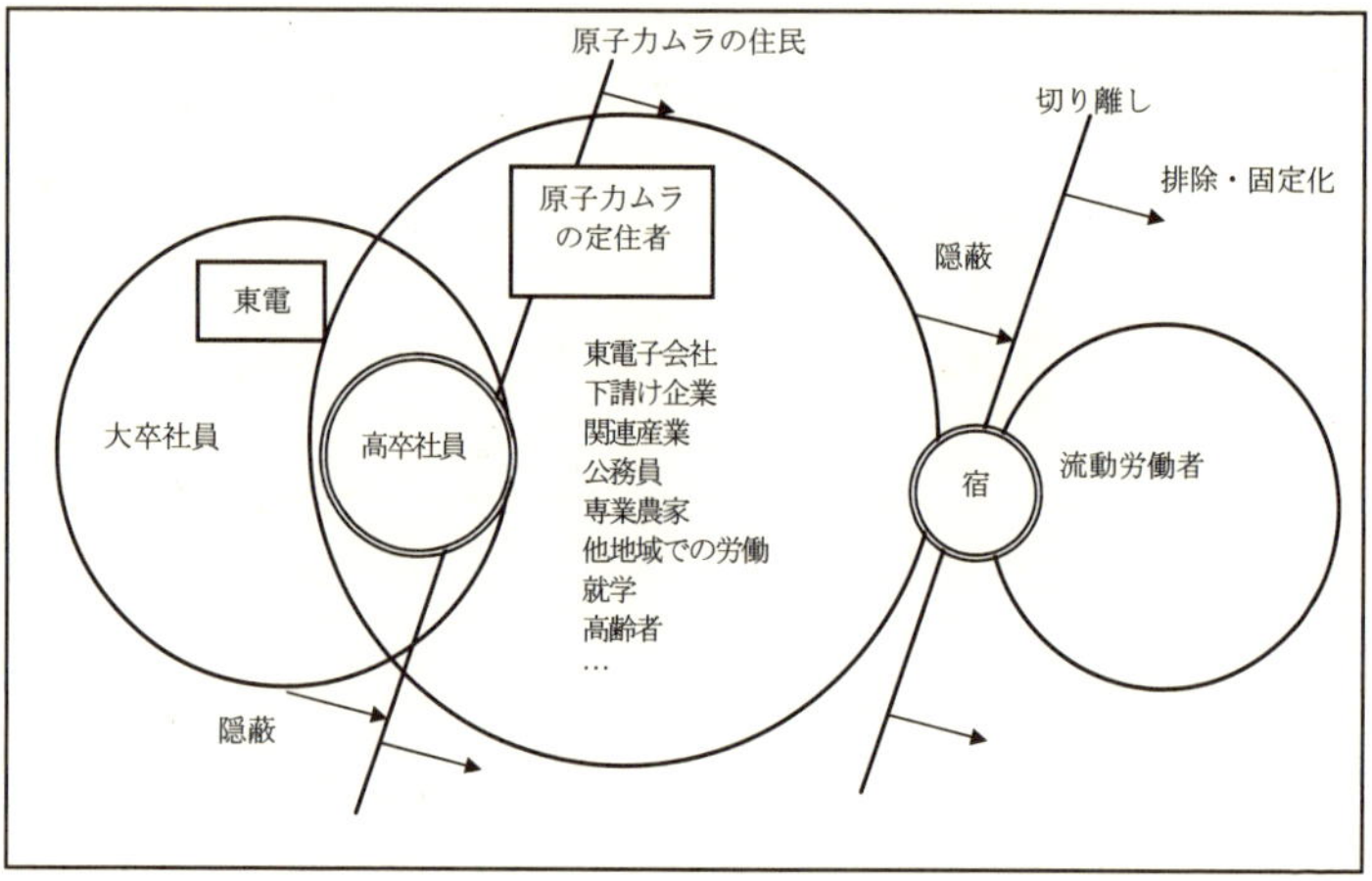

図 11　原子力ムラの住民の構成とメディエーター

排除と固定化、それによる隠蔽の構図は、「戦争を支える石炭」という特殊な事例だけではなく、近代社会において「成長を支えるエネルギー」として普遍性を持つものといっていいだろう。成長するどの時間・空間においてもその構図があらわれるという仮説を立てることができるかもしれない。

その構図は、原子力ムラの社会にも相似的に存在する。筆者は原子力ムラでフィールドワークを行う際に、一泊二〇〇〇円～五〇〇〇円程度の宿に宿泊したことがあった。それは、例えば、駅前や道路沿いの看板や公衆電話のタウンページを見ながら、つまり、ムラに定住していない外部から来た労働者が、雇用先からの寮の斡旋などがない場合にするであろう宿の探し方をしてその社会に迫ろうと考えたからだった。この宿は、「ビジネスホテル」「民宿」などと名乗り、素泊まり、食事付の両方があり、「長期宿泊割引あり」などと書かれているところもある。

ある駅の出口を出てすぐに看板を掲げた宿への電話では次のような対応を受けた。

――あの、本日宿泊したいんですが

（宿の男性の声）会社どご

――いや、会社とかではなくて、個人的な旅できているんですが

（男性）だから会社どごだって。旅行のわけねえべした

――仕事に来たんではないんです。学生なんで身分証が必要でしたら学生証ならだせます

（男性）会社の名前言えないなんてことねえべした。みんな会社できてんだから

――会社の名前がないと泊まれないんですか

（男性）いいがら、会社の名前言えっで

――いやー……

（女性が変わる）あ、もしもし

――あ、本日宿泊したいんですが、仕事ではないんですが

（女性）本日満室なんでねー

――あーそうですかー

（電話切られる）

宿の側に、何かその日に特別な事情があったのか、原発の労働者以外は受け入れないという表にはだ

していない方針があるのか、何かこちらの属性や対応に疑いをもったのか、その背景は想像することしかできない。しかし、少なくともこのエピソードから言えるのは、こういった宿の利用者が、ある程度限られた企業に雇われている者に限られていることと、一般的な宿からイメージされる対応とは違う、極めて威圧的・排他的な対応をしているということだ。

もちろん、こういった対応はこの宿に限ったことかもしれないし、あるいはたまたまなんらかの事情があってこういう対応になってしまったのかもしれない。実際、最終的には別の宿に問題なくとまることはできた。ただ、他の宿の一部でも、物言い、態度に同様の威圧・排他の傾向を感じたのも事実だ。

この原子力ムラの宿の状況に関する厳密な検証はまた改めて行う必要があるだろうが、少なくとも、かつて「原発ジプシー」と呼ばれた流動労働者がこういった宿を生活の場としながら原発での労働をしていたことは事実だ。そして、現在においても、少なからぬ数の宿が存在していることは、原発の運転のために不可欠な定期検査での利用をはじめとして、それが今にも続いていることを示している。

もちろん、だからといって、流動労働者が危険な被曝労働をしているということをここで主張したいわけではない。しかし、例えば、『原発ジプシー』が書かれた八〇年代前後の状況ではそういうことがあったとしても、現在は管理が行き届き安全だ、という話だとすれば疑問を持たざるをえない。「危険性はない」ということを証明することが、いわゆる「悪魔の証明」として困難なことは、論理の上だけでなく、現実においてもそうであることはJCO事故の際に明るみになった、ずさんな管理と危険性を持ち出すまでもなく言えることだ。どこまで、制度上の安全性を突き詰めても、運用の過程でその安全性からモレが生まれることは避けられない。それゆえに、トラブル隠しが常態化したこともあったのだろう。

ここで論じたいのは、そのような逃れられない危険性を前面で受け入れる流動労働者とムラとの関係性だ。すでに二章で述べたとおり、原子力ムラの住民から見た流動労働者は、「何か資格をもったような人」や「特殊な技能をもった外人さん」といった敬意とも捉えられる表象で語られる。しかし、実際の生活の場においては、原子力ムラの住民と流動労働者が触れ合う機会は職場を共にするような場合を除けば存在せず、宿においては威圧あるいはよそよそしさのなかで受け入れられる。この流動労働者に対するムラからの「切り離し」は、常磐炭田の張村隊長のエピソードと照らし合わせて検討することができるかもしれない。

コラボレーターとしての張村隊長が果たした役割は、ある社会集団（＝朝鮮人労働者）を排除することによって安価で都合の良い労働力を作り上げ、それを巧妙に管理することによって固定化した上で、日本にとっての他者であるその集団を隠蔽することだった。

そして、この宿もまた、当然軍国主義のなかでの生々しい暴力や抑圧を用いた方法とは違うが、原子力ムラの住民と、流動労働者というムラにとっての他者の間に入り、張村隊長の例とは違い積極的に手をかけるわけではないのでコラボレーターと言うよりはより透明なメディエーターというほうが適切かもしれないが、排除と固定化、隠蔽の装置として機能していると言えるだろう。

流動労働者は宿というメディエーター、装置を通してムラと関係している。そして、その関係性は、原子力ムラで得られる言説によれば、例えば「何かの事故で新潟で原発がとまっているとかだと、定期検査の仕事がないってことで大量の人が福島に押し寄せてくる」「ダイバーっていう仕事をしている人は外国人が多くて、原子炉のなかにもぐっている」など、やはり、貧困や危険性と隣り合わせのなかで取り結ばれているものであることは容易に露呈する関係性に他ならない。

普段はムラと切り離されているがゆえに明らかになりにくい貧困や危険性と隣り合わせにある流動労働は、メディエーターとしての宿によって支えられているのだ。

原子力ムラについて、もう一つ、触れておこう。

それは、東京電力と原子力ムラ、さらに東京電力の内部における構図だ。なお、ここで言う、東電社員とは、東電の本体に採用されている社員のことを指し、地元にある関連会社や下請け企業は含まない。以下は複数の東電関係者への匿名を条件にしたインタビューをもとにしている。

四章で触れたとおり、東電の社員は原子力ムラにとって、特別な地位を持っている。一世帯のほとんどが何らかの形で原発関係の仕事への従事者を抱えている状況のなかで、一方には「東電がいてくれて仕事ができてありがたい」というポジティブな認識が、もう一方に「東電社員はいい給料をもらっている」「えらそうにする人間もいる」というネガティブな認識が原子力ムラにはある。原子力ムラに定住している東電の社員は「あまり外に出て東電の社員だということで話していると何かと『東電の社員だからって』と言われてしまう」と語る者もいる。

福島県の原子力ムラにいる東電の社員には、大きく分けて大卒と高卒の二種類があり、位置づけは大きく違う。大卒は、東京本社で採用された社員であり、採用された後に本人の希望を聞きつつ会社側の都合に応じて職務を振り分けられた結果福島に来ている。例えば、技術職の場合は火力か原子力あるいはその他か、といった今後専門としていくものに応じて振り分けられる。高卒は、地元雇用の拡大の意味も大きく、地元の非進学校の高校で成績トップの層、あるいはコネクションを軸にほんの一握りが採用されている。とは言え、実際に働いている数で言うと、大卒：高卒で一：二程度だという。

大卒社員にとって、原発勤務は他の選択肢に比べて人気がない。というのは、原発を選ぶと基本的には福島・新潟・青森を回りながらキャリアを積むことになり、「退職まで田舎暮らし」だからだ。例えば、火発ならば都市部にもあることから人気がある。原発の人気のなさは明確で、少しでも原発でもいいという態度を見せれば間違いなく原発勤務になるほどの状況にある。

大卒と高卒の間には、例えば、昇給・昇進システムの違いから「あいつは俺より勤続年数短いのに自分より給料上がっている」というような、キャリア・ノンキャリアの区分を用いた採用にありがちな軋轢もみられる。そして、少なからぬ大卒の側にある意識は、自分のキャリアのステップとしての福島勤務という意識があることだ。こんな田舎から早く出たい、ということを、明確にせよ、遠まわしにせよコミュニケーションのなかで言及することが多い。なかには福島から本社勤務への転勤が決まると、「こんなくそ田舎から出れて嬉しい」といった者、田舎暮らしに耐え切れず精神を病み転勤する前に退職した者もいたという。

以上のエピソードから言えるのは、一つの、または多重の切り離し、言い換えれば排除の連鎖のなかで、排除と固定化が行われ、抑圧や葛藤の隠蔽が行われる構図を形成しているということだ。そしてこれは、中央－地方－原子力ムラの関係についてもいえることで、この構図によってこそ、原子力を社会に導入し維持するという戦後のエネルギー政策の最大の難所を突破できたと言える。

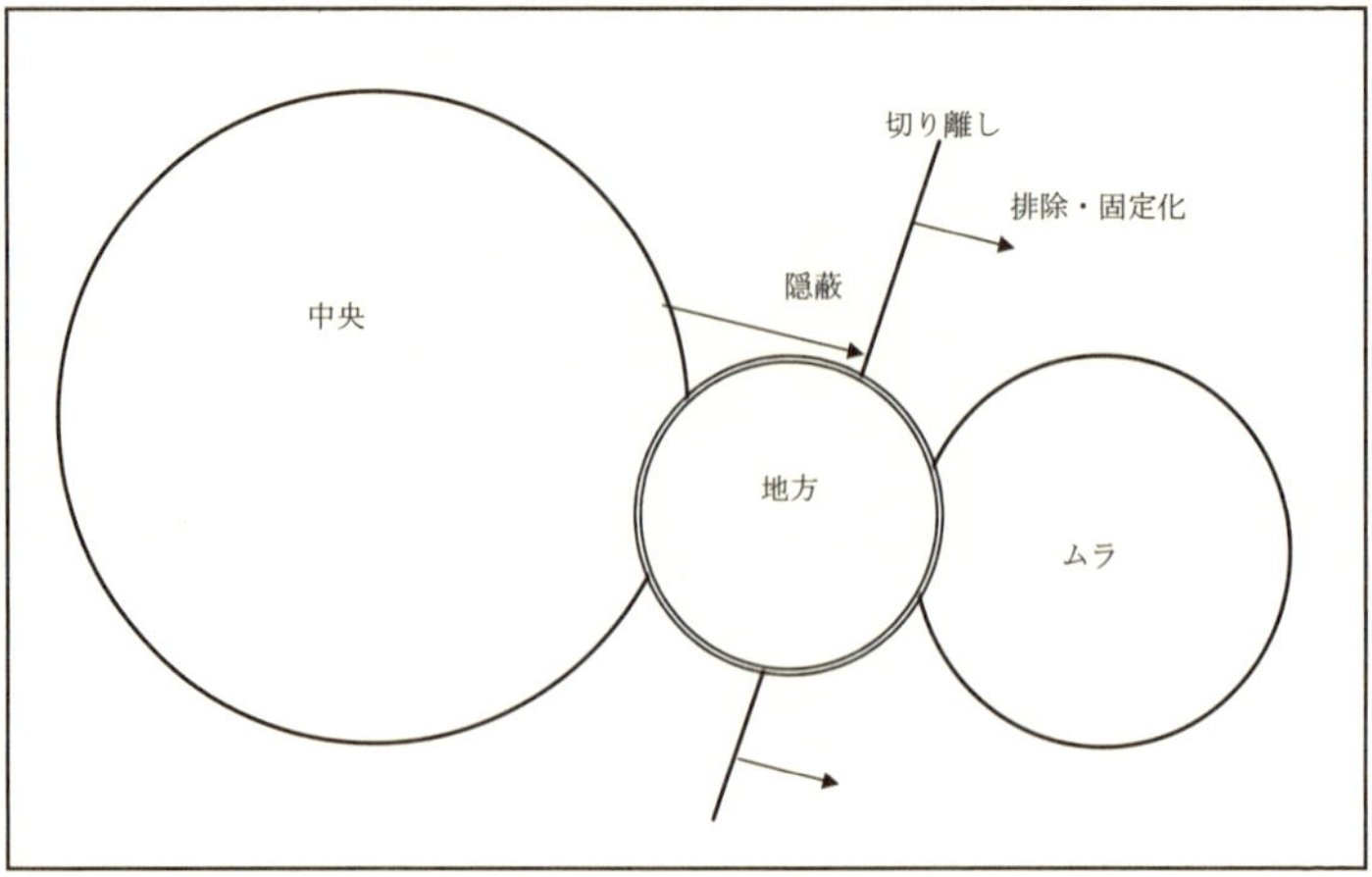

図12　中央－地方－ムラと排除・固定化、隠蔽

排除・固定化と隠蔽のメカニズムは、原子力ムラの内部にも、またナショナル・グローバルへと開かれた構造のなかで原子力ムラ自身にも作用しながらその存在を支えている。コロニアリズムもポストコロニアリズムも、あるいはグローバルもローカルもナショナルも、普遍的にこの構図を内包してきた。そしてこれは、安定したエネルギーの確保、つまり、成長の実現にとって不可欠なものとして近代社会を支えてきたのだ。

この見解が、本章冒頭で掲げたような、自らのpositionを中心にして周縁たる原子力ムラを他者とする方法、すなわち、「過剰に危険性を煽り立てる反対運動やジャーナリズムは正直言って迷惑」といわれるような原子力ムラを排除しつつ、固定化する方法からどれだけ逃れることが出来ているのかはわからない。しかし、少なくとも、そこに自覚的になり地層を掘り返すなかで、これまで歴史の堆積のなかに埋もれ、結果的に隠蔽されてしまっていたことを少しでも掘り返すことができたのではないかと考えている。

終章　結論——戦後成長のエネルギー

植民地時代に設立された「善き」社会は脱植民地化ののちにも存続する……

ほかでもない女性（今日では「第三世界の女性」）の保護がそういった善き社会の設立のためのシニフィアンになっているということである。……

善き社会の確立者という帝国主義のイメージの特徴をなしているのは、女性を彼女自身と同人種の男性から保護すべき客体とみる考えかたである。（スピヴァク 1999: 83-86）

研究対象として、安易に社会問題を設定し、そこに抑圧／被抑圧、支配／被支配、加害／被害などの二項対立を見ようとすることによってかえって見えなくなっているものを、見ようとする本書の方針はスピヴァクが問題にした「善き社会設立のためのシニフィアン」「客体化」における「第三世界の女性」を「原子力ムラ」に入れかえて実践しようとしたものだったかもしれない。

原子力最中、アトム寿司——。特異な原子力ムラの風景から始まった本書の分析が接近しようとしたのは、戦後日本の地方の姿であり、そこに見て取れる近代の服従と支配、あるいは権力のあり様に他ならない。改めて言うまでもなく、本書は原子力や原発それ自体の研究ではない。もちろん、それを対象としてはいるが、そこに直接的な関心はなく、また、これまでの原子力研究の系譜が扱ってきた環境や地域、科学技術、社会運動の問題も主題とはしていない。本書で解き明かしてきたのは、今日みられる地方の自動的かつ自発的な服従の歴史的形成過程だった。

1　原子力ムラから見る服従の歴史

明治期以降の日本において、地方は統制すべき対象でありつつも、各地方・ムラに分散して根付いている有力者が国家に対して自律的な動きを見せており、必ずしも国民国家の体系に地方を取り込むことはできていなかった。それは、官僚制のような近代的なシステムを整える一方で、中央からのエージェントである官選知事を地方に送り込み、国家の末端までの統制を実現しようとするなかでも容易に達成されることはなかった。例えば、中央政界や内務省の事情で官選知事が頻繁に変わることは、ムラの利害のエージェントの集合である地方議会との葛藤を生んでいた。中央の利害とムラの利害のすり合わせは容易にはいかなかったのだった。一方、産業的なつながりとしては、水力発電や石炭の産出を通して中央と地方の関係は築かれていった。しかし、それは例外的であり、やはり大部分のムラは農業と軽工業を中心に困窮のなかを生きていた。

そのような状況を大きく変えていったのが戦時下の動員だった。戦争は、これまでにはなかった形でムラの住民たちを国家の体系のもとに呼び寄せていった。軽工業の軍需産業化、電力やその資源である石炭の増産、食糧と兵士や不足する労働力の供給先としてムラの動員が進む背景には、ムラの末端まで行き届いた思想的な統制もあった。都市部と違い、戦場としての大きな被害は終戦間際までなかったものの銃後として中央の役に立つ存在を自覚していったのだった。

その動員は、戦後も形を変えながら持続されたと言ってよい。戦後の混乱と復興のなかで急激に需要が増す電力や農産物の供給地となりながら、自らの貧困の克服へ向けた欲望を常に持っていた。その結果、あらわれたのが、民選知事制度などの戦後改革の結果も利用した、地方のエージェントを中央に送り込むという、戦時までの状況とは真逆の中央‐地方間利害の調整システムだった。中央からの統制、抑えつけとしてではなく、ムラの利害を集約した地方の側からの自発的な中央へのアプローチにより利害が調整されることになった。それは、それまでは中央から自律していた地方が、中央へ依存していく自発的な服従の誕生の瞬間であり、五五年体制における中央から地方への分配システムにつながっていくものだった。

しかし、それでも地方はなかなか貧しさから脱することが出来なかった。急速にはじまった経済成長は中央にとっての成長であって、地方も同様に成長できるとは限らなかった。ムラの困窮は解消されるどころか、学校建設や激増する行政業務のために財政は逼迫し、住民の生活も改善されない。外地からの引揚者や戦地からの帰還者の開拓した農地は生産性が悪く、農業の近代化のなかで出稼ぎが増え、ムラはかつて以上に苦しい状況に追い込まれていった。新聞・ラジオ・テレビから流れてくる中央の姿は、成長のなかで輝いているように見えたが、自らは成長していない、どころか、ますます相対的な貧困が増していくことが実感されていった。成長は中央にとってのものであり、ムラにとってのものではなかったのだ（三章）。

しかし、高度経済成長から所得倍増計画へと成長が加速するなかで、再び大きな変化がやってくる。それは、六二年の全国総合開発計画における新産業都市のように、中央から地方への分配が制度化されたことに象徴される、中央‐地方関係の新たな段階だった。ここにおいて、地方はますます中央への自発的な働きかけを進めることになり、それが地方の成長を大きく左右するようになった。地元政財界、地元マスメディアをあげた開発計画の誘致は、それまで中央のものだった成長の物語に自らを重ね合わせるのに十分な役割を果たし、住民を動員していった。

そのようななかで、原発誘致の話が持ち上がっていた。それまでの「中央への電力供給地」という自らの強みは、自治もままならず中央‐地方関係において圧倒的な劣位にある地方が中央に対峙する手段に他ならず、原発の積極的な誘致は「反中央であるがゆえの原子力」としての意味を持っていた。そして、とりわけ後進地域であった現在の原子力ムラはこの中央からもたらされる得体の知れないものを、「喜び」と共に受け入れていったのだった。

しかし、六〇年代半ば以降、それまで純粋に喜ばしいものとされていた地域開発も、シンプルなものとして立ち行かなくなってきた。それは、一方には、公害をはじめ地域開発の負の面が露呈したことに、他方には、農村のそれまでの生活の変貌が急速すぎたことにあったと言える。その結果六〇年代半ば以降に計画が始まった二つの原発は、片方は苦難の末の実現成功、もう片方は実現の失敗に終わることとなった。

ところが、ひとたびムラが原子力を受け入れたら、もはやそのような懸念は関係がなくなっていた。

雇用先ができて出稼ぎはなくなり、わらぶき屋根の家は瓦屋根になり、それまでの農村のままではありえなかった喫茶店、飲み屋、下宿屋などが大量に出来てムラは大いに活気づいた。東京電力の社員と共に仕事をし、集落を作って暮らしていたGEの技術者の家族たちとは家族ぐるみの交流が行われた。原発と一緒に来たのはカネももちろんだったが、それ以上に重要だったのは成長する都会のヒトとモノだった。原発は都会の表象を自らのなかに取り込む装置となっていた。そのなかで、住民は、原子力に対して「信心」とも言える態度を見せるようになったのだった。

そのような、安定した原子力ムラの成立の一方で、七〇年代になると、危険性が明確に認識され始め、反対運動は盛り上がりを見せ、六〇年代に描かれていた原子力政策は行き詰まりを見せ始めていた。そのようななかで、中央の側の〈原子力ムラ〉と呼ばれる、独特の閉鎖性・保守性をもった原子力を囲む官・産、さらに政・学・反対運動・マスメディアのあり様は徐々に固定化していく。それは、個々にみればそれぞれの利害にもとづいて動いているように見えるが、全体としてみれば、安定的で穏健な推進システムと言っていいような状況を見せる。それは、原発への批判的な動きすらも取り入れながら成立するシステムであり、そうであるがゆえに強固な安定性を持っていると言える。それは今日まで続くものであり、そうであるがゆえにスリーマイル島、チェルノブイリ、JCOといった、大衆への影響も大きかった原子力の危機が乗り越えられていったのだ（四章）。

原子力ムラの財政は時間と共に悪化するように出来ている。それは、建設時から導入時が一番カネがまわり、その後は固定資産税の償却など時間がたつほどにカネが回らなくなってくるという理解しやすい構造ゆえのことであるが、一方でムラ自身が過剰なハコモノを作りその維持コストがかさんでいるなどの要因もある。しかし、ムラの住民の数や予算規模は、かつて調子が良かった時代に作られたものだからその維持だけでもムラの財政は逼迫してくる。「燃費の悪い車だけど捨てることはできない」ような、時間がたつほど苦しくなるシステムがあると言える。

そのようななかで、ムラにとって原子力はなくてはならないものになっていた。それは、経済的な意味を超えたものとしてあった。かつて「ポスト原発」という言葉がまだ真剣に語られていたころに、何度も工場誘致を試みたことはあったが悉く失敗に終わっていた。一方で、住民の四人に一人が原発関係で働き、東京電力の「プレゼント」としてサッカーナショナルトレーニングセンターJヴィレッジができた。原子力はムラの文化としてある種のブランドとなっていった。ムラは原子力を addictional に求めるようになっていたのだ。

一方で九〇年代、財政の逼迫は深刻になり、トラブル隠しや約束不履行などが露呈する。その要因の一つは、電力自由化などの、戦後を支えてきた大きなシステムの転換だったと言える。かつて蜜月だった地方と原子力の関係は険悪になり、その葛藤は佐藤栄佐久県政に原子力への態度の変化を迫った。それは、中央に対峙することが地方の役割だという「保守本流ゆえの反原子力」だったと言える。

しかし、その反原子力の動きも、佐藤栄佐久県政の解体と共に消えることとなる。それは、ムラがもはや自発的なだけでなく、自動的でもある服従を見せたからだった。原子力ムラは自らを原子力ムラとして維持するシステムとなったのだった。

中央においては、テレビ・インターネットを通して平和でのどかな、生命の瑞々しさに満ち溢れた「DASH村」が伝えられる。IT化の中でリアルタイム化・インデックス化のもとに整理された「失われた田舎」を求める人々はそのコンテンツに魅了される。しかし、そのＤＡＳＨ村が実は、現代社会が生み出した多大な困難のなかで苦闘する原子力ムラのすぐそばにあることは、だれも知るよしがない（二章）。

地方は原子力を通して自動的かつ自発的な服従を見せ、今日に至っている。

2　統治のメカニズムの高度化

以上の自動的かつ自発的な服従の過程の観察から言える理論は、二点ある。

一つは「統治のメカニズムの高度化」だ。明治以来、国民国家としての体裁を整えようとしてきた中央政府は、一八九五年の台湾総督府設置以来の対外膨張を進める一方で、対内的な統治は、官選知事による「非効率な間接統治」とも言えるシステムに任せきりだった。それは、地方を服従させようにも、例えば、官選知事は赴任先のことがよく分からないままに異動になり、地方議会ではムラから選ばれた議員と対立して、うまく中央の方針が行き渡らない、服従を得られないというように、コストパフォーマンスの悪い統治の形態だったと言える。ここにおいてメディエーターとして地方をとらえた場合、地方はノイズメーカー、つまり、統治への抵抗の装置の役割を果たしていた。

一方、戦時の地方・ムラの国家体系への組み込みを前提とし、戦後は、地方が自ら中央に売り込みにくるというような「効率的な間接統治」とも言えるシステムになる。それは五五年体制に象徴されるように、ムラのエージェントが地方議会や国会に選出され、利権を取り合うという構図であり、中央にとっては効率よく、国家の末端まで統治を行き渡らせることにつながったと言える。そこにおいて、地方・ムラは自発的な服従をするようになった。ここにおいてメディエーターとしての地方は、ムラを盛り上げるコラボレーターの役割を果たしていたと言える。

しかし、そのようなシステムの背後にあった、ニューディール的、あるいは福祉国家的な社会システムに綻びがでてくるとそれは破たんに向かわざるをえない。田中角栄的な政治は批判の的となり、一方で官も産もよりコストのかからない方法を求められる。そのようななかで生まれてきたのは、佐藤栄佐久県政が見せたような「voice or exit」におけるvoice、つまり意図的なノイズメーカーとしての動きであり、それは中央にとって大きな衝撃を与えた。ところが、実は、新しいシステムの用意は整っていた。それは他ならぬ自動的かつ自発的な服従の姿勢を見せるムラのあり方であり、そこにおいて地方はexit、すなわちメディエーターとしては消滅したと言える。メディエーターが消滅しても、自動的かつ自発的な服従を見せるムラは中央と直に接合し、共鳴する、極めてコストパフォーマンスのいい支配‐服従の体制になった。

この流れに、統治のメカニズムの高度化を見出すことができるだろう。つまり、かつて利害の調整に必要不可欠だった幾重にもなった中間集団の働きが縮減するなかで、支配‐服従の関係がよりシンプルに、以心伝心的になり社会を動かしているのだ（五章）。

3　成長に不可欠な支配の構図

そしてそのような、幾重にも重なった中間集団のなかに常に存在してきた原理が、もう一つの理論「成長に必然的に付帯する支配の構図」だ。詳しい事例は六章にあるが、より上位の集団が、より下位の集団をつなぎとめつつ切り離す。この切り離しは両者の間にたつメディエーターによって行われ、例えばそれは「炭鉱と朝鮮人労働者」における植民地エリートであり、「原子力ムラと流動労働者」における下宿宿であり、「東電と原子力ムラ」における高卒社員であり、あるいは「中央とムラ」における地方が担っていたと言える。切り離すことによって、上位の集団にとって下位の集団が外部化される。これにより、暴力性、危険性、搾取と言った上位の集団にとって不都合な事実が隠蔽されるという効用がある。

このようなメディエーターを用いた上位集団による下位集団の切り離しは、集団の多層構造のなかで、連鎖し、原子力ムラの住民というような個人的アクター間でも、中央と原子力ムラという集団的アクター間でも、あるいは、グローバル・ナショナル・ローカルというより大きな位相における集団的アクター間でも、普遍的にミクロからマクロまで観察できることだろう。そして、そのような構図を見たときに理解できるのは、その切り離しが下位集団の排除と固定化を生み出すと共に、一部の事実を隠蔽することに役立っていると言うことだ。

本書で検討したのは炭田のヤマ、原子力ムラにおけるこの支配の構図だが、同様の構図が、例えばかつてのダム開発の現場で、ＪＣＯ事故があった現場で、あるいは天然資源を採掘する途上国の鉱山と、それを利用する先進国の間でも起こっていると言えるだろう。少なくとも、この支配の構図はエネルギーの産出と不可分に結びついているし、そうであるならば、成長と不可分に結びついているものだと言っていいだろう。成長に必然的に付帯する支配の構図とは、支配側による被支配側に対する排除と固定化による隠蔽の機能をもつものなのだ（六章）。

4 幻想のメディア・原子力と戦後成長

一章にて、本書における原子力を捉える方針として三つの視座を提示した。それは「戦後成長の基盤」「地方の統制装置」「幻想のメディア」であった。

幾度か述べてきたが、私たちは、原子力を単純な科学技術や軍事的なオプションの一つとして捉えることから逃れ、その社会における超越的な意味を読み取らなければならない。すくなくとも、その始まりに原子爆弾が佇む日本の戦後社会は、原子力によって強く規定されてきた社会だった。戦後社会において、原子力という超越的な存在に、様々なアクターが「近代の先端」を（勝手に）見て取ってきた。それは、推進側だったら日本の悲願たる国内での自給自足のエネルギーの確保であろうし、反対側もまた、環境主義の実現、非民主的な社会のあり様の改革を見たのだった。

そして、これらのアクターは未だその「近代の先端」を実現せずに、それゆえに、本書でこれもまた〈原子力ムラ〉であると指摘したとおり、硬直的に、保守的に「前近代の残余」らしい共同体を保っている。

なぜ、原子力の問題が現代社会において困難なものとしてあるのかと言えば、この「前近代の残余」としてのムラがそれぞれの維持を望み閉鎖的に存在しているからだ。

本書で、最後に明確にしたいのは、この「前近代の残余」が社会を構成しているという事実が、本書の問いである「地方の翻弄」の問題もそうであるが、現代社会が抱える問題の根底にあるということだ。それは戦時体制でありコロニアリズムであり、あるいは、他の種々の理論にも言えよう。

原子力ムラがなぜ自縄自縛の状態に陥っているかと言えば、自らの内部の「前近代の残余」を払拭しようとする欲望のなかで自らを追い込んだ結果だと言える。そこにおいて原子力は、原発が来ればここも都会になる、もっと豊かになれる、という「近代の先端」を示すメディアだった。そして、このメディアが、示していた「近代の先端」、あるいは「夢」といってもいいようなものは、そもそもはじめから幻想に過ぎなかったということは、近年露呈してきている通りだ。それは他のアクターについても同様に言えるだろう。すなわち、核燃料サイクルの実現には恐らくさらなる困難が待ち構えているだろうし、七〇年代から構想されてきた環境主義の実現についても同様だ。原子力に見出された、近代的であり超越的な理想は、突き詰めれば突き詰めるほど、むしろ遠ざかってしまっていくような存在であるといってよい。

しかし、ここでしたいのは、そのような「原子力は幻想を映し出すメディアで、みんなだまされていた」という話しではもちろんない。

ここで主張したいのは、そのような幻想があったがゆえに、戦後の成長は達成された、という事実だ。

圧倒的な「近代の先端」を目指して、各アクターが必死に苦闘する。その過程のなかでこそ成長が達成されたのだ。そこには欲望が生まれ、そして権力や抑圧が渦巻いていた。戦後成長にとって原子力という重要なエネルギー確保の手段が、中央にとっても地方・ムラにとっても、大いなる夢を描く上で不可欠な道具となり、戦後成長そのものの原動力・エネルギーとしての役割を果たした。そして、そのような近代の過剰な部分への接近の試みによって達成されてきた戦後成長の根底にあったメカニズムに、「成長の暗部」を見て取る時に、他の社会現象にも一般化しうる近代化の作動を見て取ることができるかもしれない。

本書は、戦後社会における地方のあり様を原子力という糸と意図で一本につなぐことを試みたものだった。そこにあらわれる自動的かつ自発的な服従の過程の検討が明らかにしたのは、ここまで述べてきたような成長と不可分にあった統治や支配における権力のあり様だった。それは他の事例や理論とのつき合わせをしていくことでより一般化していくことができるだろうが、そこまで至れなかったのが本書の限界だ。

とりわけ日本において、いかに成長、あるいは近代化のなかで権力が作動するのか、ということに関する研究は（まだ成長が終わっていないかもしれないなかであるが故に）十分ではない。しかし、そのような研究は、既に展開されつつあり、今後ますます展開されるであろう新興国によるグローバルな成長競争が、人類に新たな富と課題を突きつけることになるだろうなかで大きな意義を持つと考えられる。本書の検討を引き継ぎ、さらなる研究を深めていきたい。

補章　福島からフクシマへ

1 「忘却」への抗い

「研究って何を?」

「あのー原発って言う、福島の原発を……」

「なに、原爆? 福島原爆??」

「いや、原子力発電所って言ってですねー」


「原発」と言ってもなかなか伝わらない。興味も持たれない。いつしか、誰かに自分の研究を説明する際に「日本の近代化」とか「戦後地方史」とか、なんとか分かってもらえるような言葉に絞って説明するようになっていた覚えがある。

本書前章までは、二〇一一年一月一四日に東京大学大学院学際情報学府に修士論文として提出された「戦後成長のエネルギー——原子力ムラの歴史社会学」に導入部の追加や全体にわたり最低限の加筆修正をほどこしたものである。同年二月二二日に受理されたこの論文は、三月一五日の修了の確定を静かに待つのみの存在だった。二〇一一年三月一一日のあの時までは。

「観衆のいないグラウンドを独走するランナーの孤独を味わった」

上野千鶴子（1990=2009）はかつて「ほとんど理解されていなかった」自らの研究への専心の日々をこう振り返る。本書で進めてきた作業をこの喩えに従わせるのならば、いかに表現できるだろうか。

夕闇のなか、他者の目も向かないであろう町外れのグラウンドを、興味の赴くままに大きく一周独走し休もうとしたそのとき、いつか点くこともあるかもしれないが、到底それはないだろうと思っていたグラウンドの照明が一斉に点灯する。そして、誰もいやしないと思っていた客席がすでに満たされていたことを確認する。客席からの視線に自らの視線を重ね合わせながら、一周目の独走に落ち度はなかったか、これからいかに走り出すべきか、と急に思い至る。深い逡巡のなかであの日以降を語りはじめなければならない。

今、本書を通して示された歴史的分析の上に立って為されるべき絶対的な課題。それは「忘却」の問題の検討に他ならない。

私たちは七九年スリーマイル島、八六年チェルノブイリ、九九年東海村ＪＣＯ、そして二〇一一年福島という原発に関する大きな事故を経験してきた。原発が引き起こす事故について、専門家は厳密なリスク計算をもとに「そのような事故が起こる確率なんて何万分の一、何億分の一にすぎない」と説明するであろうが、事実としてほぼ一〇年毎に一度原子力にまつわる大事故が起こり、また図らずもそれが徐々にエスカレートしてきているようにすら見えるのは確かだ。

想定可能なリスクの回避のために張り巡らされた微細な網の目。机上の計算によって編まれたそれは圧倒的な現実によって瞬く間に突き破られる。これが今後も反復されるかは誰にも分からない。しかし、少なくとも、これまで愚かにも一昔前と同じ過ちを幾度も繰り返してきた私たちの社会は、福島をもまた忘却していくことは確かだろう。福島が一昔前のこととなったとき、そこに待ち構えるのは何ものなのだろうか。

この「社会による忘却」とは、精神分析学的にいうところの「無意識」化とも換言できるかもしれない。無意識には、普段表出することのない性や暴力、目を背けたくなるような欲望が押し込められ抑圧されている。しかし、それは時に狂気と見做される症状として表出し長きに渡りその生を拘束することにもなる。本稿が分析してきたとおり、原子力とは戦後社会、あるいは近代日本の根底にあったものであり、しかし一方で見過ごされてきたものでもあった。原子力を現代社会が抱擁しつつ「無意識」へと追いやってきたものだと捉えるのならば、3・11はその狂気の表出に他ならない。私たちは、これまであらゆる角度から捉えられてきた可視的であり分析可能性の高い社会にとって意識化された対象への注目と同時にいわば「社会無意識」と呼べるものをも意識的に視野に入れる必要があるのかもしれない。

2　「4・10」

3・11から一ヶ月が過ぎようとする四月一〇日。この日、都内数箇所で反原発デモが行われた。なかでも主催者発表で一五〇〇〇人の参加者を集めた「4・10　高円寺・原発やめろデモ!!!!!」は、twitterや複数のネットニュースサイトで事前・事後に取上げられ、主催者は「大成功」だったと公式サイトで振り返る。ところが、「大成功」の一方で参加者やそこに共感を寄せる者が満足できなかったことがある。それはテレビ・新聞という大手旧来型メディアがこの一五〇〇〇人の「大成功」のデモをとり上げなかったことだ。旧来型マスメディアは、四月一〇日に行われた東京都知事選はじめ、いくつかの地方選を中心に報道した。実際にこのデモは多くのマスメディアで一切とり上げられず、仮にとり上げられても極めて限定的な扱いをうけた。

旧来型マスメディアでは反原発デモが「ないこと」にされ、普段から「マスゴミ」などと旧来型メディアを揶揄することも多いネット上の議論はその「マスゴミ」にとりあげられないことに不審を募らせ、なかには「マスゴミによる意図的な情報統制・隠蔽だ」と言う者も出る。

「意図的な情報統制・隠蔽」であるかは別にして、一五〇〇〇人を集めるデモはここ数十年の日本の社会運動のなかでは成功した類に入ることは間違いない。労組や政党などの明確な組織動員が無かった、あるいは限定的だった上で、これまでデモに一度も参加したことがなかったような若者や家族連れによる自然発生的なデモがこの規模になるのは、たしかに歴史的に見れば「大成功」と言える。ネット上では「地元商店の顰蹙をかっていた」「デモに乗じて一般通行人に暴行するものがいた」といったことなどをもってデモを批判する議論もあるが、そういった、ある程度の人数が集まればあらわれるであろう副作用を踏まえた上でもその社会運動の成功/失敗という軸における評価は変わらないだろう。

しかし、そんな旧来型マスメディアによる「黙殺」とそれに抗う一五〇〇〇人のデモの「大成功」によって社会の現実がモレダブりなく表明されたのかというとそうではない。その裏に見過ごされたものがある。それは原子力ムラの4・10に他ならない。

東京のマスメディアの中心にあった4・10は石原慎太郎都知事の再選をはじめとする全国各地で行われた地方選の結果だった。各地で民主党が議席を落としたことなどが報じられるなかで、原発立地自治体の首長や議員が、軒並み原発推進・維持を掲げながら再選することも報じられた。例えば、東京電力柏崎刈羽原発を抱える新潟県議選の柏崎市刈羽郡選挙区では、定数二を原発の推進・維持を表明する現職二名と反原発を掲げる一名が争う選挙が行われた。結果は維持・推進派二名の勝利。「普段なら反原発候補がここまで健闘することはない」「もう少し時間があれば」と「脱原発のうねり」を見て取る者は旧来型マスメディアにもネット上にも少なからずいた。

しかし、そうだろうか。この地域は、二〇〇七年の中越沖地震の際には柏崎刈羽原発敷地内の建物火災などが重なりヒヤッとした記憶も生々しい。同じ東電の原発が引き起こし、まさに進行している世界的原発過酷事故の映像を見た足で向かった選挙においても、脱原発は三分の一の民意にも満たない。推進派の票が割れて反対派が漁夫の利を得ることすら無く原発は維持された。「中央」に身を置きながら、そのようなあまりにも強固な原子力ムラの秩序が未だそこにあるという事実を指摘した者は圧倒的に少なかった。そこには、一方には「これから原発国家としての日本は変わるんだ」という希望と楽観があり、他方にはそこまでしてでも原発にしがみつこうとする何も無い田舎の現実への無理解があった。この中央における希望と楽観、そして無理解が幾度も繰り返されてきた。そして、それこそが現在の地方と中央の問題に他ならないことは本書で描き出してきたとおりだ。

その結果、前述の通り「今はいい流れだ。選挙で負けたのはタイミングが悪くて偶々《たまたま》ダメだったんだ」と、中央にとって不可解な現実を偶然視して説明しようとする向きが出てくる。しかし、あらゆるメディアが事故から一ヶ月の衝撃に占拠されているなかで達成されないこと、明確な「敗北」の事実が、今後覆されうるのか。その転覆は達成されえない。これがただの偶然ではなく、地方と中央の抱える問題の本質に存在する必然と見ることをしなければ私たちは進むべき方向を見失う。

筆者は4・9から4・10、柏崎市・刈羽村に設置された避難所で震災被災者にインタビューを行っていた。福島県からの被災者の県外避難先で最も多いのが新潟県であり、とりわけ柏崎刈羽には福島原発から逃れてくる被災者が多かった。

しかし、なぜよりによって福島原発への恐怖から逃げてきた者が、わざわざ柏崎刈羽原発のお膝元に逃げるのか、疑問に持つ者もいるだろう。答えは単純だ。「それ」で喰ってきたからだ。縁故者を頼った結果自然とそうなったのだ。3・11以前、福島原発で働く者は、東電本体か下請かに関わらず、定期検査などによる雇用の増減に応じて北陸や宮城・青森などの別な原発に移動しながら働いていた。とりわけ同じ東電の原発である福島と柏崎刈羽では人の交流が多く、会社の支店や寮が双方にあるというような例も少なくない。どうせ逃げるなら、少しでも仕事や人の繋がりがあるところへ、というのは当然の発想だった。

原子力ムラのなかで生活してきた人々の口から語られる言葉はある方向を向きながら必然的に一致していた。3・11当日、福島第一原発にてヤード（外）の仕事をしていた三〇代の作業員は「地震の揺れのなかで建屋にきれいにひびが入っていくのを見ていた」「それまでの信頼が裏切られた」と当日の心境を振り返りながら「いやー五月からやっと戻れるんすよー。1F（福島第一原発）の復旧作業に。会社も社宅用意してくれたんです。まあ安全だと思いますよ」と語る。また、三〇年以上原発の技術者として生きてきて、当日も福島第一原発のなかで働いていたという者は「今更別の仕事探すのもねー。柏崎刈羽で定検（定期検査）の仕事があるっていうからもう仕事復帰したんです。初日だけは怖かったけれどもあとは別に」と「蓄えを食い潰す不安の日々からの解放」を喜ぶ。また別の原発労働者の家族は「原発には動いてもらわないと困るんです」と声を振り絞る。あのなかでは一万人以上の人が働いていた。その人たちの仕事がなくなってしまえば生まれ育った地に戻る必然性はなくなってしまう。それだけは避けたい。この切実さは四〇年以上の歳月を経て築かれてきた原子力ムラの歴史を踏まえれば当然のことだった。「偶然表出したリスク」と「食っていかなければならない必然」の天秤が時間の経過とともに元に戻りつつある。原子力ムラの人々は、形が多少変わろうとも原子力ムラでの生活に戻ろうとしている。

原発の危険性をあえて報じようとせず「安全・安心」の大本営発表を垂れ流す旧来型マスメディアへの批判は既にあり、それは今後も追及されるべき点であろう。しかし、一方で、圧倒的な「善意」「善き社会の設立」に向けられているはずの「脱原発のうねり」もまた何かをとらえつつ、他方で何かを見落としていることを指摘せざるを得ない。原発を動かし続けることへの志向は一つの暴力であるが、ただ純粋にそれを止めることを叫び、彼らの生存の基盤を脅かすこともまた暴力になりかねない。そして、その圧倒的なジレンマのなかに原子力ムラの現実があることが「中央」の推進にせよ反対にせよ「知的」で「良心的」なアクターたちによって見過ごされていることにこそ最大の問題がある。とりあえずリアリストぶって原発を擁護してみる（ものの事態の進展とともに引っ込みがつかなくなり泥沼にはまる）か、恐怖から逃げ出すことに必死で苦し紛れに「ニワカ脱原発派」になるか。3・11以前には福島にも何の興味もなかった「知識人」の虚妄と醜態こそあぶり出されなければならない。それが、四〇年も動き続ける「他の原発に比べて明らかにボロくてびっくりした」（前出、三〇代の作業員）福島原発を今日まで生きながらえさせ、そして3・11を引き起こしたことは確かなのだから。

かつて原子力ムラが平穏だった時、富岡町の住民の口から聞いた言葉が蘇る。「東京の人は普段は何にも関心がないのに、なんかあるとすぐ危ない危ないって大騒ぎするんだから。一番落ち着いているのは地元の私たちですから。ほっといてくださいって思います。」

中央は原子力ムラを今もほっておきながら、大騒ぎしている。

3　忘却の彼方に眠る「変わらぬもの」——ポスト3・11を走る線分

本章を書き進めている、3・11から二ヶ月がたとうとする現在、世間で喧しいのは「東電・菅政権叩き」や「多重下請構造による労働システム」「脱原発のうねり」に関する議論だ。しかし、おそらくこれらは「生モノ」の議論に他ならない。中央における原子力行政・電力産業等が構成する〈原子力ムラ〉の問題は佐藤栄佐久県政、あるいはそれ以前から吉岡斉らが散々指摘してきたことであり、また原発自体の不合理、それが抱える労働問題については七、八〇年代から指摘されてきたことだ。つまり、今出ている議論には何の新規性もないし、ことが起こる前に、これまでの幾度かの大小様々な事故等の機会に議論されるべきことであった。しかし、社会は常にそのきっかけを、一旦は多少の熱狂があったのかもしれないが、見過ごしてきたし、それ故に3・11に至ったことは明らかだ。

問題はもはや「新規性のない議論」自体にはない。その新規性のない議論をあたかもそれさえ解決すれば全てがうまくいくかの如く熱狂し、そしてその熱狂を消費していく社会のあり様にこそ問題がある。3・11以前に、原子力をその基盤としつつ無意識に追いやっていた社会は、意識化された原子力を再び無意識のなかに押し込めることに向かいながら時間を費やしている。

私たちは生モノが腐敗しきるのをただ座して待つことを避けなければならない。すなわち「生モノ」の議論から離れ、保存可能な「忘却」に絶えうる視座を獲得し社会を見通すことを目指さなければならない。

ここで、より大きな観点から日本の近代を捉えるために、一つの補助線を引くことを試みる。それは本書を通して用いられてきたコロニアリズムとの関係からのものだ。

五章ではそれまでの議論を踏まえ、近代以降の日本を大きく三つにわけ、それを統治システムの高度化として整理した。

すなわち、改めて定義しなおせば

（1）一八九五〜一九四五年「外へのコロナイゼーション」

そこにある資源や経済的な格差の利用を目的として対外的な植民地化を進める
（2）一九四五〜九五年「内へのコロナイゼーション」
対外的な植民地化の失敗を受け「対内的な植民地化」すなわち地方に外地が担ってきた機能を求めながら植民地化を進める
（3）一九九五年〜「自動化・自発化されたコロナイゼーション」
成長の終焉と新自由主義・グローバリゼーションが相まってなされた植民地化の完遂のもとにある自動的かつ自発的な服従を前提に権力が作動する

という三つの段階をとおして、権力が国民国家の末端まで浸透していく過程だった。捕捉しておけば、無論、各時期間の境界はある程度の連続性を持っていることは言うまでもない。

ポスト3・11の社会を構想するために、この議論をもう少し深めてみよう。

まず、この時代区分の妥当性を再度検討してみる必要がある。終戦の年である四五年に「対外的膨張の失敗」あるいは「戦争から成長へ」の大きな断絶を見るのは、それが総力戦体制の連続を含んでいるとしても、妥当であると言える。そしてその前提として、ちょうど四五年から五〇年遡った、日清戦争後の下関条約のもとで台湾総督府が開かれ、外地を得ることになる、つまり対外的膨張、あるいは戦争が一つの具体性をもつこととなる一八九五年にもう一つの断絶を見ることができるだろう。すなわち、一八九五年から四五年までの五〇年間を外へのコロナイゼーションの時代ととらえられる。

一方、四五年を中心に逆方向に対称をとる形で点をうった、四五年から五〇年後の九五年についてはいかに評価できるだろうか。日本と地方という点で言えば、それまで長らく唱えられていた「地方の時代」が地方分権推進法の制定により具体化され、それは後の地方分権一括法、改正地方自治法、小泉政権下の三位一体の改革などへとつながっていくことになる。当初の理想は「地方がそれぞれの個性を伸ばしていけるあり方」にあったのかもしれないが、その実態が「地方同士が生存を求め合いなりふり構わない弱肉強食の闘争のなかに追いやられるあり方」になっていくことはこれまで見てきたとおりだ。なお、この背景に同じ九五年に起こった阪神大震災・オウム真理教事件があることは見過ごせない。この点を踏まえてやはり九五年に時代の断絶を見た大澤真幸（1996 = 2004）はこれを「二つの戦争」と呼び、また、それが明らかに過去のこととなった二〇〇八年には九五年以後の世界を、「動物の時代」と読んだ東浩紀を踏まえつつ『不可能性の時代』（2008）と名づけることになる。いずれの呼称をとるにせよ九五年は、例えば経済的に見れば、四月一九日、円相場に一ドル七九円七五銭の史上最高値が刻まれた年としてもある極値を示した年だった。（そしてこれは3・11の混乱の最中、二〇一一年三月一七日に再び破られ七六円二五銭まで最高値を更新される。）これを皮切りに失われた一〇年の後半戦が始まり山一證券などそれまで護送船団方式に支えられた国内金融機関が相次いで破綻していくことになる一方、企業の海外進出が明確に加速することになり、成長を支えてきた金融体制や輸出産業がグローバル化のなかで変化を見せる大きな転換点としてとらえることができる。これは、同年に、経団連に合流することになる当時の日経連が「新時代の『日本的経営』」を発表しそのなかで労働力の「弾力化」「流動化」を求め、それが後の「ワーキングプア」「ロストジェネレーション」を生み出す派遣労働法改正等につながっていったこととも連動する。あるいは、「戦後五〇年」のなかで村山談話が発表されたのもこの年であり、政治的・思想的な潮流の変化があったことも確かだ。

では、このようにして一九四五年を中心に一八九五年と一九九五年と並んだ三点を結ぶ線分の上に二〇一一年というもう一つの点をとるとすれば、それはいかに評価できるのだろうか。一九九五年から二〇一一年の間には、例えば、アジア通貨危機（1997）、アメリカ同時多発テロ（2001）、JR福知山線脱線事故（2005）、ライブドア事件（2006）、秋葉原通り魔事件・リーマンショック（2008）、特捜検察証拠改ざん事件（2010）があった。この一六年間をいかに見るか。

ある者はアニメ・漫画を軸にしたコンテンツカルチャーの興隆を、またある者はドラスティックに達成されたIT化をもとに時代を分析する。しかし、いくら「全体は細部に宿る」と言えども果たしてそれが社会を映すものとして十分なのか。熱心に流行の、あるいは流行らないアニメを追いかけ知識をアディクショナルに求める者、あるいは昼間から一日何度もblogやツイッターを更新し、また他人のそれを見て回る者。おそらくこれは社会において特異な立場・地位をもつ者であり、「都市部」の「若者」を中心とした圧倒的マイノリティーだ。それをもとに社会全体を見通そうとするのは、さすがに無理がある。その視座から何かポスト3・11の社会への有効な視座が生み出されるのか、少なくとも本書を書いている時点では全く見えない。成長の果てにもたらされた一部の人間にとっての「道楽」が、あたかも私たちの目の前の問題を解決してくれる「かのように」扱うことにふける様は原発が安全である「かのように」暮らすことで安心を得ていた原子力ムラの住民と何も変わらない。「かのように」のなかで形成される信心が忘却を生み出す。私たちはやはり、例えばかつて宮台真司が「成熟社会」という語を用いて接近を試みたように、戦争‐成長という近代の根底にあり続けてきた「神話」の存在を認めなおしながら視座を得ていく必要がある。それは圧倒的に「大きな物語」として社会の底に無意識的にこびりついている。

一九九五年から後の一六年間を評価するうえで、例えば、一八九五年から前の側に同じ長さの線分と点を取ってみればそこに何があるだろうか。一八七九年、琉球処分のなかで沖縄県が誕生した年だ。廃藩置県の完遂を目指す明治政府が一八七二年の琉球王国の廃止など幾度かの手続きを経て、一つの独立していた国を解体し、現在に続く国民国家たる日本のなかに吸収した年に他ならない。それは当然一八九五年の外地・台湾の獲得へとつながっていく重要な起点であった。無論これは全く偶然の一致に過ぎない。しかし、この一六年をある種の調整期と捉えることはできるだろう。

そう見たときに、一八七九年・一八九五年・一九四五年・一九九五年・二〇一一年という五点をとり、その間を以下のように区分できる。一八七九〜一八九五の一六年間を「プレ戦争期＝外へのコロナイゼーションの黎明」、一八九五〜一九四五年の五〇年間を「戦争期＝外へのコロナイゼーション」、一九四五〜一九九五年の五〇年間を「成長期＝内へのコロナイゼーション」、そして一九九五〜二〇一一年の一六年間を「ポスト成長期＝内へのコロナイゼーションの薄暮」と。

無論これは、あくまで一つの思考実験にすぎない。何か「歴史の反復」や「ことの善悪」を明かすための時期区分では全くなく、また各点に歴史の断絶を認めようとするものでもなく、むしろ連続性のなかにあることにこそ注目すべきことに違いない。しかし、このように国民国家の成立以来の歴史を、あるいは戦争‐成長の時代を大づかみに捉えることによって、明治以降現在まで続く日本の近代、あるいは近代化の根底にあるメカニズムにせまることができるのかもしれない。戦争‐成長という日本の近代

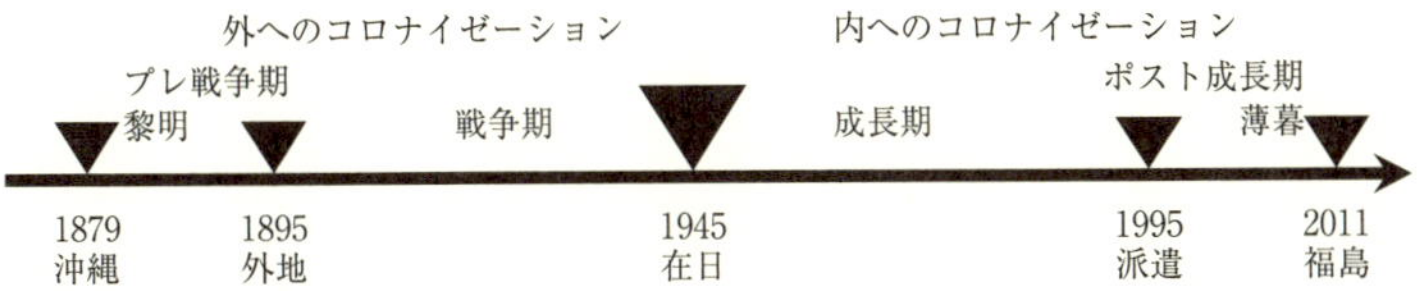

図 13　戦争・成長と日本の時代区分

化への欲望が、それぞれの結節点において、例えば、一八七九年に「沖縄」、一八九五年に「外地」、一九四五年に「在日」、一九九五年に「派遣」という（無論、これらは一例にすぎないが）現代にも根深く尾を引き続ける抑圧される民を生み出してきたことを。そして二〇一一年の現在において、ある面でそれらの人々とは全く別の形で、生まれ育った土地と共同体を追われる「福島」の民を生み出そうとしていることを。

当然ここで行いたいのは、レトリックをこねくり回して「それっぽい話」をして読者を煙に巻くことではない。それは本書を通して為されてきた戦争‐成長、あるいは近代化という対象を一本の糸でつなぎながら、そこに浮かび上がる「変わらぬもの」を明らかにする作業をさらに進めることに他ならない。社会は目の前に非日常が立ち上がる度に「これは前代未聞、有史以来初めてのことだ」「これで社会は大きく変わる」と変化を捉えたがる。それは実際そうなのかもしれない。四五年に起こったことも、九五年に起こったこともたしかに歴史上特異なことであり社会は大きく変わったように見える。しかし、私たちはその根底に沈み、忘却の彼方に眠る「変わらぬもの」をこそ見出すことに努めなければならない。なぜならば、「これで〇〇は終わるんだ、これで社会は全く別なものになるんだ」と言うことが私たちにつかの間の安心を与える機能を持つ一方で、実際にはその本質は一切変わっていないことを私たちは既に何度も経験しているからだ。

民主党が政権獲得時に示したマニフェストを完全に反故にした沖縄米軍基地問題。米軍普天間飛行場の県内移設反対を訴え、県外・国外移設を求める県民大会が九万人を集めたのは二〇一〇年四月二五日のことだった。当然それはメディアで大々的に報じられた。しかし、あれから一年たち、人々の関心の行方はどこにあるのか。

二〇一一年四月二五日のメディアの中心にあるのは時の最大の関心事である原発が大部分であり、その傾向は旧来型メディアはもちろん、ネット上ではなおさらそうだった。そして二九日には普天間飛行場の代替施設としてV字型滑走路を設置する旨を北沢俊美防衛相が沖縄に伝える方針が固められる。その時沖縄の社会は何を思ったのだろうか。

これは完全な想像であるが、しかし大きな誤りはないだろう。沖縄にあったものは、圧倒的な既視感だった。ひと時は熱狂のなかで手を差し伸べてきた人々から一転して見捨てられる。一時の熱狂のなかで関心を向け、そしてごくわずかな時間でその関心は全く別なものへと移っていく。沖縄は本土、中央の安全・安心のための担保として利用されているだけではなく、熱狂の消費の対象としても、いわば二重の利用をされてきた。「もううんざりだ。こうなるんならば初めから手なんか差し伸べなければいいのに」と、怒るわけでもなく、諦念とともに思った人もいたかもしれない。これは歴史上幾度も繰り返されてきたことだったのだから。そして、その熱狂の消費を稼動させてきたメカニズムは圧倒的な「善意」に他ならないのだから。ここに、私たちは戦争‐成長の不変とその暗部を読み取り、それがまた忘却されていこうとしている現実に抗うことを改めて強く意識し続けなければならない。

ポスト成長期は、かつて忘却され、また押さえ込まれていたはずの戦争‐成長の暗部が断続的に発露する時代であった。そしておそらくそれはこれからも続く。「安い」「便利な」生活を実現するグローバル化の恩恵に与りながら、先進と新興の軋轢のなかで生まれた原理主義者の聖戦を引き受ける。若き「時代の寵児」の栄枯盛衰に熱狂しながらダガーナイフを懐に抱え繁華街を走りぬける派遣労働者を横目で捉える。これまでの安全・安心の時代がこれからも続くことへの信心を捨てきれぬままに、日常茶飯事として堂々と冤罪をでっち上げる野蛮な権力機構の暴走を目の当たりにし、そして、非西欧における特殊な近代化の達成を可能たらしめてきた官僚制と巨大資本の協奏の対極に〈原子力ムラ〉があることを見て取る。

ミネルヴァの梟は黄昏のなかに飛び立った。私たちは収束に向かう余震の中でも放射性物質と停電の闇がもたらす不可視な恐怖から逃げることなく考え続けなければならない。それは戦争‐成長の時代がいかなるものだったのかという問いであり、それが抱えてきた陰影が明確な形を持って私たちが生きる社会に抱擁を求めてくることをいかに受け入れるべきかという問いでもある。

＊

学問が新たな知を産出するシステムだとするならば、それは社会にとって「意義」の大きい、もっと俗っぽく言ってしまえば「注目されるべき研究」を生み出すことを目指し動くものだ。当然それは一方に「注目されるべきではない研究」というものも生み出しているはずだ。

「注目されるべきではない研究」というのは一義的には「あえて注目される必要もないレベルの有象無象の研究」を指すだろう。本書が「学問をやっている」と人前で言うのもおこがましいような青二才による「あえて注目される必要もないレベル」の字面通りの「拙論」をほぼそのまま世に出すことになり、恥をさらすとともに少なからぬ批判されるべき点を抱えたものとなっていることを事前にお詫び申し上げたい。

「注目されるべきではない研究」にはもう一つの捉え方もあるだろう。それは「注目されてはならない研究」を指す。ある研究が、嘘や誤謬だらけだったり何かに害を与えるのだとすれば、その範疇に入るかもしれない。ただ、私自身はここまで進めてきた作業においてそのような要素が内在するものを作ってはいないつもりではある。しかしながら、本書にまとめた研究が「注目されてはならない研究」だったのではないのかという思いは、この文を書くなかでも消えてはいない。

原子力との初めての出会い（それは福島ではなく六ヶ所村だったのだが）が私に与えた印象は今でも全く変わっていない。私たちは原子力を抱えるムラを「国土開発政策のもとで無理やり土地を取り上げられ危険なものを押し付けられて可哀相」と、あるいは「国の成長のため、地域の発展のために仕方ないんだ」と象徴化するだろう。しかし、実際にその地に行って感じたのは、そのような二項対立的な言説が捉えきれない、ある種の宗教的とも言ってもいいような「幸福」なあり様だった。村役場の前からPR施設までの移動に使ったタクシー運転手は言った。

「つぶれそうなタクシー会社一つだけだったのが四つになってね。原燃さんが来てくれるまでは、一年の半分以上出稼ぎにでなければならなかった。危ないところでススだらけになりながら、家族と一緒に過ごせる日だけを楽しみにして汗水たらして働いて。今は一年中家族と一緒にいられる。子や孫が残って暮らせる。そういうもんですよ」

もう東京では半袖で歩く人が多い頃、まだ灯油ストーブが片付けられていない村役場前の民宿に泊まりながら聞いてまわった話と目にした光景は、己がそれまで身を浸してきた陳腐すぎる象徴化も、稚拙すぎる想像力も、とうてい捉えきることを許さないものを突きつけてきた。それは、まるで安全である「かのように」振舞いあうことによって担保される「原子力ムラの神話」によって危うくも「幸せ」な生活を続ける現在の、そして、彼らの「子や孫が残って暮らせる」という夢がある面で叶い、そしてある面で完全に原子力に侵食されることになる未来のムラの圧倒的なリアリティに他ならなかった。そこから「植民地」を連想するのは困難なことではなかったし、また、「植民地」を切り口とした考察が一つの形を整えた今、それが「発想の飛躍」ではなかったことを確信している。

「良心」や「善き社会設立」への意志はこのリアリティにこそ向けられなければならない。少なくとも、当事者の語ることに耳を傾けともにあることから遅かれ早かれ逃げ出すような者の為すことは、真の当事者にとっては、影響が無いどころか迷惑ですらある。サイバースペースで民主主義が達成できるなどと夢想することもいいが、いくら社会の隅々まで複雑なネットワークが形成されようと、そのどこを探しても放射線などない。人が集まったなら国道六号線をただひたすら北上すればよい。「国土の均衡ある発展」を目指した挙句に誕生した田畑と荒地にパチンコ屋と消費者金融のATMが並ぶ道。住居と子どもの養育以外に費やしうる可処分所得をつぎ込んでデコレーションされた車。郊外巨大「駐車場」量販店と引き換えのシャッター街のなかには具体例をあげるのも憚れるあまりにどうしようもないネーミングセンスで名づけられた再開発ビル。その中で淡々と営まれる日常。例えば「ヤンキー文化だ」「地域○○だ」といったあらゆる中央の中央による中央のための意味づけなど空虚にひびく、否、ひびきすらしない圧倒的な無意味さ。成長を支えてきた「植民地」の風景は「善意」ある「中央」の人間にとってあまりにも豊穣であるはずだ。

信心を捨て、そこにこぼれおちるリアリティに向きあわなければならない。希望はその線分の延長上にのみ存在する。

注

序章

＊1　無論、「下げトレンド」自体は今に始まったことではなく、高度経済成長期以来常に成長率の水準は下がってきたわけだが、それが限りなく0％に近づこうとしている現在は、明らかな転換点にあたると言えよう。

＊2　なお、マルクスとエンゲルスの両者での「農村 - 都市」観の差異や時期による変遷、世界市場に対する国内問題としての「農村 - 都市」論の相対的な重要性の変化については浅野（2000）を参照。

＊3　これらの議論は、マルクス主義の枠を超えて開発経済学や従属理論世界・システム理論へ、国内では島恭彦や吉岡健次、宮本憲一等、地方財政学分野の「地域的不均等発展論」などにおいて引き継がれていくことになった（泉 1991）。

＊4　こういった、新しいアクターの登場（という社会の変化）については、中澤も触れるとおりトゥレーヌやメルッチなどが論じる「新しい社会運動」に関する蓄積を踏まえる必要がある。

＊5　中澤は「構造分析」では見えない地域社会の拡大のなかで、「これまで都市の下位文化についての考察を比較的軽視してきた地域社会学に、シカゴ学派的な都市文化への関心が求められているように思われる」（中澤 2007: 191）と述べる。この関心と共通する部分があるだろう。

＊6　「成長」という語は曖昧であり、「経済成長」と明確にするべきかもしれない。しかし、本書では、経済的な成長を軸にしつつも、それと連動する形で生じた非経済的な要素も含めた種々の変容を扱うことを目指しており、一般的にもしばしば「高度成長期の発展」などと「経済」という語を外してその時代の政治や経済、文化的なダイナミズムについてイメージもあわせて語られることもあるように、あえて曖昧なまま「成長」という語を用いた。

＊7　近年同様の問題意識から、例えば、新潟県巻町の住民投票を切り口に、戦前からの町の状況を振り返った上で地方・地域における「根源的民主主義」の成立への挑戦と困難を描きだした中澤（2005）、ダム開発を「抱擁」

してきた佐久間ダムの地域の姿を明らかにした社会学者の町村敬志（2006）といった研究も出てきている。

第一章

＊1　本書では「エネルギー」といった際に、ほぼ同義の位置付けとして「電力」を指すこととする。当然「エネルギー」の中には、かつてだったら蒸気機関を動かすような用途における石炭・石油や現代にとっても不可欠なガスのような形でのエネルギーももちろんあるが、当然蒸気機関が活用される場面はもはや多くはなく、またガスを電力に変換しない形で大量に利用する産業というのも一部の化学工業や食品加工業など部分的なものにとどまり、やはり社会の大部分におけるエネルギーとして代表性をもつのは電力だと考えて差支えがないと考えられるためだ。

戦時下における、蒸気機関から電化の変化と戦後の状況は以下の記述に明らかだ。

工場における原動機の電化は急速にすゝみ昭和十二年には原動機電化率は八二・一%となり、昭和二十二年度には次の如くあらゆる産業で動力の支配的地位となっている。

金属工業　七九・〇%
機器工業　九九・〇%
化学工業　八三・〇%
窯素　七六・〇%
紡織工業　六九・〇%
製材及木製品工業　九三・五%
食糧品工業　九二・〇%
印刷製本業　九四・〇%
その他の工業　九五・五%

電動機以前の工業動力源である蒸気機関は特殊な動力源としての価値しかなくなり、産業革命以来の歴史上の役割を終えて姿を消さんとしているのである。

（東北産業経済調査所 1953: 105）

また、その「エネルギー＝電気」への転換の背景には、戦後、石炭・薪炭の生産が激減してその価格が暴騰し、一方電気料金は低廉に据え置かれたと言うことがある。これによって、工業用・家庭用ともにエネルギーとして電気を利用する割合が急激に上がっていったということができる。（東北産業経済調査所 1953: 105110）

＊2　九〇年代後半以降二〇〇〇年代までの状況はまさに「経済成長なきエネルギーの成長」に他ならない。

＊3　本書では、このムラの変化を戦後の改革に求める立場はとらない。三章以降で触れるとおり、戦時下の総力戦体制の中にこの変化の機会は求められる。例えば、現在の福島第一原発立地地域における戦時下の軍用飛行場としての強制土地収用と塩田開発をする大企業への払い下げという歴史の経過を見てもそれが言えるだろう。

＊4　例えば、帯谷博明（2002）があげられる。

＊5　例えば、そういった志向をもつ研究の初期のものとして、地域開発の綻びが指摘されだした七〇年代後半からの動きのなかで地方財政学の観点から原発依存という不健全な財政構造を指摘した「原子力発電所と自治体財政」（渡辺 1981）があげられる。

＊6　例えば、受益・受苦圏論について、帯谷（2002）は「受益や受苦は空間的な範域として外部から客観的に観察が可能という機能主義的な背後仮説が存在していた」（帯谷 2002: 55）が、受苦圏の内部における「受苦」の認識が必ずしも固定的・一面的なものではなく、受益・受苦認識が「重層化」していると指摘する。

＊7　リスク論については、現代社会の基盤となっている高度な科学自体が大きなリスクとなっているという点で、葛藤の視座をもちつつ極めて調和的な視座も内在している。科学技術や経済は例えば核戦争のような激しい葛藤に直面することはなくより葛藤と調和の中央に近い位置にあるととらえられる。また、ジャーナリズムについては、マクロからミクロまで蓄積は多様にあり、一般的な性質として何らかの現状の問題を指摘する性質をもっていることから図のように葛藤よりに位置するものととらえられる。いずれも、大まかな類型であるため、ここから外れるものもあるだろうが、本書の視座を明らかにするためにあえて類型化を試みたことを述べておく。

＊8　これは、発電所かその周囲か、あるいは常勤か臨時かなど条件によって変化し確定的な値は算出しにくいが、役場担当者や住民の言葉として「三～四人に一人」と言われる。それは例えば以下の記述によって適切な値だと

言える。

「常時一万人の人が発電所で働いているということは、双葉郡の就業者三八六七二人（平成二年十月一日国勢調査）の二六％を占めるということである。総世帯二二五五二に対してみれば、二世帯に一人発電所で働いているということを意味し、双葉地域の雇用拡大に大きく貢献している。」（政府科学研究所 1994）

＊9　このアプローチについては、小熊（1995: 9-15）による「社会学と歴史学」についての記述が詳しい。

第二章

＊1　例えば、ドイツにおいては、すでに運転していたミュールハイム・ケールリッヒ原発が裁判によって運転許可が取り消され、廃炉においこまれた事例がある一方で、日本では原子力施設の設置許可取り消し、運転差し止めを求める訴訟において、原告側が勝訴したことはない。（清水 1999）

＊2　「土壌が汚染されているといったら青森のリンゴを買わなくなる。海に何か流れているといったら魚を食べなくなる。迷惑な話です。」（六カ所村、六〇代、女性）

＊3　勿論、反対運動を原子力ムラの内部にいながらする者にとっては、「ストップロッカショ」のような運動と違った、従来からの反原発運動を含んだ外部からのこういった動きは、多くの原子力ムラで弱体化している反対運動組織にとっては大きな力となりうるものであり、決して拒絶すべきものではないが、ただ単純にありがたいと思って手を組めばいいというわけでもなく、複雑な思いにあるというのが実際のようだ。

＊4　一人当り分配所得の採用については、以下の通り、地域の経済水準を捉えるために妥当であるためだ。
　地域の所得水準を表す指標として、一人当り分配所得と一人当り家計所得がある。前者は、生産活動に関わった主体（雇用者、民間法人企業、公的企業、個人企業）の受取り分配所得を人口で除しているので地域の経済水準をみるのに適しており、後者は、個人が生産活動に係わって得た所得と社会保障給付のような個人に移転された所得を合算して人口で除しているので個人の生活水準をみるのに適している。
：
　「一人当たり分配所得－一人当たり家計所得」…このマイナスの額が小さいほど民間法人企業を中心とする経済活動が活発であるといえる。

（福島県企画調整部統計調査課 1985: 11）

＊5　二〇一〇年一二月一六日午後に福島県郡山市の佐藤栄佐久氏自宅にて四時間ほどのインタビューを実施した。

＊6　経緯については高橋（2008）や佐藤栄佐久（2009）を参照。

＊7　例えば、八〇年代初頭の段階では、財政が潤うなかでも以下のようにポスト原発への意識は強くあった。

遠藤が町長に就任して三ヶ月余。原発の町・大熊も八〇年代を迎えた。遠藤によれば当面は九五％のメリットである。今年（五五年）もまた、明るい正月だったと言えるだろう。ただ、いつまでもそれが続くわけではない。「ポスト原発」の課題はすでに遠藤の肩にかかってきている。「一五、六年もたてばまた税の交付団体に転落するな。原発の廃棄物投棄問題も弱いところだ。原子炉の寿命が尽きる四〇年後にどうなるか。これは神さまに予言してもらうしかないな」（朝日新聞いわき支局編 1980: 268）

＊8　「社会が混乱してくると、ヒトラーのような独裁者がするするっと出てくる。…そういう厳しい状況で誰かに頼りたい。そういう人々の思いがヒトラーのような人物を生むのです。」（佐藤 2004: 14）

第三章

＊1　一八九七年の常磐線開通によってそれまで輸送の問題で増産できていなかった常磐炭は、一八九六年の八万一〇〇〇ｔから明治末には二〇〇ｔへと飛躍的に市場に流通することになった。しかし、このころから、海上輸送費が低落し九州・北海道炭よりも鉄道輸送費がかかっている常磐炭のほうが割高になったという事情もあった（福島民友新聞社福島県民百科事業本部 1980: 467）。

＊2　このようなムラの特性、すなわち「一度そうと決まれば大きな葛藤も無く調和へと向かう集団的な政治判断の絶対的安定性」と表現できるような状況については、ライト・ミルズによる「パワー・エリート」論やリースマンの『孤独な群衆』における議論が参考になるだろうが、とりわけ地域コミュニティの課題としては、ハンターやダールらによりはじまるＣＰＳ研究が参照できる。それは、「一般には、地域政治社会がその世論や選挙のコントロールから分離された一握りの強力な権力者たちによって左右されているか否かという論争」（高橋和宏 1985: 41）だ。より問題を明確にする形で言い換えれば「コミュニティの死活問題である争点が政治的争点にな

らない」(中澤 1999: 114) という、意図せずしておこる非民主主義的な政治のあり様を問う観点とも言える。国内においても、特に六〇、七〇年代以降の都市化や市民運動などとの関係で地域権力構造研究の蓄積は多くあり、例えば本稿でも扱った常磐炭田を対象とした秋元律郎 (1971) の研究がある。それは「一大企業が地域社会にあって圧倒的な比重をもつとき、その企業の急激な発展の過程において、地域の産業化、都市化にともなう構造的変化が、集団構成のうえにおおきな変動をおしすすめるだけでなく、旧来の地域社会の権力関係に再編成させる」(秋元律郎 1966: 18) ような状況を解き明かしていくものだった。

本書では、原子力ムラのCPSの歴史、あるいは現在の状況についての詳細を見ることはしないが、特異な政治状況を示す原子力ムラにおいてそれは大きな価値を持つことであろう。

＊3 戦時下における原爆研究の国際動向については吉岡 (1999: 43-45) に詳しい。

＊4 「それは防衛庁長官のころ、私は個人的に人を集めて、日本に核兵器を持つ必要ありやということを内緒でやったんです。半年ぐらい研究させた。民間人のスタッフ、それに防衛庁の役人も一部入れて。その結論は、私自身が作った結論は、日本は核兵器を持たない。なぜならば、帯状の細い列島で、都市が集中している。ロシアや中国、米国みたいに、大きな大陸の中の一点ではない。第一、実験場がない、やるにしても。相当な金もかかるしね。周囲の国々の危惧や疑いをおこしてまでも持つ必要がないと」(外岡秀俊ほか 2001: 588-589)

第四章

＊1 例えば、「アジアの平和と日本　核アレルギー　体験で得た〝歯止め〟」(読売新聞 1968a)「原子力　まず原水爆を連想　三人に二人〝核アレルギー〟」(読売新聞 1968b) といった記事がある。

＊2 例えば、社会党は、七二年一月の第三五回党大会において、はじめて反原発の立場を明確にした。それまでは容認、部分的反対も含めて五つの立場が党内で抗争を繰り広げていた (中村 2004: 116-117)。

第六章

＊1 サティとは、夫を亡くした妻が自らも夫を火葬する炎に身を捧げ供養する「寡婦殉死」の風習のことを指す。考察の内容については『サバルタンは語ることができるか』(1999) を参照。

参考文献

相川勝重（2009）「地域と空港との「真の共栄」を目指して」全国町村会 町村長随想（二〇一〇年一二月一日取得、http://www.zck.or.jp/essay/2683.html）
秋元律郎（1966）「地域社会の権力構造とリーダーの構成」『社会学評論』16(4),002-019
秋元律郎（1971）『現代都市の権力構造』青木書店
浅野慎一（2000）「マルクス・エンゲルスの「都市 - 農村」論に関する考察」『行政社会論集』12(4),21-54
朝日新聞（1976a）「無風一二年、たまったウミ　福島県政のトップにメス」『朝日新聞』1976.7.30 朝刊
朝日新聞（1976b）「「東北一」めざし破たん　利権とのゆ着が深まる」『朝日新聞』1976.8.3 朝刊
朝日新聞（1979）「米の原発事故はよい教訓」『朝日新聞』1979.4.4 朝刊
朝日新聞（2010a）「秘密の採掘上　石川町の原爆開発」『朝日新聞』2010.8.18 朝刊
朝日新聞（2010b）「秘密の採掘下　石川町の原爆開発」『朝日新聞』2010.8.20 朝刊
朝日新聞生活部（2005a）「戦後六〇年家族第二部ふるさとが沈む・上」『朝日新聞』2005.8.10 朝刊
朝日新聞生活部（2005b）「戦後六〇年家族第二部ふるさとが沈む・中」『朝日新聞』2005.8.11 朝刊
朝日新聞生活部（2005c）「戦後六〇年家族第二部ふるさとが沈む・下」『朝日新聞』2005.8.12 朝刊
朝日新聞いわき支局編（1980）『原発の現場　東電福島第一原発とその周辺』朝日ソノラマ
朝日新聞福島支局（1967）『福島の人脈』高島書房出版部
阿部真大（2005）「バイク便ライダーのエスノグラフィ」『ソシオロゴス』(29) 215-231
有馬哲夫（2008）『原発・正力・CIA――機密文書で読む昭和裏面史』新潮社
飯島伸子（1995）「戦後日本の環境問題の変遷」『社会・経済システム』(14), 1-11
飯田哲也（2010）「新政権の環境エネルギー政策はなぜ逆噴射したか」『世界』第八一二号、岩波書店（二〇一一年一月）139-148
泉俊弘（1991）「地域的不均等発展論の系譜と問題点」『立命館経済学』40(5),790-817

伊東達也（2002）『原発問題に迫る』光和印刷
伊藤宏（2004）「原子力開発・利用をめぐるメディア議題――朝日新聞社説の分析（上）」『プール学院大学研究紀要』（四四号）63-76
伊藤宏（2005）「原子力開発・利用をめぐるメディア議題――朝日新聞社説の分析（中）」『プール学院大学研究紀要』（四五号）111-126
伊藤宏（2009）「原子力開発・利用をめぐるメディア議題――朝日新聞社説の分析（下）」『プール学院大学研究紀要』（四九号）101-116
伊藤守・渡辺登・松井克浩・杉原名穂子（2005）『デモクラシーリフレクション――巻町住民投票の社会学』リベルタ出版
伊奈正人（1998）「地域文化としてのサブカルチャー――「文化シーンの多様化」という観点から」『社会学評論』49(1),77-96
猪巻恵（2000）「明治期福島県官僚に関する一考察――知事と郡長を中心に」『現代社会文化研究』17,25-53
茨城新聞社編集局編（2003）『原子力村』那珂書房
Raymond Williams,1973,The Country and the City,Chatto and Windus.（＝山本和平他訳（1985）『田舎と都会』晶文社）
上野千鶴子（1990＝2009）『家父長制と資本制――マルクス主義フェミニズムの地平』岩波書店
Max Weber,1922,SOZIOLOGISCHE GRUNDBEGRIFFE.（＝清水幾太郎訳（1972）『社会学の根本概念』岩波書店）
ＮＨＫ「東海村臨界事故」取材班（2006）『朽ちていった命　被曝治療八三日間の記録』新潮文庫
エネルギー環境特別委員会（2004）「原子力に関するコミュニケーションについて～女性を対象とした『暮らしとエネルギーに関するアンケート調査』」財団法人社会経済生産性本部
大石嘉一郎（1927）『福島県の百年』山川出版社
大熊町史編纂委員会（1985）『大熊町史第一巻通史』大熊町
大澤真幸（1996＝2009）『増補　虚構の時代の果て』ちくま学芸文庫
大澤真幸（2008）『不可能性の時代』岩波新書
岡部俊夫（1968）『知事選福島夏の陣』渡部恒三政治経済研究所
岡部俊夫（1991）『清風自来　石原幹市郎伝』石原幹市郎記念誌刊行会

岡部俊夫（1983）『水は流れる　佐藤善一郎』佐藤善一郎伝記刊行会
帯谷博明（2002）「ダム建設計画をめぐる対立の構図とその変容――運動・ネットワーク形成と受益・受苦に注目して」『社会学評論』53(2),197-213
帯谷博明（2004）『ダム建設をめぐる環境運動と地域再生――対立と協働のダイナミズム』昭和堂
恩田勝亘（1991）『原発に子孫の命は売れない――舛倉隆と棚塩原発反対同盟二三年の闘い』七つ森書館
恩田勝亘（2007）『東京電力・帝国の暗黒』七つ森書館
開沼博（2010）「原子力ムラの秩序はいかにして可能か」『ソシオロゴス』（第三四号）105-124
開沼博（2011a）「私の視点：福島原発事故　「信心」捨て自ら考えよう」『朝日新聞』2011.3.29 朝刊
開沼博（2011b）「東大大学院生が集めた「原発と生きる」一二人の証言」『文藝春秋』文藝春秋社（平成二三年六月号）214-223
梶田孝道（1988）『テクノクラシーと社会運動――対抗的相補性の社会学』東京大学出版会
鎌田慧（2006）『日本の原発地帯』新風舎
川手武雄（1988）「風船爆弾＝ふ号紙気球」『「戦争と勿来」』サークル「平和を語る集い」第三集 33-35
菊池四郎（1973）『福島民報年鑑　昭和四八年度版』福島民報社
橘川武郎（2004）「経済成長のエンジンとしての設備投資競争」『社会科学研究』55(2),155-177
橘川武郎（2007）「電力自由化とエネルギー・セキュリティ――歴史的経緯を踏まえた日本電力業の将来像の展望」『社会科学研究』（第五八巻第二号）183-204
橘川武郎（2008）「日本の原子力発電――その歴史と課題」『一橋商学論叢』3(1),19-34
鬼頭秀一（1996）『自然保護を問いなおす――環境倫理とネットワーク』筑摩書房
鬼頭秀一（1998）「環境運動／環境理念研究における「よそ者」論の射程――諫早湾と奄美大島の「自然の権利」訴訟の事例を中心に」『環境社会学研究』4,44-59
木村守江（1973）『訪米日記』〈非売品〉日進堂印刷所
木村守江（1976）『春風秋雨九十年』福島ペンクラブ五月会
木村守江（1984）『続・突進半生記』彩光社
草野比佐男（1972＝2004）『定本・村の女は眠れない』梨の木舎

功刀俊洋（2001）「一九五〇年代の知事選挙」『行政社会論集』13(3),1-26
小熊英二（1995）『単一民族神話の起源――「日本人」の自画像の系譜』新曜社
小林傳司（2007）『トランス・サイエンスの時代――科学技術と社会をつなぐ』ＮＴＴ出版
小林清治・山田舜（1970）『福島県の歴史』山川出版社
サークル「平和を語る集い」（1988）『「戦争と勿来」第三集』サークル「平和を語る集い」
サークル「平和を語る集い」（1992）『「戦争と勿来」第七集』サークル「平和を語る集い」
サークル「平和を語る集い」（2006）『「戦争と勿来」第二一号』サークル「平和を語る集い」
サークル「平和を語る集い」（2010）『「戦争と勿来」第二五号』サークル「平和を語る集い」
Edward W. Said,1993,Culture and Imperialism,Knopf.（＝大橋洋一訳（1998）『文化と帝国主義〈1〉』みすず書房）
酒主真希（2004）『フ号作戦と勿来――風船爆弾の記憶』いわき市立勿来文学歴史館
桜井誠子（2007）『「風船爆弾」秘話』光人社
佐藤栄佐久（2004）『光はうつくしまから　佐藤栄佐久知事　講演録・対談集』社会政治工学研究会
佐藤栄佐久（2009）『知事抹殺――つくられた福島県汚職事件』平凡社
佐野眞一（2000）『巨怪伝――正力松太郎と影武者たちの一世紀』文藝春秋
産経ニュース（2010）「中国でまた炭坑事故　２１人死亡、１６人坑内に　なぜ多発、政府批判も」(http://sankei.jp.msn.com/world/china/101016/chn1010162114010-n1.htm,October 16,2010)
島恭彦（1958）『町村合併と農村の変貌』有斐閣
清水修二（1994）『差別としての原子力』リベルタ出版
清水修二（1999）『ＮＩＭＢＹシンドローム考――迷惑施設の政治と経済』東京新聞出版局
社団法人原子燃料政策研究会編集部（2003）「取材レポート　発電所は運命共同体　岩本忠夫双葉町長インタビュー」『Plutonium』社団法人原子燃料政策研究会,42
週刊朝日（2004）「上質な怪文書」が訴える「核燃中止」『週刊朝日』朝日新聞社,131
庄司吉之助（1981）『明治・大正・昭和の郷土史　福島県』昌平社
鈴木榮太郎（1953）「農村」『都市と村落』石泉社 109-180
鈴木榮太郎（1961）『日本農村社会学原理』未来社

鈴木榮太郎（1969）『鈴木榮太郎著作集第Ⅳ巻　都市社会学原理』未来社
鈴木俊一（2006）「地方自治史を掘る――自治体改革と自治制度改革の六〇年（第1回）鈴木俊一氏　戦後地方自治の土台はいかにつくられたか――地方自治法に込められた思想と意図を聞く」『都市問題』東京市政調査会 97(4),109-113
Gayatri C Spivak,1988,"Can the Subaltern Speak ?",University of Illinois Press.（＝上村忠男訳（1999）『サバルタンは語ることができるか』みすず書房）
政府科学研究所（1994）『福島県双葉地方の地域振興に関する調査』要約、政府科学研究所
外岡秀俊・本田優・三浦俊章（2001）『日米同盟半世紀――安保と密約』朝日新聞社
高橋和宏（1985）「地域権力構造論の再構築に向けて」『人文学報』177,41-62
高橋哲夫（1988）『ふくしま知事列伝』福島民報社
高橋豊彦（2001）『二〇世紀ふくしま傑物伝』財界２１
高橋豊彦（2008）『それでも私は無実だ』財界２１
武田徹（2006）『「核」論――鉄腕アトムと原発事故のあいだ』中公文庫
田中角栄（1972）『日本列島改造論』日刊工業新聞社
田中滋・水垣源太郎（2005）「戦後日本のダム開発とナショナリズム」『国際社会文化研究所紀要』7
John W. Dower,1993,Japan in War and Peace: Selected Essays,W. W. Norton.（＝明田川融監修・翻訳（2010）『昭和――戦争と平和の日本』みすず書房）
John W. Dower,1999,Embracing Defeat: Japan in the Wake of World War II,W. W. Norton.（＝三浦陽一・高杉忠明・田代泰子訳（2001）『敗北を抱きしめて――第二次大戦後の日本人（上・下）』岩波書店）
田原総一朗（1981）『原子力戦争』講談社
地域社会学会編（2008）『地域社会学会年報』第二〇集
地域社会学会編（2009）『地域社会学会年報』第二一集
土屋雄一郎（2008）『環境紛争と合意の社会学――ＮＩＭＢＹが問いかけるもの』世界思想社
Alain Touraine,1978,La voix et la regard,Seuil.（＝梶田孝道訳（1983）『声とまなざし――社会運動の社会学』新泉社）
Alain Touraine,1980,La prophetie anti-nucleaire,Edition du Seuil.（＝伊藤るり訳（1984）『反原子力運動の社会学――未来を予言する人々』新泉社）

東京電力福島第一原子力発電所（2008）『共生と共進——地域とともに』東京電力福島第一原子力発電所
東北産業経済調査所（1953）『産業の発展と電気事業』東北産業経済調査所
東北電力企画室広報課（1968）『東北電力風土記』東北電力株式会社企画室広報課
冨山一郎・森宣雄（2010）『現代沖縄の歴史経験——希望、あるいは未決性について』青弓社
中條克俊（1995）『中学生たちの風船爆弾』さきたま出版会
中川かおり（1998）「原子力施設反対住民運動における訴訟利用」『本郷法政紀要』7,99-144
中澤秀雄（1999）「日本都市政治における「レジーム」分析のために——地域権力構造（CPS）研究からの示唆」『年報社会学論集』12,108-118
中澤秀雄（2005）『住民投票運動とローカルレジーム——新潟県巻町と根源的民主主義の細道』ハーベスト社
中澤秀雄（2007）「地方自治体「構造分析」の系譜と課題「構造」のすき間から多様化する地域」『講座社会学3　村落と地域』169-207
中澤秀雄（2009）「「首都と周辺の社会学」序説」『法學新報』115(9/10),561-580
中村政雄（2004）『原子力と報道』中央公論新社
浪江町史編集委員会（1974）『浪江町史』浪江町教育委員会
根本良一（2003）『辺境の町が日本を動かした！』財界21
楢葉町史編纂委員会（1995）『楢葉町史　第一巻通史下』楢葉町教育委員会
新潟日報（2007）「トラブル「いい体験」と発言」『新潟日報』2007.7.19朝刊
新潟日報社（2008）「第7部閉ざされた扉——原子力産業の実相　第4回ムラ社会」（http://www.niigata-nippo.co.jp/jyusyou/report/08_04.html,June 6,2008）
日本経済新聞（2003）「最悪の電力危機を回避せよ」『日本経済新聞』2003.6.5朝刊
信田さよ子（2000）『依存症』文藝春秋
David Harvey,2005,A Brief History of Neoliberalism,Oxford University Press（＝渡辺治監修・森田成也・木下ちがや・大屋定晴・中村好孝訳（2007）『新自由主義——その歴史的展開と現在』作品社
蓮見音彦（1987）「戦後農村社会学の射程」『社会学評論』38(2),167-180
蓮見音彦（2007）村落・地域社会の変動と社会学『講座社会学3　村落と地域』1-27

長谷川公一（1996）『脱原子力社会の選択』新曜社
長谷川公一（1999）「「六ヶ所村」と「巻町」のあいだ――原子力施設をめぐる社会運動と地域社会」『社会学年報』(28),53-75
濱嶋明・竹内郁郎・石川晃弘（1977）『社会学小事典』有斐閣
スーザン・E・ピケット（1999）「原子力ムラの壁を越えて合意形成プロセスの日米比較」『エネルギーフォーラム』（一九九九年二月）32-36
A. O. Hirschman ,1970,Exit, voice, and loyalty: Responses to decline in firms, organizations, and states,Cambridge, MA: Harvard University Press（＝矢野修一訳（2005）『離脱・発言・忠誠――企業・組織・国家における衰退への反応』ミネルヴァ書房
広野町史編さん委員会（2006）『広野町史　通史編』福島県双葉郡広野町
福島県統計課（1969）『昭和四二年度市町村民所得』福島県
福島県エネルギー政策検討会（2002）『「あなたはどう考えますか？――日本のエネルギー政策」エネルギー政策検討会「中間とりまとめ」』福島県企画調整部地域づくり推進室エネルギー政策グループ
福島県企画調整部統計調査課（1980）『昭和五二年度市町村民所得』福島県
福島県企画調整部統計調査課（1985）『昭和五七年度福島県市町村民所得』福島県
福島県企画調整部統計調査課（1990）『昭和六二年度福島県市町村民所得』福島県
福島県企画調整部統計調査課（1994）『平成三年度福島県市町村民所得推計』福島県
福島県企画調整部統計調査課（1999）『平成八年度福島県市町村民所得推計』福島県
福島県企画調整部統計調査課（2004）『平成一三年度福島県市町村民所得推計』福島県
福島県企画開発部統計調査課（1974）『昭和四七年度市町村民所得推計』福島県
福島県電気経営調査会（1949）『日本再建と配電公営』福島県電気経営調査会中間報告
福島県統計課（1964）『昭和三七年市町村民所得』福島県
福島原発訴訟原告団・福島原発訴訟弁護団（1976）『福島第二原子力発電所原子炉設置許可処分取消請求事件最終準備書面』福島原発訴訟原告団・福島原発訴訟弁護団
福島県文書学事課（1972）『図説　福島県史』福島県図書教材株式会社

福島民報（1985）『福島民報』1985.12.10 朝刊
福島民報（1997）「国の性急な要請批判」『福島民報』1997.8.2 朝刊
福島民報（2002a）「届かなかったシグナル――県と東電の認識に隔たり」『福島民報』2002.1.6
福島民報（2002b）「原発増設で地域振興を（双葉郡町村長）――県の「慎重姿勢」を疑問視」『福島民報』2002.1.15
福島民報（2002c）「「現発と地域、共存共栄」（双葉郡経済界）――景気低迷で増す〝依存度〟」『福島民報』2002.1.16
福島民報（2002d）「県は独り善がり……霞が関に怒りといらだち」『福島民報』2002.4.27
福島民報（2006）「またダッシュ村で火事」『福島民報』2006.1.20 朝刊
福島民友新聞社福島県民百科事業本部（1980）『福島県民百科』福島民友新聞社
福島民友新聞社編集局（1976）『ふくしま一世紀』福島民友新聞社
双葉地方原発反対同盟（1982）『福島原発被曝労働者の実態』双葉地方原発反対同盟
双葉町史編さん委員会（1995）『双葉町史第一巻通史』福島県双葉町
舩橋晴俊・長谷川公一・畠中宗一・勝田晴美（1985）『新幹線公害――高速文明の社会問題』有斐閣
舩橋晴俊・長谷川公一・畠中宗一・梶田孝道（1988）『高速文明の地域問題――東北新幹線の建設・紛争と社会的影響』有斐閣
舩橋晴俊・長谷川公一・飯島伸子編（1998）『巨大地域開発の構想と帰結――むつ小川原開発と核燃料サイクル施設』東京大学出版会
古城利明（1970）「現代における都市と農村――不均等発展の問題として」『社会学評論』21(2),26-38
Erich Fromm,1941,Escape from Freedom,Rinehart and Winston ＝エーリッヒ・フロム（1965）『自由からの逃走』東京創元社）
Ulrich Beck,1986,Riskogesellshaft:Auf dem Weg in eine andere Moderne,Suhrkamp Verlag.（＝東廉・伊藤美登里訳（1998）『危険社会――新しい近代への道』法政大学出版局）
保苅実（2004）『ラディカル・オーラル・ヒストリー――オーストラリア先住民アボリジニの歴史実践』御茶の水書房
堀江邦夫（1984）『原発ジプシー』講談社文庫
本間義人（1999）『国土計画を考える』中公新書
町村敬志（2006）『開発の時間　開発の空間――佐久間ダムと地域社会の半世紀』東京大学出版会

松坂清作（1980）『大竹作摩翁の生涯』大竹作摩氏伝記刊行会
松下圭一（1996）『日本の自治・分権』岩波書店
松永長男（2001）『新・電気事業法制史――電力再編成五〇年の検証』エネルギーフォーラム
丸井佳寿子・工藤雅樹・伊藤喜良・吉村仁作（1997）『福島県の歴史』山川出版社
Karl Marx-Friedrich Engels,1958,Manifest der Kommunistischen Partei,Karl Marx-Friedrich Engels Wcrkc, Band4, Institut fur Marxismus-Leninismus beim ZK der SED, Dietz Verlag, Berlin.（＝大内兵衛・細川嘉六監訳（1960）「共産党宣言」大月書店，『マルクス＝エンゲルス全集』（第四巻）475-508）
Karl Marx-Friedrich Engels,1959,Die deutsche Ideologie,Karl Marx-Friedrich Engels Wcrkc, Band3, Institut fur Marxismus-Leninismus beim ZK der SED, Dietz Verlag, Berlin,Institut fur Marxismus-Leninismus beim ZK der SED, Dietz Verlag, Berlin.（＝大内兵衛・細川嘉六監訳（1963）「ドイツイデオロギー」大月書店『マルクス＝エンゲルス全集』（第三巻）9-591）
Karl Marx-Friedrich Engels,1962,Das Kapital ,Karl Marx-Friedrich Engels Wcrkc, Band23, Institut fur Marxismus-Leninismus beim ZK der SED, Dietz Verlag, Berlin.（＝大内兵衛・細川嘉六監訳（1965）「資本論」大月書店『マルクス＝エンゲルス全集』（第二三巻）1-658）
御厨貴（2002）『オーラル・ヒストリー――現代史のための口述記録』中央公論新社
宮台真司（1995）『終わりなき日常を生きろ――オウム完全克服マニュアル』筑摩書房
室田武（1981）『原子力の経済学　暮らしと水土を考える』日本評論社
本橋哲也（2005）『ポストコロニアリズム』岩波新書
森鴎外（1995）『灰燼／かのように――森鴎外全集３』新潮文庫
森武麿（2004）「戦時日本の社会と経済――総力戦論をめぐって」『一橋論叢』131(6),705-716
安田初雄・小林清治（1995）『福島県風土記』旺文社
矢田俊文（1967）「合理化による石炭資源の放棄――常磐炭田の例」『経済地理学年報』13(1),1-27
山秋真（2007）『ためされた地方自治――原発の代理戦争にゆれた能登半島・珠洲市民の一三年』桂書房
山田舜（1976）『福島県の産業と経済――その歴史と現状』日本経済評論社
山之内靖・酒井直樹（2003）『総力戦体制からグローバリゼーションへ』平凡社

山室敦嗣（2000）「原子力施設立地地域における地域集団と施設の関係性――茨城県・東海村農業者クラブの事例から」『地域社会学会年報』（第一二集）98-118

Robert Jungk,1977,Der Atom-Staat,Vom Fortschritt in die Unmenschlichkeit.（＝山口祐弘訳（1989）『原子力帝国』社会思想社）

Robert Jungk,1956,Heller als tausend Sonnen. Das Schicksal der Atomforscher,Rowohlt, Hamburg（＝菊盛英夫訳（2000）『千の太陽よりも明るく』平凡社ライブラリー）

吉岡斉（1999）『原子力の社会史――その日本的展開』朝日選書

吉田慎一（1978）『木村王国の崩壊――ドキュメント福島県政汚職』朝日新聞社

吉見俊哉（2000）『思考のフロンティア　カルチュラル・スタディーズ』岩波書店

読売新聞社（1981）『「再軍備」の軌跡――昭和戦後史』読売新聞社

読売新聞（1953）「水爆を平和に使おう」『読売新聞』1953.1.1 朝刊

読売新聞（1967）「原子力発電にも公害論争」『読売新聞』1967.10.26 朝刊

読売新聞（1968a）「アジアの平和と日本　核アレルギー　体験で得た〝歯止め〟」『読売新聞』1968.1.10 朝刊

読売新聞（1968b）「原子力　まず原水爆を連想　三人に二人〝核アレルギー〟」『読売新聞』1968.7.12 朝刊

読売新聞（1975）「病む自治体治したい」『読売新聞』1975.5.29 朝刊

渡辺精一（1981）「原子力発電所と自治体財政」『都市問題』72(10),28-43

あとがき

二〇一〇年一二月、インタビューを終え、自宅からＪＲ郡山駅まで車で送って下さった佐藤栄佐久前福島県知事の「こんなでたらめなこと放っておいたら日本はいつかとんでもないことになる」という言葉は今でも強く印象に残っている。

その頃まで福島でのフィールドワークを続け、年明けに論文にまとめ、息もつかぬままに３・１１以降の事態を迎えた。冗談交じりに「こんなことになるのを予想でもしていたんじゃないか」と言われることもしばしばある。もちろん、書いて数ヶ月とたたないうちに原発事故が、よりによって福島で起ることなど予想できていたわけはない。しかし、もしこのまま行けば、いつか「とんでもないことになる」予感が私にもあったのは事実だった。それは日本においてというよりは、鼻息荒く成長を望み積極的に原発を輸入した新興国においてであったり、あるいは貧困と引き替えに富と放射性廃棄物保管等のリスクとの引き受けを行なった途上国においてであろう、というのが私が想像していたことだった。しかし、現実は私の想像をはるかに超えた。それはいくら相対化しているつもりでも、結局、戦後成長や科学技術の神話への信仰を捨て切れていなかった私の至らなさ故に他ならない。克服すべき課題があまりに膨大であることを今改めて痛感している。

個人的な力量が至らぬなかでも本書が一まとまりの形をもったのは周囲の方々のお力添えがあったからに他ならない。大学院修士課程の二年間を通してご指導頂いた吉見俊哉先生には常に示唆に富むアドバイスを頂き、またおそらく研究も態度も際だってマイペースな私を温かく見守って下さった。姜尚中先生にはあまりに地味「だった」私の研究をアクチュアルな問題関心と接続していくヒントを提示して頂き、内に篭もり狭くなりがちな視野を広げながら研究を進めることができた。また、新倉貴仁さんをはじめ、ここには書ききれない両研究室の諸先輩方、上野ゼミや学際情報学府で共に学ぶ皆様は私の未熟な研究に親身に助言を与えて下さった。そして、学部時から長くご指導頂いてきた上野千鶴子先生には、学問的な基礎体力はもちろん、学問に取り組む姿勢を、時に背中で、時に非礼極まりない私に面と向って語り教えて下さった。本書の元となる研究をはじめたのも上野ゼミに所属しながらのことであったしその後の経過も含めて上野先生なしに本書は完成し得なかった。

他にも改めてお礼を申し上げなければならない方はいるが、あまりにも多く名前をあげきれない。まずは、佐藤栄佐久前福島県知事、矢吹さん、澤田君、池田さんはじめ現地調査の際にご協力頂いた方々、根本さん、赤澤さん、藤野眞功さん、宮市さん、また3・11以後の取材の機会とサポートを頂いた文藝春秋の竹田聖さんと編集部の方々など大学を離れてお世話になってきた方々には直接的・間接的に本書の完成に向けて貴重な経験を積む機会を頂いた。もし未熟な研究者が書いた本書に少しでも価値・魅力があるのだとすれば、それは頭の回らなさを手足を回すことでカバーする苦闘の成果に他ならず、その手足を回す力は皆様の温かいご助言とお気遣いによって養われた。さらに、佐野眞一さんをはじめ、

3・11以後、取材や研究会等でお声掛け頂いた方々との議論はあまりにも貴重な機会だった。小生意気な若輩者の言葉に真剣に耳を傾け時にやさしく、時に厳しく向き合って頂いたことは本書には書ききれない私の今後の研究にとって非常に意義深いものだった。最後に青土社・菱沼達也さんには、刊行の機会を頂いた上に私の意志を最大限に汲み取っての丁寧なアドバイスを最後まで頂くこととなり、厳しいスケジュールのなかで雑な論文を可能な限り一般書化するという困難な仕事にご尽力頂いた。ここに名前をあげられなかった方々にも改めて直接お礼を申し上げていきたい。

二〇一一年五月二七日

開沼　博

索引

さ

た

な

は

ま

や・ら・わ

関連年表

	原子力ムラ	原子力関係	政治（福島）	政治（中央）	主な出来事
1910			只見川水力発電計画	第一次発電水力調査	
1911				電気事業法	
1912					大正元年
1914			猪苗代水力電気が猪苗代第一発電所から東京都北区田端までの送電に成功		
1915 〜 1922				1914〜1918：第一次世界大戦 景気後退の中で電力供給過剰のため五大電力会社（設立：1919 日本電力：水系開発、1920 大同電力、1922 東邦電力：火力重視など）が水力発電開発、需要拡大など「電力戦」を行う。	
1923					関東大震災
1926				河川行政監督令、河水統制計画案 治水、灌漑、水力発電を同時に行い、国土整備と経済発展を目指す	昭和元年
1930					
1931					満州事変
1932					五・一五事件
1933					
1934					
1935					
1936					
1937				電力国家管理案採択、第三次発電水力調査	盧溝橋事件
1938				国家総動員法	
1939	熊谷飛行場分校設置			電力管理法、日本発送電株式会社法⇒日本発送電株式会社設立 電力五ヵ年計画開始（既存水発 197 万 6,800kw 火発 27 万 3,552kw に加え、5 年間で新規水発を 185 万 kw、火発を 92 万 kw 開発する計画）	
1940				大政翼賛会、大日本産業報国会	
1941				配電統制令	太平洋戦争開始
1942				1 発電 9 配電体制に再編	
1943				電力五ヵ年計画の結果が 44 万 kw に終わる	

1944					
1945				軍需金融等特別措置法	東京大空襲（3.10）広島原爆投下（8.6）長崎原爆投下（8.9）ポツダム宣言受諾（8.14）
1946					日本国憲法発布
1947			民選初代・石原幹市郎知事就任（4・12）	過度経済力集中排除法、経済安定本部（後の経済企画庁）によって河川総合開発調査審議会設置、日本国憲法、地方自治法	
1948					
1949					湯川秀樹がノーベル物理学賞受賞
1950			民選2代・大竹作摩知事就任（1・28）	国土総合開発法、電気事業再編成令、朝鮮戦争特需	朝鮮戦争
1951				サンフランシスコ講和条約署名（9月）半官半民の日本発送電の分割民営化⇒民営9電力会社体制	サンフランシスコ講和条約日米安全保障条約
1952				電源開発促進法：9電力が資金的に脆弱だったため電源開発株式会社設立	『鉄腕アトム』連載開始
1953			本流案確定、奥只見ダム・田子倉ダム着工（竣工1960）	佐久間ダム着工（竣工1956）	
1954				読売新聞で「ついに太陽をとらえた」連載開始（1月）、原子力予算の出現（3月）	第五福竜丸事件（3月）『ゴジラ』上映
1955		原子力基本法成立		正力当選（2月）、保守合同（11月）、55年体制、高度経済成長	第一回原水爆禁止大会（広島）
1956		原子力安全委員会設置			
1957		IAEA発足	民選3代・佐藤善一郎知事就任（8・25）		国際連合に加盟
1958					東京タワー完成
1959				熊本大学が水俣病の原因物質は有機水銀であると公表するが政府は認めず排水は継続	
1960		東海原発着工		所得倍増計画	チリ沖地震で津波襲来
1961	大熊・双葉で誘致決議			水資源開発促進法	
1962				全国総合開発計画（地域間の均衡ある発展⇒拠点開発：新産業都市建設促進法）	

1963					
1964	「磐城・郡山地域」新産業都市に指定		常磐・郡山地区が新産業都市に指定（1月） 民選4代・木村守江知事就任（5•16）		東海道新幹線開通 東京オリンピック開催
1965					
1966		東海原発運転開始			
1967	福島第一原発着工			美濃部都政開始（1979まで）、八ッ場ダム建設決定⇒反対運動	
1968			木村知事、浪江小高原発、福島第二原発構想表明	水俣病と工場廃水の因果関係を政府が認める	
1969	社会党原発建設反対決議			新全国総合開発計画 （大規模プロジェクト、広域生活圏：高速道路・新幹線） 公害被害者全国大会開催	東名高速全線開通
1970		美浜原発運転開始 敦賀原発運転開始			大阪万博
1971	福島第一原発営業運転開始				
1972	双葉地方原発反対同盟結成				浅間山荘事件 沖縄返還 日中国交正常化
1973	六月、一号機の液体廃棄物処理建屋内のタンクから放射能を含んだ水が管理区域外に漏出		木村知事、訪米して原子力施設等を見学	福祉元年	第一次オイルショック
1974		島根原発運転開始 高浜原発運転開始（11月）		電源三法成立	
1975		玄海原発運転開始			
1976		浜岡原発運転開始	民選5代・松平勇雄知事就任（9・19）		ロッキード事件
1977		伊方原発運転開始		第三次全国総合開発計画（定住圏構想：大都市抑制、地方振興）	有珠山噴火
1978	福島第一原発三号機臨界事故	東海第二原発運転開始		第一回地方の時代シンポジウム	
1979		大飯原発運転開始 スリーマイル島事故（米）			第二次オイルショック
1980					
1981					
1982	福島第二原発（一号機）運転開始				

1983					東京ディズニーランド開園
1984		女川原発運転開始（6月） 川内原発運転開始（7月）			
1985	双葉町岩本町長就任	柏崎刈羽原発運転開始（11月）			日航ジャンボ機墜落事故
1986		チェルノブイリ事故（旧ソ・現ウクライナ）			
1987				第四次全国総合開発計画（多極分散型国土： リゾート開発、幹線道路、空港、文化、情報化）	国鉄民営化
1988			民選6代・佐藤栄佐久知事就任（9・19）		青函トンネル開通 瀬戸大橋開通
1989		泊原発運転開始			昭和天皇崩御 消費税スタート
1990					
1991	双葉町議会増設決議				湾岸戦争 雲仙普賢岳で火砕流
1992					
1993		志賀原発運転開始 六ヶ所再処理工場竣工		自民党下野（8月）	細川連立内閣発足
1994				自社さ政権（6月）、新進党結成（12月）	松本サリン事件 村山内閣発足 関西国際空港開港
1995		もんじゅナトリウム漏れ事故		地方分権推進法	阪神・淡路大震災 地下鉄サリン事件
1996					
1997	Jヴィレッジオープン				
1998		スーパーフェニックス廃止（仏） 東海原発運転終了	プルサーマル事前了解表明	自社連立解消、21世紀の国土のグランドデザイン： 地域の自立の促進と美しい国土の創造	長野オリンピック
1999		JCO臨界事故で2名死亡		地方分権一括法、地方自治法改正	
2000				地方制度調査会	
2001			プルサーマル拒否（2・6） 「原発もプルサーマルも全て凍結」と対抗（2・8） エネルギー政策検討会設置（5・21）	「福島・新潟でのプルサーマル実施」を一方的に発表（1・8） 「新規電源開発凍結」（2・8） 「原子力は別」（2・9） エネ庁長官「力ずくでも進めていく」発言	小泉内閣発足 アメリカ同時多発テロ

2002			核燃料税引上げ検討（2・25） ⇒東電常務が副知事に「あらゆる手段をもってつぶす」 東電検査データ捏造、トラブル隠し発覚（8・29） 保安院が福島第一原発一号炉営業停止命令（10・25） 県議会全国で唯一米国のイラク攻撃に反対決議（12・18）	「骨太の方針2002」において「三位一体」（(1) 国庫補助負担金の廃止・縮減、(2) 税財源の移譲、(3) 地方交付税の一体的な見直し）が記載	日韓W杯
2003			福島第一原発6号機が安全点検のためすべての原発が運転停止（4・14）		イラク戦争
2004		美浜発電所事故で5名死亡			新潟県中越地震
2005	双葉町岩本町長退任	東通原発運転開始	福島県主催「核燃サイクルを考える」国際シンポジウムを東京で開催		京都議定書 中部国際空港開港 愛知万博
2006			佐藤栄佐久知事辞任（9・28）逮捕（10・23） 民選7代・佐藤雄平知事就任（11・12）		
2007					新潟中越沖地震 日本郵政公社民営化
2008					
2009		再処理工場16回目の延期 浜岡原発一号機・二号機運転終了			政権交代（鳩山内閣発足） 裁判員制度
2010		もんじゅ再開容認			
2011	福島第一原発事故				東日本大震災

著者紹介
開沼　博（かいぬま・ひろし）
1984年福島県いわき市生まれ。2009年東京大学文学部卒。2011年東京大学大学院学際情報学府修士課程修了。現在、同博士課程在籍。専攻は社会学。

「フクシマ」論
原子力ムラはなぜ生まれたのか

2011年6月30日　第1刷発行
2011年7月15日　第2刷発行

著者——開沼博

発行人——清水一人
発行所——青土社
〒101-0051　東京都千代田区神田神保町1－29　市瀬ビル
［電話］　03-3291-9831（編集）　03-3294-7829（営業）
［振替］　00190-7-192955

印刷所——ディグ（本文）
方英社（カバー・扉・表紙）
製本——小泉製本

装丁——戸田ツトム

ISBN978-4-7917-6610-9 C0030